浙江省高校"十三五"新形态教材建设立项教材

全国部分理工类地方本科院校联盟应用型课程教材建设立项教材

U0179580

安装工程造价

ANZHUANG GOGNCHENG ZAOJIA

主　编　巩学梅　周旭芳

副主编　马亚红　吴晓红　周望臻　丁　峰

　　　　黄立波　陈松立　陈智英　杜妮妮

　　　　（排名不分先后）

参　编　蒋　卫　罗　秀　张海玲　蒋　露

　　　　陈义叶　干桂轩　葛文辉　舒　睿

　　　　蒲宇航　李美佳　应佳玲

　　　　（排名不分先后）

ZHEJIANG UNIVERSITY PRESS

浙江大学出版社

图书在版编目（CIP）数据

安装工程造价 / 巩学梅，周旭芳主编. — 杭州 ：
浙江大学出版社，2021.3
ISBN 978-7-308-20858-1

Ⅰ．①安… Ⅱ．①巩… ②周… Ⅲ．①建筑安装－建
筑造价－高等学校－教材 Ⅳ．①TU723.32

中国版本图书馆CIP数据核字(2020)第241379号

安装工程造价

巩学梅　周旭芳　主编

责任编辑	吴昌雷
责任校对	王　波
封面设计	周　灵
出版发行	浙江大学出版社
	（杭州市天目山路148号　　邮政编码　310007）
	（网址：http://www.zjupress.com）
排　　版	杭州林智广告有限公司
印　　刷	杭州杭新印务有限公司
开　　本	787mm×1092mm　1/16
印　　张	23.75
字　　数	491千
版 印 次	2021年3月第1版　2021年3月第1次印刷
书　　号	ISBN 978-7-308-20858-1
定　　价	55.00元

内容提要

本书共7章。主要包括：安装工程项目招标说明、造价理论基础、电气设备安装工程造价、通风空调安装工程造价、工业管道安装工程造价、给排水安装工程造价、建筑消防与智能化安装工程造价等内容。

本书以一个机电设备安装工程招标项目案例的招标控制价编制为主线进行编写，在第1章中就以"安装工程项目招标说明"抛出造价任务，引导学习者进入造价从业人员的角色，带着明确的目标开展后续学习。本书编写结合了《浙江省通用安装工程预算定额》和工程实际的相关规范、规定，反映了本领域当前的主流知识和技能要求，并注重结合不同案例阐述造价过程中需要注意的问题，比如在第6章给排水造价中重点阐述了投标报价和招标控制价编制的异同点，在第7章智能化工程造价中重点说明了补充清单编码的做法。本书结构合理，系统性强，各章末附有思考与启示和习题，便于学生理解书中阐述的基本理论与方法、进行知识拓展，有利于学生从业能力和学习能力的培养。本书各章紧密联系，但又相对独立，便于教师在教学中取舍和学生自学。

作为新形态教材，本书针对主要知识点均配备了授课视频，读者可扫描二维码学习。同时，配套提供一套招标项目案例资料，供造价作业选用。另外，本书提供编写参照的定额扫描文件，仅供教学过程参考使用。

本书可作为工业与民用建设工程类专业，如工程管理、造价工程、建筑环境与能源应用工程、土木工程、石油化工工程等专业为提升工程经济知识、能力、素养而开设课程的教材；亦可作为造价从业人员的参考用书。另外，因其灵活的模块化设计，大学本科高校、高职院校以及中等职业教育等不同层次院校均可选用。

前　言

本书是2018年立项的浙江省新形态教材和全国应用型联盟立项的应用型教材。它以工业与民用建设项目中常用安装工程造价编制任务为对象，通过典型招标项目案例招标控制价的编制过程，阐述安装工程造价的基本要求、理论基础，并根据整个招标控制价的编制过程层层深入，介绍电气设备安装工程、通风空调安装工程、工业管道安装工程、给排水安装工程、建筑消防与智能化安装工程等各类单位工程造价编制过程中"识图，计算工程量，编制国标项目清单，计算综合单价和分部分项工程费，计算措施项目费，计算其他项目费、规费和税金，最终得到单位工程造价"等各个环节的做法，最终得到各单位工程造价。在最后一章的思考与启示，又引导读者根据各个章节的计算结果，汇总得到招标项目控制价，圆满回归招标控制价编制任务；同时，又兼顾造价过程所涉及的各个专业的基本知识和造价管理内容。

本书特色之一是采用项目化教学思路，通过一个招标项目招标控制价的编制，将电气设备安装工程、通风空调安装工程、工业管道安装工程、给排水安装工程、建筑消防与智能化安装工程等各类单位工程造价有机、紧密地结合起来，体现了安装工程造价层次性的体系结构。

另外，微视频助学和真实性题材是本教材的另外两个特色。针对主要知识点均配备了授课视频，读者可扫描二维码学习；结合现有实施的预算定额和工程造价相关规定编写，反映了本领域对造价从业人员的知识、能力、素养的最新要求，同时，配套一套真实招标项目案例资料和本书编写参照的定额扫描文件，供教学过程参考使用。并在此说明，本书内容结合实际但内容及资料自成体系，重点阐述的是造价编制方法，即便实际定额等资料有更新，也依然不影响本书使用。

本书结构合理，系统性强，各章末附有思考与启示和习题，便于学生理解书中阐述的基本理论与方法、进行知识拓展，有利于学生从业能力和学习能力的培养。各章紧密联系，但又相对独立，便于教师在讲解中取舍和学生自学。可作为各类工业与民用建设工程类专业为提升工程经济知识、能力、素养而开设课程的教材，因其灵活的模块化设计，大学本科高校、高职院校以及中等职业教育等不同层次院校均可选用；另外，本书亦可作为造价从业人员的参考用书。

本书由宁波工程学院巩学梅（教授，国家一级注册建造师）、宁波国资工程造价咨询有限公司周旭芳（国家一级注册造价师）、宁波市盛达工程管理咨询有限公司马亚红（国家一级注册造价师）、丽水职业技术学院吴晓红（国家一级注册建造师）、宁波中成工程造价咨询有限公司周望臻（总经理、国家一级注册造价师）、宁波高正工程管理有限公司陈智英（国家一级注册造价师）、浙江省二建建设集团有限公司丁峰（国家一级注册建造师）、浙江工商职业技术学院杜妮妮（造价师、建造师）、宁波市建筑设计研究院有限公司黄立波（国家注册公用设备工程师）、陈松立（国家注册公用设备工程师）、张海玲（国家注册公用设备工程师）、重庆科技学院蒋卫、成都工学院罗秀和蒋璐、成龙建设集团有限公司陈义叶（国家一级注册建造师）、衢州市建设造价管理站干桂轩等老师联合编写，宁波工程学院蒲宇航、李美佳、葛文辉（义乌市建设投资集团有限公司）、应佳玲（中冠工程管理有限公司）等校友也参与了编写和视频拍摄。全书由巩学梅教授统稿。

本书编写过程中得到了浙江省工程造价资深专家范荣老师、浙江省建设工程造价管理总站陈奎老师和杭州市建设工程招标造价服务中心张苏琴老师的指导，在此表示衷心的感谢！

本书引用了部分文献与工程案例，谨向有关文献的作者与工程案例的设计者表示衷心的感谢！

由于编者水平有限，不当之处敬请读者提出宝贵意见。

编　者

目录

第1章　安装工程项目招标说明

　　亲爱的读者，为了您更高效地学习安装工程造价，在本书的第1章，就给大家安排了一个安装工程招投标项目的造价编制任务。安装工程造价在招投标阶段分为招标控制价和投标报价两类，您可以选择完成这个项目的招标控制价编制，也可以选择完成这个项目的投标报价编制。无论您选择完成哪一项工作任务，在本章您都需要以一名造价从业人员的角色，认真阅读这个项目的招标说明，了解招标文件对项目造价编制的要求，并在后续的造价任务完成过程中落实这些要求，做出一份合格的安装工程造价。

1.1　项目概况

视频二维码 1-1：安装工程项目招标案例说明

　　现有一学校建筑群的机电安装工程项目进行招标，招标项目基本情况如表1.1.1所示。可扫描上方二维码观看"安装工程项目招标案例说明"。

表 1.1.1　招标文件前附表

项号	条款号	内　容	说明与要求
1	1.1	工程名称	某学校建筑群机电安装工程
		建设地点	××市
2	1.1	项目文号	———
3	1.1	建设规模及工程类别	建筑面积 20000m^2，本次安装工程招标范围包括电气安装工程、通风空调安装工程、建筑给排水安装工程及消防和智能化工程
4	1.1	承包方式	包工包料

续表

项号	条款号	内　容	说明与要求
5	1.1	质量要求	一次性验收合格
6	2.1	招标范围	施工图范围内的所有清单内容
7	2.2	工期要求	计划于＿＿＿年＿＿＿月＿＿＿日开工，＿＿＿年＿＿＿月＿＿＿日竣工，施工总工期：180 日历天
8	3.1	资金来源	自筹
9	4.1	投标人资质等级	企业资质：机电安装施工一体化一级资质 项目负责人（建造师）：机电工程专业注册建造师一级资质或建造工程专业注册建造师一级资质 项目班子成员：施工员、质量员与建造师同专业，在技术标备案时一并提供 本工程需配备安全员不少于 1 名
10	4.2	资格审查方法	资格后审
11	13.1	工程量清单计价方式	国标清单计价，一般计税法
12	15.1	投标有效期	60 日历天（从投标截止之日起算起，一般不少于 60 天，但可适当延长）
13	16.1	投标保证金额（转账、汇票、电汇） 说明：请各投标单位按招标文件要求提前缴纳投标保证金，在投标保证金到账截止时间前未到账的，责任自负	1. 投标保证金额：＿＿＿万元 账户名：＿＿＿＿＿＿＿＿ 账号：＿＿＿＿＿＿＿＿ 开户行：＿＿＿＿＿＿＿ 2. 投标保证金到账截止时间：投标保证金到账截止时间同投标截止时间。 3. 保证金到账后，投标单位使用建易投标保证金平台，打印"缴存确认单"，并将投标保证金缴存确认单密封在资格审查标书内。 4. 凡已预缴建设工程年度投标保证金的企业，由区招标办出具证明，将该证明随资格审查标书一同提交，则视同投标人已经全额缴纳该项目投标保证金，并承担招标文件规定金额的项目投标责任
14	6.1	踏勘现场	各投标单位自行踏勘现场，招标单位不组织
15	17.1	投标预备会（答疑会）	投标人在现场踏勘以及理解招标文件、施工图纸中的疑问，可以于××年××月××日××时前登录 http://×××网站，以不署名的形式在"招标答疑专区"提疑或以不署名的形式发传真至×××－×××提疑。招标人将于××年×月×日×时前对投标人疑问做出统一解答，并以招标补充文件的形式在 http://×××网站上发布。联系电话：×××
16	19.1	投标文件份数	1. 纸质投标文件正本一份及电子投标文件两份（一张光盘内应包括资格审查标书、商务标书）。 2. 中标后，中标人另行提供纸质投标文件四份及商务标光盘一份给招标人，商务标内容须编制成 Word 或 Excel 格式

项号	条款号	内 容	说明与要求
17	20.1	投标文件递交、企业IC卡资格确认地点及截止日期（各投标单位注意：由于投标单位较多，请尽早刷卡确认，以免影响投标）	地址：××× 时间：××年××月××日××时××分
18	24.1	开标会地点及截止时间	地址：××× 时间：××年××月××日××时××分
19	31.4	评标标准及方法	按投标须知第31.4条款，具体评标办法见相关附件
20	36.3	履约担保金额	1. 投标人提供的履约担保金额为合同总价的5%或/万元； 2. 招标人提供的支付担保金额为合同总价的5%或/万元。 （履约担保金额与支付担保金额须对等）
21		招标文件、工程量清单、施工图纸等招标资料的发布方式、购取地点和截止时间	发布方式：招标资料可从http://×××网站下载；或购取地点：×××。购取时间：上午8:30—11:00，下午13:30—16:30；联系电话：××× 截止时间：××年××月××日××时××分止（双休日及节假日除外）
22		招标文件资料费及图纸押金	资料费/元/份； 图纸押金/元/套
23		补充条款	对招标文件的补充说明
24		工程量清单	含封面共/页（第/页至/页）
25		预算价	×××万元（大写×××元整）：其中安装部分预算价×××万元，设备部分×××万元
		暂估价	/
		暂列金额	/
26		项目施工投标风险控制价	根据某地建设[2017]82号文件：风险控制价系数在84%~89%（每隔0.5个百分点）随机抽取。风险控制价为期望值乘以风险控制价系数，风险控制价以下的投标，不得作为随机抽取50%计算算术平均值的投标报价。例如：预算价为100万元，暂定价或预留金为10万元，抽得期望K值为5%，抽得风险控制价系数为86%，则期望值＝（100－10）×（1－5%）+ 10＝95.5万元，风险控制价＝95.5×86%＝82.13万元，则报价低于82.13万元的投标报价，不得作为随机抽取50%计算算术平均值的投标报价

1.2 工程内容

　　本次招标范围的工程内容包括：电气安装工程、通风空调安装工程、工业管道安装工程、建筑给排水安装工程及消防和智能化工程。

1.2.1 电气设备安装工程

　　本工程的电气安装工程包括公寓楼电气工程、冷冻泵房动力配电系统和报告厅防雷接地系统。相关电气图纸扫附录一二维码下载观看。公寓楼标准层的照明、插座平面图及系统图见本书附录一中附图1.2.1～1.2.3所示，冷冻泵房动力配电系统的平面图及剖面图见附图1.2.4～1.2.5，报告厅的防雷与接地系统见附图1.2.6～1.2.7，电气工程图例说明见本书附录一中附表1.2.1。

　　电气工程设计说明如下：

　　本工程为建筑群建设工程，电气安装工程内容包括公寓楼照明插座电气安装工程、地下室的冷冻泵房电气安装工程、报告厅防雷与接地系统的安装造价。其中，公寓工程为多层住宅，地上5层，地下一层为非机动车库层，建筑高度为14.9m，建筑面积8981m^2。

　　本工程设计包括以下电气系统：

　　（1）动力配电系统；

　　（2）照明系统；

　　（3）建筑物防雷、接地系统及安全措施。

　　各个子系统详细设计说明见第3章电气设备安装工程造价。

1.2.2 通风空调安装工程

　　本工程的通风空调安装工程为多功能报告厅的通风空调系统。其安装平面图、剖面图分别如附图1.2.8～1.2.10所示，图例如附表1.2.2所示。电子资料可扫描附录一中二维码下载。空调通风系统相关设计说明如下：

　　本工程位于××市江北区，建筑高度11.2m，空调面积1492m^2，夏季最大冷负荷1622kW，冬季最大热负荷1321kW。

　　工程内容：

　　（1）多联机室外机安装。

（2）所有室内空调机及风机安装均采用弹簧减震吊架。管道与设备的连接应采用柔性连接。

（3）空调风管采用不燃纤维增强镁质风管，绝热层热阻大于0.81m²·K/W。

（4）普通通风和空调风管的法兰之间采用厚3～5mm的闭孔海绵橡胶板作密封垫圈，防火阀及排烟风管的法兰垫圈采用厚3～5mm的石棉橡胶板。

（5）风管支、吊架的形式及尺寸，按国标03K132制作。支、吊架应除锈，并刷防锈漆两道，刷调和漆两道。

（6）所有送回风口、电动调节阀、多叶调节阀除说明外，均采用铝合金制作。

（7）当风管高度≤200mm时，可用单叶调节阀；>200mm时，均采用多叶调节阀。

（8）风管穿越防火墙、楼板、竖井壁所装的防火阀应尽量贴墙、贴楼板或贴竖井壁安装，且距离不大于200mm。

详细图纸解读说明见第4章通风空调安装工程造价。

1.2.3　工业管道安装工程

本工程的工业管道安装工程为中央空调热交换站系统。该热交换站安装平面图和管路系统图如附图1.2.11和附图1.2.12所示，可扫描附录一中二维码下载电子资料。

热交换站相关设计说明如下：

（1）本工程系统工作压力为1.6MPa。

（2）所有管道均采用无缝制管镀锌、二次安装，其中DN100为Φ108×4.5，DN150为Φ159×6。

（3）热水管及回水管采用带铝箔离心超细玻璃棉管壳保温，δ=50mm。

（4）法兰闸阀采用Z45W-1.6T，法兰止回阀采用H44H-1.6C。

（5）橡胶软接头采用TJ14-100-1.6。

（6）热水泵型号为NG80-80-16，一用一备。

（7）管道支架：悬空管采用U形吊装，着地管采用一字形安装，型钢均为10 槽钢，支架工程量为212kg，支架除锈后刷红丹防锈漆两道，刷调和漆两道。

详细图纸解读说明见第5章工业管道安装工程造价。

1.2.4　给排水安装工程

本工程的给排水安装工程为某六层办公楼的卫生间给排水系统。其安装平面图和系统图如附图1.2.13所示，可扫描附录一中二维码下载电子资料。

给排水系统相关设计说明如下：

该六层办公楼建筑物设计室外地坪至檐口底的高度为21.6m，该楼每层卫生间设高水箱蹲式大便器、挂式小便器、洗脸盆、地漏。给水管均采用PPR给水管（热熔连接），引入管至建筑物外墙皮长度为1.5m，排水管采用UPVC排水塑料管（零件粘接），排水口距室外第一个检查井距离为5m。排水管道穿屋面设刚性防水套管，给水管道穿楼板套管不计。给水管道安装完毕需水压试验及消毒水冲洗。墙厚度0.24m；给水管距离墙面尺寸0.12m；排水管管中心距墙尺寸0.13m。

详细图纸解读说明见第6章给排水安装工程造价。

1.2.5　消防工程

本工程的消防工程为1.2.2节所述多功能报告厅的消防报警及联动控制系统。平面图和系统图如附图1.2.14～1.2.16所示，相关图例说明如附表1.2.3所示，可扫描附录一中二维码下载电子资料。

本消防报警及联动控制系统设计说明描述如下：

本项目采用集中报警系统，消控室设置3台具有集中控制功能的火灾报警控制器和消防联动控制器。系统不仅需要报警，同时需要联动自动消防设备。报警系统的设计，符合下列规定：

（1）系统由火灾探测器、手动火灾报警按钮、火灾声光警报器、消防应急广播、消防专用电话、消防控制室图形显示装置、火灾报警控制器、消防联动控制器等组成。

（2）系统中的火灾报警控制器、消防联动控制器和消防控制室图形显示装置、消防应急广播的控制装置、消防专用电话总机等起集中控制作用的消防设备，设置在消防控制室内。

（3）系统设置的消防控制室图形显示装置要求具有传输《火灾自动报警系统设计规范》GB50116-2013附录A和附录B规定的有关信息的功能。

1.2.6　智能化工程

本工程的智能化系统为1.2.2所述多功能报告厅的综合布线系统。平面图和系统图如附图1.2.17～1.2.19所示，可扫描附录一中二维码下载电子资料。

本多功能报告厅综合布线系统设计说明描述如下：

（1）由运营商引来外线电缆，进入低年级段教学楼一层中心机房，引入端设置过电压保护装置。与外部通信，应充分考虑安全性，有效防止外界非法入侵。

（2）系统按六类标准进行设计，电脑信息插座采用六类RJ45插口模块，电话信息插座采用六类RJ45插口模块。

（3）数据主干采用8芯单模光缆；语音主干采用室外3类25对/50对/100对大对数电缆，留有20%以上的余量。楼层机柜位于每幢楼一层或二层，UPS电源AC220V集中供电到位。

（4）每个电脑信息插座需配备一只强电插座，强、弱电插座间隔为30cm，由电气专业实施。

（5）在报告厅设置无线AP，并预留扩充空间。

1.3 报价要求

视频二维码1-2：招标控制价编制要求

本工程采用工程量清单招标，固定综合单价，措施费包干的原则进行报价。本项目有关造价规定可扫描上方的视频二维码1-2观看视频，具体内容阐述如下：

（1）本项目为交钥匙工程，投标报价应是招标文件所确定的招标范围内全部工作内容的价格表现，应包括经质量技术监督部门验收合格以及通过本项目工程一次性验收合格后投入运行并交付业主使用前所发生的一切费用、质保期内备品备件价格等。即中标人必须完成设备和安装材料的制造、供货、包装、运输、进口设备报关商检、吊装就位、保险税金、装卸、安装、打洞、封堵、产品保管保护、调试运行、通过有关部门检测验收、培训及售后服务等工作。并按工作顺序提交所需的资料，所有资料必须符合技术规格书的要求；按工程竣工要求，向本工程总承包单位提供符合规定要求的竣工资料、竣工结算资料。

（2）所有投标均以人民币报价。

（3）招标人不接受任何选择报价，对每一种货物只允许有一个报价。

（4）施工总承包服务费计取专业发包工程管理、协调费，本项目电气、给排水、通风空调、消防和智能化均为专业发包工程，分别按照招标范围内的中标价的1.5%计取总承包管理、协调费。总包配合费、施工水电费及其他发生的费用均由中标人自行承担。

（5）安全文明施工措施费用（包括安全施工、文明施工、环境保护和临时设施费用）必须充分保证。安全文明施工措施费用报价不得低于省建设行政主管部门颁发的施工费用定额和相关取费计价文件规定的弹性费率下限的计算值。上级建设主管部门颁发的有关文件对该措施费用内容和费率下限标准有调整的，按其规定执行。投标人未按规定要求报价的，评标委员会可以评定为废标。

（6）本项目设置招标控制价：控制价为×××万元，投标人的投标报价高于招标控制价的，其投标作否决投标处理。对于低于招标控制价85%的投标报价，有下列情形之一的，均视为低于成本价投标，其投标将被否决：

①在投标报价文件中无详细且依据充分的成本测算资料；

②在投标报价文件中虽然提供了成本测算资料，但测算内容不完整或依据不充分或评标委员会三分之二以上成员经分析认为其成本测算依据不合理或明显低于市场价。

（7）中标人按规定交纳工程交易服务费、合同公证费，此类费用不单列但已包含在投标报价中。

（8）投标人应在投标总价中考虑创省标化工地相关费用，本项目要求合格工程，不考虑优良工程增加费。

（9）招标人在招标文件中推荐的品牌是招标人认为最适合本招标项目的产品，投标人应予积极响应；投标人可以选择品牌及产品性能不低于招标人选用要求的其他品牌、型号规格及产地的设备（材料）进行报价，但是必须在技术标中说明偏离情况并提供有关技术参数对照资料；如经评委会三分之二以上评委认定投标人响应的设备（材料）的品牌及产品性能低于招标人提供的参考品牌，则作设备（材料）选型偏离处理，设备（材料）选型偏离的作否决投标处理。

1.4　造价系列文件组成

视频二维码1-3：造价文件的组成与形式

本项目投标报价组成文件如表1.4.1至1.4.22所示，可扫描上方视频二维码1-3观看"造价文件的组成与形式"视频讲解。

表 1.4.1 招标控制价封面格式

_____工程

招标控制价

招 标 人：_____

（单位盖章）

造价咨询人：_____

（单位盖章）

年　月　日

表 1.4.2　招标控制价扉页格式

_____工程

招标控制价

招标控制价（小写）：_____

（大写）：_____

招 标 人：_____　　　造价咨询人：_____

（单位盖章）　　　　　　　　　　　（单位资质专用章）

法定代表人　　　　　　　　　　法定代表人

或其授权人：_____　　或其授权人：_____

（签字或盖章）　　　　　　　　　（签字或盖章）

编 制 人：_____　　　复 核 人：_____

（造价工程师签字章或专用章）　　（造价工程师签字章或专用章）

编制时间：　年　月　日　　　复核时间：　年　月　日

表1.4.3 投标报价封面格式

_____工程

投 标 报 价

投 标 人：_____

（单位盖章）

年 月 日

表 1.4.4 投标报价扉页格式

投 标 报 价

招 标 人：＿＿＿＿＿＿＿＿＿＿＿＿＿

工程名称：＿＿＿＿＿＿＿＿＿＿＿＿＿

投标总价（小写）：＿＿＿＿＿＿＿＿

　　　　　（大写）：＿＿＿＿＿＿＿＿

投 标 人：＿＿＿＿＿＿＿＿＿＿＿＿＿

　　　　　　　　（单位盖章）

法定代表人

或其授权人：＿＿＿＿＿＿＿＿＿＿＿

　　　　　　　（签字或盖章）

编 制 人：＿＿＿＿＿＿＿＿＿＿＿＿＿

　　　　（造价工程师签字章或专用章）

编制时间：　　年　月　日

表1.4.5 编制说明

工程名称：   第 页 共 页

> 　　1.工程概况：建设地址、建筑面积、建筑高度、占地面积、经济指标、层高、层数、结构形
> 式、定额（计划）工期、质量目标、施工现场情况、自然地理条件、环境保护要求等。
> 　　2.编制依据：计价依据、标准与规范、施工图纸、标准图集等。
> 　　3.采用（或经合同双方批准、确认）的施工组织设计。
> 　　4.综合单价需（或已）包括的风险因素、范围（幅度）。
> 　　5.采用的计价、计税方法。
> 　　6.其他需要说明的问题。

注：1.工程概况须根据不同专业工程特征要求进行表述；
　　2.必要时有关工程内容、数量、数据、工程特征等可列表表示；
　　3.不同计价阶段应列明相应阶段涉及量、价、费的计价依据及取定标准。

表1.4.6 招标控制价（投标报价）费用表

工程名称：　　　　　　　　　　　　　标段：　　　　　　　　　　　第 页 共 页

序号	工程名称	金额/元	其中：（元）				备注
			暂估价/元	安全文明施工基本费/元	规费/元	税金/元	
1	××单项工程						
1.1	××单位工程						
1.1.1	××专业工程						
…							
1.2	××单位工程						
1.2.1	××专业工程						
…							
2	××单项工程						
2.1	××单位工程						
2.1.1	××专业工程						
…							
2.2	××单位工程						
2.2.1	××专业工程						
…							
合计							

注：1.本表适用于建设工程项目或单项工程招标控制价或投标报价的汇总；
　　2.暂估价包括分部分项工程中的暂估价和专业工程暂估价，不包含发包人单独发包的专业工程暂估价。

表1.4.7 单位（专业）工程招标控制价（投标报价）费用表

工程名称：　　　　　　　　　　　　　标段：　　　　　　　　　第　页　共　页

序号	费用名称		计算公式	金额（元）	备注
1	分部分项工程费		Σ（分部分项工程量 × 综合单价）		
1.1	其中	人工费＋机械费	Σ 分部分项（人工费＋机械费）		
2	措施项目费		（2.1＋2.2）		
2.1	施工技术措施项目费		Σ（技术措施项目工程量 × 综合单价）		
2.1.1	其中	人工费＋机械费	Σ 技术措施项目（人工费＋机械费）		
2.2	施工组织措施项目		Σ 计费基数 × 费率		
2.2.1	其中	安全文明施工费	Σ 计费基数 × 费率		
3	其他项目		（3.1＋3.2＋3.3＋3.4）		
3.1	暂列金额		3.1.1＋3.1.2＋3.1.3		
3.1.1	其中	标化工地增加费	按招标文件规定额度列计		
3.1.2		优质工程增加费	按招标文件规定额度列计		
3.1.3		其他暂列金额	按招标文件规定额度列计		
3.2	暂估价		3.2.1＋3.2.2＋3.2.3		
3.2.1	其中	材料（工程设备）暂估价	按招标文件规定额度列计（或计入综合单价）		
3.2.2		专业工程暂估价	按招标文件规定额度列计		
3.2.3		专项技术措施暂估价	按招标文件规定额度列计		
3.3	计日工		Σ 计日工（暂估数量 × 综合单价）		
3.4	施工总承包服务费		3.4.1＋3.4.2		
3.4.1	其中	专业发包工程管理费	Σ 专业发包工程（暂估金额 × 费率）		
3.4.2		甲供材料设备管理费	甲供材料暂估金额 × 费率＋甲供设备暂估金额 × 费率		
4	规费		计算基数 × 费率		
5	增值税		计算基数 × 税率		
招标控制价（投标报价）合计			1＋2＋3＋4＋5		

注：1. 本表适用于单位工程招标控制价或投标报价的汇总，如无单位工程划分，单项工程也使用本表汇总；

　　2. 材料（工程设备）暂估单价已进入清单项目综合单价的，所含"暂估价"需在本表"分部分项工程""措施项目（施工技术措施项目）"的对应栏目填写，"其他项目"栏目内不再汇总；

　　3. 专业工程暂估价内不含发包人单独发包的专业工程暂估价。

表1.4.8　分部分项工程和施工技术措施项目清单与计价表

单位（专业）工程名称：　　　　　　　　　　　标段：　　　　　　　　　　第　页　共　页

序号	项目编码	项目名称	项目特征	计量单位	工程量	金额（元）					备注
						综合单价	合价	其中			
								人工费	机械费	暂估价	
本页小计											
合计											

注：1. 本表为分部分项和施工技术措施项目清单及计价表通用表式，使用时表头名称可简化为其中一类的计价表；

　　2. 工程招投标时"暂估价"按招标文件指定价格计入，竣工结算时以合同双方确认价格替换计入综合单价内。

表1.4.9　综合单价计算表

单位（专业）工程名称：　　　　　　　　　　　标段：　　　　　　　　　　第　页　共　页

清单序号	项目编码（定额编号）	清单（定额）项目名称	计量单位	数量	综合单价（元）						合计（元）
					人工费	材料（设备）费	机械费	管理费	利润	小计	
1	（清单编码）	（清单名称）									
	（定额编号）	（定额名称）									
	……	……									
合计											

注：本表中涉及的计费标准请填入以下公式括号内：

　　管理费＝（计算基数名称）×（费率），利润＝（计算基数名称）×（费率）。

表 1.4.10 综合单价工料机分析表

单位（专业）工程名称：　　　　　　　　　标段：　　　　　　　　　第　页　共　页

项目编码			项目名称			计量单位	
清单综合单价组成明细							
序号	名称及规格、型号		单位	数量	单价（元）	其中 暂估单价（元）	合价（元）	其中 暂估合价（元）

序号	名称及规格、型号		单位	数量	单价（元）	暂估单价（元）	合价（元）	暂估合价（元）
1	人工	一类人工				—		—
		二类人工				—		—
		三类人工				—		—
	人工费小计							
2	材料（工程设备）							
		其他材料费						
	材料（工程设备）小计							
3	机械					—		—
						—		—
	机械费小计							
4	工料机费用合计（1+2+3）							
5	管理费　　　（计费基数 × 费率）							—
6	利润　　　　（计费基数 × 费率）							—
7	综合单价（4+5+6）							—

注：1. 本表为分部分项及施工技术措施综合单价分析通用表；
　　2. 招标文件提供了暂估单价的材料，按暂估的单价填入表内"暂估单价"栏并计算对应的"暂估合价"。

表 1.4.11 施工组织（总价）措施项目清单与计价表

工程名称 标段： 第 页 共 页

序号	项目编号	项目名称	计算基础	费率（%）	金额（元）	调整费率（%）	调整后金额（元）	备注
1		安全文明施工费						
1.1		安全文明施工基本费						
1.2		标化工地增加费						
2		提前竣工增加费						
3		二次搬运费						
4		冬雨季施工增加费						
5		行车、行人干扰增加费						
6		其他施工组织措施费						
合计								

注：1. 第1项中第1.2项工程招投标阶段在其他项目暂列金额计列，竣工结算时按合同约定计算；
　　2. "其他施工组织措施费"在计价时须列出具体费用名称；
　　3. 工程结算时按合同约定调整费率和金额。

表 1.4.12 其他项目清单与计价汇总表

工程名称： 标段： 第 页 共 页

序号	项目名称	金额（元）	结算金额（元）	备注
1	暂列金额			单列明细表
1.1	标化工地增加费		—	
1.2	优质工程增加费		—	单列明细表
1.3	其他暂列金额			
2	暂估价			
2.1	材料（设备）暂估价（结算价）			单列明细表
2.2	专业工程暂估价（结算价）			单列明细表
2.3	专项技术措施暂估价		—	单列明细表
3	计日工			单列明细表
4	总承包服务费			单列明细表
5	索赔与现场签证	—		单列明细表
合计			—	

注：1. 工程结算时第1.1项、第1.2项分别在施工组织措施项目和其他项目计价表内计列；
　　2. 工程结算时第2.3项在施工技术措施项目计价表内计列；
　　3. 材料（设备）暂估单价进入清单项目综合单价；
　　4. 索赔与现场签证在工程结算期计列，本课程案例项目属于招投标阶段造价编制，本项不计。

表 1.4.13　暂列金额明细表

工程名称：　　　　　　　　　　　　标段：　　　　　　　　　　第　页　共　页

序号	项目名称	计量单位	暂定金额（元）	备注
1	标化工地增加费			
2	优质工程增加费			
3	其他暂列金额			
3.1				
3.2				
3.3				
合计				

注：1. 此表由招标人填写，如不能详列，也可只列暂定金额总额，投标人应将上述暂列金额计入投标
　　　总价中；
　　2. 工程结算时序号第 1 项、第 2 项分别在施工组织措施项目和其他项目计价表内计列。

表 1.4.14　材料（工程设备）暂估单价及调整表

单位（专业）工程名称：　　　　　　　　标段：　　　　　　　　第　页　共　页

序号	材料（工程设备）名称、规格、型号	计量单位	数量		暂估（元）		确认（元）		差额 ±（元）		备注
			暂估	确认	单价	合价	单价	合价	单价	合价	
合计											

注：1. 此表"暂估金额"由招标人填写，并在备注栏说明暂估价的材料、设备拟用在哪些清单项目上，
　　　投标人应将上述材料、设备计入相应的工程量清单综合单价报价中；
　　2. 本表中"确认"栏在工程各结算期内按合同双方确认值计列。

表 1.4.15　专业工程暂估价（结算价）表

单位（专业）工程名称：　　　　　　　　标段：　　　　　　　　第　页　共　页

序号	工程名称	工程内容	暂估金额（元）	结算金额（元）	差额 ±（元）	备注
合计						

注：1. 此表"暂估金额"由招标人填写，投标人应将"暂估金额"计入投标总价中；
　　2. 结算时按合同约定结算金额填写，如合同约定按具体计价子目计价时，也可在项目相应计价表
　　　内计列。

表1.4.16 专项技术措施暂估价（结算价）表

单位（专业）工程名称：　　　　　　　标段：　　　　　　　第 页 共 页

序号	工程名称	工程内容	暂估金额（元）	结算金额（元）	差额±（元）	备注
合计						

注：1. 此表"暂估金额"由招标人填写，投标人应将"暂估金额"计入投标总价中；
　　2. 结算时按合同约定结算金额填写，如合同约定按具体计价子目计价时，也可在项目相应计价表内计列。

表1.4.17 计日工表

单位（专业）工程名称：　　　　　　　标段：　　　　　　　第 页 共 页

编号	项目名称	单位	暂定数量	实际数量	综合单价（元）	合价（元）	
						暂定	实际
一	人工						
1	（按需要填报人工等级或工种名称）						
2							
人工小计							
二	材料						
1							
2							
材料小计							
三	施工机械						
1							
2							
施工机械小计							
总计							

注：1. 此表项目名称、暂定数量由招标人填写，编制招标控制价时，单价由招标人按有关计价规定确定；投标报价时，单价由投标人自主报价，按按暂定数量计算合价计入投标总价中；
　　2. 工程结算时，按发承包双方确认的实际数量计算合价，且本表与索赔与现场签证表计列内容不得重复计价。

表 1.4.18 总承包服务费计价表

单位（专业）工程名称：　　　　　　　　标段：　　　　　　　第 页 共 页

序号	项目名称	项目价值（元）	服务内容	计算基础	费率（%）	金额（元）
1	发包人单独发包专业工程					
1.1						
1.2						
2	发包人提供材料（设备）					
2.1						
2.2						
合计		—		—		—

注：1. 此表项目名称、暂定数量由招标人填写，编制招标控制价时，单价由招标人按有关计价规定确定；投标报价时，单价由投标人自主报价，按暂定数量计算合价计入投标总价中；
　　2. 工程结算时，按发承包双方确认的实际数量计算合价，且本表与索赔与现场签证表计列内容不得重复计价。

表 1.4.19 主要工日一览表

工程名称：　　　　　　　　标段：　　　　　　　第 页 共 页

序号	工日名称（类别）	单位	数量	单价（元）	合价（元）	备注

注：此表按不同计价文件编制阶段要求填写，其中：
　　1. "工日名称（类别）""单位"栏内容由招标人在招标工程量清单内填写，各计价阶段可按需要补充或减少内容。
　　2. "数量"栏由不同阶段计价人按工程计量分析数量填写。
　　3. "单价"栏的填写：招标控制价应优先采用工程造价管理机构发布的单价；投标报价由投标人在投标时自主确定投标单价；工程结算时按合同约定确定单价。

表 1.4.20 发包人提供材料和设备一览表

工程名称：　　　　　　　　标段：　　　　　　　第 页 共 页

序号	材料（设备）名称、规格、型号	单位	数量	单价（元）	交货方式	送达地点	备注

注：此表由招标人填写，供投标人在投标报价、确定总承包服务费时参考。

表1.4.21　主要材料和工程设备一览表

工程名称：　　　　　　　　　　　　　　　标段：　　　　　　　　　　第　页　共　页

序号	名称、规格、型号	单位	数量	单价（元）	合价（元）	备注

注：此表按不同计价文件编制阶段要求填写，其中：
1. "名称、规格、型号""单位"栏内容由招标人在招标工程量清单内填写，各计价阶段可按需要补充和调整；
2. "数量"栏由不同阶段计价人按工程计量分析数量填写；
3. "单价"栏的填写：招标控制价应优先采用工程造价管理机构发布的单价；投标报价由投标人在投标时自主确定投标单价；工程结算时按合同约定确定单价。

表1.4.22　主要机械台班一览表

工程名称：　　　　　　　　　　　　　　　标段：　　　　　　　　　　第　页　共　页

序号	名称、规格、型号	单位	数量	单价（元）	合价（元）	备注

注：此表按不同计价文件编制阶段要求填写，其中：
1. "机械名称、规格、型号""单位"栏内容由招标人在招标工程量清单内填写，各计价阶段可按需要补充。
2. "数量"栏由不同阶段计价人按工程计量分析数量填写。
3. "单价"栏的填写：招标控制价应优先采用工程造价管理机构发布的单价；投标报价由投标人在投标时自主确定投标单价；工程结算时按合同约定确定单价。

思考与启示

1. 请结合自己的职业发展规划，查阅资料，在以下提供的职业定位和角色定位中，思考自己的职业定位和工作角色定位，并思考不同的角色和职业工作中是否会涉及造价内容以及造价在这些工作中的作用，希望大家借此明确学习目标，带着兴趣和热情投入学习。

　　　职业定位——设计师、建造师、造价师、咨询工程师等执业资格；

　　　角色定位——造价咨询人员、项目建设方（甲方）、项目施工方（乙方）。

2. 扫描以下二维码下载练习项目的招标文件，请同学们课后自行阅读。

文件下载二维码：招标文件案例

习　题

1. 跟随二维码视频学习，完成学习过程测试。

2. 说明一个项目的完整工程造价由哪些文件组成。

第2章 造价理论基础

作为一名造价编制人员，为了更好地完成任务，我们首先要熟悉造价的特点，理解造价的内涵，才能做出一份相对准确合理的造价，也就是我经常说的：做出一份具有灵魂的造价。在这一章中，我们一起学习造价基础理论，讨论资金的时间价值及其等值计算，有助于大家理解造价的组成、造价与工期的关系以及造价的多阶段性，请大家注意体会。

2.1 现金流量与资金的时间价值

2.1.1 现金流量

1. 现金流量的含义

在工程经济中，通常把所分析的对象视为一个独立的经济系统。在某一时点 t 流入系统的资金称为现金流入，记为 CI_t，流出系统的资金称为现金流出，记为 CO_t，同一时点上现金流入与现金流出之差称为净现金流量，记为 NCF 或 $(CI-CO)_t$。现金流入量、现金流出量、净现金流量统称为现金流量。

2. 现金流量图

（1）现金流量图的定义。现金流量图在时间坐标轴上用带箭头的垂直线段表示特定系统在一段时间内发生的现金流量的大小和方向，是一种反映经济系统资金运动状态的图式，运用现金流量图，可以形象、直观地表达现金流量的三要素：大小（资金数额）、方向（资金流入或流出）和作用点（资金流入或流出的时间点）。如图2.1.1所示。

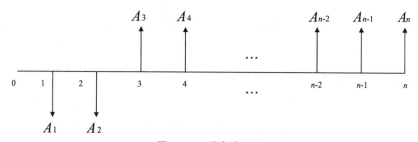

图2.1.1 现金流量图

23

（2）现金流量图的绘制规则如下：

① 横轴为时间轴，0表示时间序列的起点，*n*表示时间序列的终点。轴上每一间隔表示一个时间单位（计息周期），可取年、半年、季或月等，整个横轴表示的是所考察的经济系统的寿命周期。

② 与横轴相连的垂直箭线代表不同时点的现金流入或现金流出。在横轴上方的箭线表示现金流入；在横轴下方的箭线表示现金流出。

③ 垂直箭线的长度要能适当体现各时点现金流量的大小，并在各箭线上方（或下方）注明其现金流量的数值。

④ 垂直箭线与时间轴的交点为现金流量发生的时点（作用点）。

绘制现金流量图时还要注意分析问题的角度，即要注意画的是关于不同主体的现金流量图。

【例2.1】例如，某企业4个月前存入银行1000万元，现在取出1050万元。这笔现金流活动可以从企业和银行两个角度绘制出两个现金流量图（见图2.1.2和图2.1.3）。

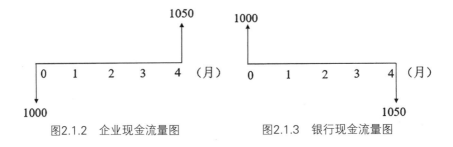

图2.1.2　企业现金流量图　　　　　图2.1.3　银行现金流量图

2.1.2　资金的时间价值

视频二维码 2-1：资金的时间价值与等值计算

本节重点介绍和工程项目投资相关的资金时间价值的含义及等值计算，可扫描上方二维码观看视频讲解。

1. 资金时间价值的含义

将一笔资金存入银行会获得利息，进行投资会获得收益（也可能会发生亏损）。而向银行借贷，需要支付利息。这反映资金在运动中，其数量会随着时间的推移而变动，变动的这部分资金就是原有资金的时间价值。

资金时间价值的实质是资金作为生产要素，在扩大再生产及资金流通过程中，随时间的变化而增值。它的表现形式是利息与利率。

2. 资金时间价值的计算

资金时间价值的计算方法与资金计息的方法完全一致，因为利息是资金时间价值的一种重要表现形式。甚至可以用利息代表资金的时间价值。通常，我们用利息作为衡量资金时间价值的绝对尺度，用利率作为衡量资金时间价值的相对尺度。

（1）利息。在借贷过程中，债务人支付债权人的超过原借款本金的部分就是利息，即：

$$I=F-P \qquad (2-1)$$

式中，I—利息；

F—还本付息总额；

P—借款本金。

在工程经济分析中，利息常常被看成是资金的一种机会成本。这是因为，如果债权人放弃资金的使用权利，也就放弃了现期消费的权利。而牺牲现期消费又是为了能在将来得到更多的消费。在工程经济分析中，利息是指占用资金所付的代价或者是放弃近期消费所得的补偿。

（2）利率。利率是在单位时间内（如年、半年、季、月、周、日等）所得利息与借款本金之比，通常用百分数表示，即：

$$i = \frac{I_t}{P} \times 100\% \qquad (2-2)$$

式中，i—利率；

I_t—单位时间内的利息；

P—借款本金。

用于表示计算利息的时间单位称为计息周期，计息周期通常为年、半年、季，也可以为月、周或日。

利率是各国调整国民经济的杠杆之一，利率的高低主要由以下因素决定：

① 社会平均利润率。在通常情况下，平均利润率是利率的最高界限。因为利息是利润分配的结果，如果利率高于平均利润率，借款人投资后无利可图，也就不会借款了。

② 借贷资本的供求情况。利息是使用资金的代价（价格体现），受供求关系的影响，在平均利润率不变的情况下，借贷资本供过于求，利率下降；反之，利率上升。

③ 借贷风险。借出资本要承担一定的风险，而风险的大小也影响利率的波动。风险越大，利率也就越高。

④ 通货膨胀。通货膨胀对利率的波动有直接影响，如果资金贬值程度超过名义利率，往往会使实际利率无形中成为负值。

⑤ 借出资本的期限长短。借款期限长、不可预见因素多、风险大，利率也就高；反之，利率就低。

（3）单利和复利。计算利息有两种方法：单利和复利。当计息周期在一个以上时，就需要考虑单利与复利的问题。

① 单利。单利是指在计算每个周期的利息时，仅考虑最初的本金，而不计入在先前利息周期中所累积增加的利息，即通常所说的"利不生利"的计息方法。其计算式如下：

$$I_t = P \times i_d \qquad (2-3)$$

式中，I_t——第 t 个计息期的利息额；

P——借款本金；

i_d——计息周期单利利率。

设 I_n 代表 n 个计息周期所付或所收的单利总利息，则有下式：

$$I_n = \sum_{t=1}^{n} I_t = \sum_{t=1}^{n} P \times i_d = P \times i_d \times n \qquad (2-4)$$

由式（2-4）可知，在以单利计息的情况下，总利息与本金、利率以及计息周期数成正比。而 n 期末单利本利和 F 等于本金加上利息，即：

$$F = P + I_n = P(1 + n \times i_d) \qquad (2-5)$$

式中，$(1 + n \times i_d)$ 称为单利终值系数。

在利用式（2-5）计算本利和 F 时，要注意式中 n 和 i_d 反映的时期要一致。如 i_d 为年利率，则 n 应为计息的年数；若 i_d 为月利率，则 n 应为计息的月数。

【例2.2】假如某公司以单利方式在第1年初借入1000万元，年利率8%，第4年末偿还，试计算各年利息与本利和。

【解】：计算过程和计算结果列于表2.1.1。

表 2.1.1 各年单利利息与本利和计算表

单位：万元

使用期	年初款项	年末利息	年末本利和	年末偿还
1	1000	1000×8%=80	1080	0
2	1000	1000×8%=80	1160	0
3	1000	1000×8%=80	1240	0
4	1000	1000×8%=80	1320	1320

由例2.2可见，单利的年利息额仅由本金所产生，其新生利息，不再加入本金产生

利息，此即"利不生利"。由于没有反映资金随时都在"增值"的规律，即没有完全反映资金的时间价值，因此，在工程经济分析中较少使用单利。

② 复利。复利是指将上期利息结转为本金一并来计算本期利息，即通常所说的"利生利""利滚利"的计算方法。其计算式如下：

$$I_t = i \times F_{t-1} \tag{2-6}$$

式中，I_t—第 t 年末利息；

i—计息周期利率；

F_{t-1}—第（$t-1$）年末复利本利和。

第 t 年末复利本利和的表达式如下：

$$F = F_{t-1} \times (1+i) = F_{t-2} \times (1+i)^2 = \cdots = P \times (1+i)^n \tag{2-7}$$

【例2.3】数据同例2.2，试按复利计算各年的利息和本利和。

【解】按复利计算时，计算结果见表2.1.2。

表 2.1.2　各年复利利息与本利和计算表

单位：万元

使用期	年初款项	年末利息	年末本利和	年末偿还
1	1000	1000×8%=80	1080	0
2	1080	1080×8%=86.4	1166.4	0
3	1166.4	1166.4×8%=93.312	1259.712	0
4	1259.712	1259.712×8%=100.777	1360.489	1360.489

比较表2.1.1和2.1.2可以看出，同一笔借款，在利率和计息期均相同的情况下，用复利计算出的利息金额比用单利计算出的利息金额大。本金越大，利率越高，年数越多。两者差距就越大。复利反映利息的本质特征，比较符合资金在社会生产过程中运动的实际状况。因此，在工程经济分析中，一般采用复利计算。

复利计算有间断复利和连续复利之分。按期（年、半年、季、月、周、日）计算复利的方法称为间断复利（即普通复利）；按瞬时计算复利的方法称为连续复利。在实际应用中，一般均采用间断复利。

（4）名义利率与有效利率。在复利计算中，利率周期通常以年为单位，它可以与计息周期相同，也可以不同。当利率周期与计息周期不一致时，就出现了名义利率和有效利率的概念。

① 名义利率是指计息周期利率乘以一个利率周期内的计息周期数所得的利率周期利率。其计算式如下：

$$r = i \times m \qquad\qquad (2-8)$$

式中，r—利率周期利率；

i—计息周期利率；

m—计算周期数。

若月利率为1%，则年名义利率为12%。计算名义利率时忽略了前面各期利息再生利息的因素，这与单利的计算相同。反过来，若年利率为12%，按月计息，则月利率为1%（计息周期利率），而年利率为12%（利率周期利率）同样是名义利率。通常所说的利率周期利率都是名义利率。

② 有效利率是指资金在计息中所发生的实际利率，包括计息周期有效利率和利率周期有效利率两种情况。

1）计息周期有效利率即计息周期利率 i，由式（2-8）得

$$i = \frac{r}{m} \qquad\qquad (2-9)$$

2）利率周期有效利率，若用计息周期利率来计算利率周期有效利率，并将利率周期内的利息再生利息因素考虑进去，这时所得的利率周期利率称为利率周期有效利率（又称利率周期实际利率）。根据利率的概念即可推导出利率周期有效利率的计算式。

已知利率周期名义利率 r，一个利率周期内计息 m 次，则计息周期利率为 $i = \frac{r}{m}$，在某个利率周期初有资金 P。则按复利计算公式算出利率周期终值 F 的计算公式为：

$$F = P(1 + \frac{r}{m})^m \qquad\qquad (2-10)$$

根据利息的定义可得该利率周期的利息 I 为：

$$I = F - P = P(1 + \frac{r}{m})^m - P = P[(1 + \frac{r}{m})^m - 1] \qquad\qquad (2-11)$$

再根据利率的定义可得该利率周期的有效利率 i_{eff} 为：

$$i_{eff} = \frac{I}{P} = (1 + \frac{r}{m})^m - 1 \qquad\qquad (2-12)$$

由此可见，利率周期有效利率与名义利率的关系实质上与复利和单利的关系相同。

现设年名义利率 $r = 10\%$，则按年、半年、季、月、日计息的年有效利率见表2.1.3。

表2.1.3 年有效利率计算结果

年名义利率 (r)	计息期	年计息次数 (m)	计息期利率 ($i=r/m$)	年有效利率 (im)
10%	年	1	10%	10%
	半年	2	5%	10.25%
	季	4	2.5%	10.38%
	月	12	0.833%	10.46%
	日	365	0.0274%	10.51%

从表2.1.3可以看出，在名义利率 r 一定时，每年计息期数 m 越多，I_{eff} 与 r 相差越大。因此，在工程经济分析中，如果各方案的计息期不同，就不能简单地使用名义利率来评价。

2.1.3 资金的等值计算

视频二维码 2-2：资金的等值计算方法

资金的等值计算是工程投资效果评价的基础，其计算方法可扫描视频二维码2-2观看，其文字描述如下。

1. 资金等值的含义

如前所述，资金有时间价值。即相同的金额，因其发生的时点不同，其价值就不相同；反之，不同时点绝对值不等的资金在时间价值的作用下却可能具有相等的价值。资金等值是指与某一时间点上的金额实际经济价值相等的另一时间点上的价值。例如：现将1000元钱存入银行，年利率为2%，一年后可取出1020元。那么我们说，一年后的1020元与现在的1000元钱是等值的。

影响资金等值的因素有三个：资金的多少、资金发生的时间、利率（或折现率）的大小。其中，利率是一个关键因素，在等值计算中，一般以同一利率为依据。

在工程经济分析中，等值是一个十分重要的概念，它为我们确定某一经济活动的有效性或者进行方案比选提供了可能。

2. 资金等值的计算方法

利用等值的概念，把在不同时点发生的资金金额换算成同一时点的等值金额，这一过程称作资金等值计算。常用的等值计算方法主要包括两大类，即一次支付和等额支付。

（1）一次支付的情形。一次支付又称整付，是指所分析系统的现金流量，无论是流入还是流出，分别在时点上发生一次。其等值计算包括终值计算和现值计算。

① 终值计算（已知 P 求 F）。现有一笔资金 P，年利率为 i，按复利计算，则 n 年末的本利和 F 为多少？即已知 P、i、n，求 F。其现金流量图如2.1.4所示。

图2.1.4　一次支付现金流量图

根据复利的含义，n年末本利和F的计算过程见表2.1.4。

表2.1.4　n 年末本利和 F 的计算过程

计息期	期初金额（1）	本期利息（2）	期末复本利和 F=（1）+（2）
1	P	$P \cdot i$	$F_1 = P + P \cdot i = P(1+i)$
2	$P(1+i)$	$P(1+i) \cdot i$	$F_2 = P(1+i) + P(1+i) \cdot i = P(1+i)^2$
3	$P(1+i)^2$	$P(1+i)^2 \cdot i$	$F_3 = P(1+i)^2 + P(1+i)^2 \cdot i = P(1+i)^3$
…	…	…	…
n	$P(1+i)^{n-1}$	$P(1+i)^{n-1} \cdot i$	$F = F_n = P(1+i)^{n-1} + P(1+i)^{n-1} \cdot i = P(1+i)^n$

由表2.1.4可以看出，一次支付n年末复本利和F的计算公式为：

$$F = P(1+i)^n \qquad (2-13)$$

式中，i—计息周期利率；

n—计息周期数；

P—现值（即现在的资金价值或本金），指资金发生在（或折算为）某一特定时间序列起点时的价值；

F—终值（即未来的资金价值或本利和），指资金发生在（或折算为）某一特定时间序列终点时的价值。

式（2-13）中的$(1+i)^n$称为一次支付终值系数，用$(F/P, i, n)$表示，则式（2-13）又可写成：

$$F = P(F/P, i, n) \qquad (2-14)$$

在$(F/P, i, n)$这类符号中，括号内斜线左侧的符号表示所求的未知数，斜线右侧的符号表示已知数，$(F/P, i, n)$就表示在已知n和P的情况下求解F的值。为了计算方便，通常按照不同的利率i和计息期n计算出$(1+i)^n$值，并列表（复利系数表，详见本章附录）。在计算F时，只要从复利系数表中查出相应的复利系数再乘以本金即可。

【例2.4】某公司借款1000万元，年复利率$i=10\%$，试问5年后连本带利一次需支付多少？

【解】按式（2-14）计算得：

$$F = P (F/P, i, n) = 1000 (F/P, 10\%, 5)$$

从第2章附表复利系数表（十）中查出系数（F/P, 10%, 5）为1.611，代入式中得：

$$F = 1000 \times 1.611 = 1611（万元）$$

也可用公式计算：

$$F = P (1+i)^n = 1000 \times (1+10\%)^5 = 1610.51（万元）$$

② 现值计算(已知F求P)。由式（2-13）即可求出现值P。

$$P = F (1+i)^{-n} \qquad (2-15)$$

式中$(1+i)^{-n}$称为一次支付现值系数，用符号（P/F, i, n）表示，在工程经济分析中，一般是将未来时刻的资金价值折算为现在时刻的价值，该过程称为"折现"或"贴现"，其所使用的利率常称为折现率或贴现率。故$(1+i)^{-n}$或（P/F, i, n）也可称为折现系数或贴现系数。式（2-15）常写成：

$$P = F (P/F, i, n) \qquad (2-16)$$

【例2.5】某公司希望5年后收回1000万元资金，年复利率$i=10\%$，试问现在需一次存款多少？

【解】由式（2-16）得：$P = F (P/F, i, n) = 1000 (P/F, 10\%, 5)$

从第2章附表复利系数表（十）中查出系数（P/F, 10%, 5）为0.621，代入式中得：
$P = 1000 \times 0.621 = 621（万元）$

也可用公式计算：$F = P (1+i)^{-n} = 1000 \times (1+10\%)^{-5} = 621（万元）$

（2）等额支付系列情形。在工程经济实践中，多次支付是最常见的支付形式。多次支付是指现金流量在多个时点发生，而不是集中在某一个时点上，如图2.1.5所示，如果用A_t表示第t期末发生的现金流量（可正可负），用逐个折现的方法，可将多次现金流量换算成现值，并求其代数和，即：

$$P = A_1 (1+i)^{-1} + A_2 (1+i)^{-2} + \cdots + A_n (1+i)^{-n} = \sum_{t=1}^n A_t (1+i)^{-t} \qquad (2-17)$$

或

$$P = \sum_{t=1}^n A_t (P/F, i, t)^{-t} \qquad (2-18)$$

同理，也可将多次现金流量换算成终值：

$$F = \sum_{t=1}^n A_t (1+i)^{n-t} \qquad (2-19)$$

或

$$F = \sum_{t=1}^n A_t (P/F, i, t, n-t)^{-t} \qquad (2-20)$$

在上述公式中，虽然所用系数都可以通过计算或查复利表得到，但如果n较大，A_t较多时，计算也是比较烦琐的。如果多次现金流量A_t是连续序列流量，且数额相等，则可大大简化上述计算公式。这种具有$A_t = A = $常数（$i=1, 2, 3, \cdots, n$）特征的系列现金流量称为等额系列现金流量，$A$称为等额年金，支付形式为等额支付系列情形。如图2.1.5所示。

（左）年金与终值关系　　　　　　　（右）年金与现值关系

图2.1.5　等额系列现金流量示意图

等额支付系列情形的等值计算包括终值计算、现值计算、资金回收计算和偿债基金计算。

①终值计算（已知A求F）。

由式（2-19）展开得：

$$F=\sum_{t=1}^{n}A_t(1+i)^{n-t}=A[(1+i)^{n-1}+(1+i)^{n-2}+\cdots+(1+i)+1]$$

$$F=A\frac{(1+i)^n-1}{i} \qquad (2-21)$$

式中，$\frac{(1+i)^n-1}{i}$称为等额系列终值系数或年金终值系数，用符号$(F/A,i,n)$表示。于是，式（2-21）又可写成：

$$F=A(F/A,i,n) \qquad (2-22)$$

【例2.6】若在10年内，每年末存入银行2000万元，年利率8%，问10年后复本利和为多少？

【解】由式（2-22）得：

$$F=A(F/A,i,n)=2000(F/A,8\%,10)$$

从第2章附表复利系数表（八）中查出$(F/A,8\%,10)$为14.487，代入式中得：

$$F=2000\times14.487=28974（万元）$$

也可用公式计算：

$$F=A\frac{(1+i)^n-1}{i}=F=2000\times\frac{(1+8\%)^{10}-1}{8\%}=28973.12（万元）$$

②现值计算（已知A求P）。由式（2-15）和式（2-21）得：

$$P=F(1+i)^{-n}=A\frac{(1+i)^n-1}{i(1+i)} \qquad (2-23)$$

式中，$\frac{(1+i)^n-1}{i(1+i)}$称为等额系列现值系数或年金现值系数，用符号$(P/A,i,n)$表示。于是，式（2-23）又可写成：

$$P=A(P/A,i,n) \qquad (2-24)$$

【例2.7】若想在5年内每年末收回2000万元，当利率为10%时，问开始需一次投资多少？

【解】由式（2-24）得：

$$P = A\ (P/A,\ i,\ n) = 2000\ (P/A,\ 10\%,\ 5)$$

从第2章附表复利系数表（十）中查出系数（P/A, 10%, 5）为3.791，代入上式得：

$$P = 2000 \times 3.791 = 7582（万元）$$

也可用公式计算：

$$P = A\frac{(1+i)^n - 1}{i(1+i)^n} = 2000 \times \frac{(1+10\%)^5 - 1}{10\%(1+10\%)^5} = 7582（万元）$$

③ 资金回收计算(已知P求A)。由式（2-23）可知，等额系列资金回收计算是等额系列现值计算的逆运算，故由式（2-23）可得：

$$A = P\frac{i(1+i)^n}{(1+i)^n - 1} \qquad (2\text{-}25)$$

式中，$\frac{i(1+i)^n}{(1+i)^n - 1}$称为等额系列资金回收系数，用符号（$A/P,i,n$）表示，于是，式（2-25）又可以写成：

$$A = P\ (A/P,i,n) \qquad (2\text{-}26)$$

等额系列资金回收系数与年金现值系数互为倒数。

【例2.8】若投资2000万元，年利率为8%，在10年内收回全部本利，则每年应收回多少?

【解】由式（2-26）得：

$$A = P\ (A/P,\ i,\ n) = 2000\ (A/P,\ 8\%,\ 10)$$

从第2章附表复利系数表（八）中查出资金回收系数（A/P, 8%, 10）为0.1490；也可以查出年金现值系数（P/A, 8%, 10）为6.7101，算出其倒数（A/P, 8%, 10）为0.1490，代入上式得：

$$A = 2000 \times 0.1490 = 298（万元）$$

也可用公式计算：

$$A = P\frac{i(1+i)^n}{(1+i)^n - 1} = 2000 \times \frac{8\%(1+8\%)^{10}}{(1+8\%)^{10} - 1} = 298.1（万元）$$

④ 偿债基金计算(已知F求A)。偿债基金计算是等额系列终值计算的逆运算，故由式（2-21）可得：

$$A = F\frac{i}{(1+i)^n - 1} \qquad (2\text{-}27)$$

式中，$\frac{i}{(1+i)^n - 1}$称为等额系列偿债基金系数，用符号（$A/F,i,n$）表示。于是，式（2-27）又可写成：

$$A = F\ (A/F,\ i,\ n) \qquad (2\text{-}28)$$

等额系列偿债基金系数与年金终值系数互为倒数。

【例2.9】若想在第5年年底获得2000万元，每年存款金额相等，年利率为10%，则每年需存款多少？

【解】由式（2-28）得：

$$A = F \ (A/F, i, , n) = 2000 \ (A/F, 10\%, 5)$$

从第2章附表复利系数表（十）中查出偿债基金系数（A/F, 10%, 5）为0.1638；也可先查出年金终值系数（F/A, 10%, 5）为6.105，算出其倒数（A/F, 10%, 5）为0.1638，代入式中得：

$$A = 2000 \times 0.1638 = 327.6 \ （万元）$$

也可用公式计算：

$$A = F \frac{i}{(1+i)^n - 1} = 2000 \times \frac{10\%}{(1+10\%)^5 - 1} = 327.6 \ （万元）$$

上述资金等值计算公式的用途及其相互之间的关系如图2.1.6所示。

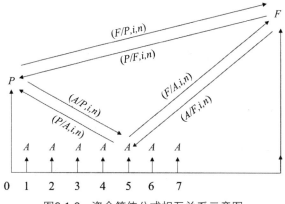

图2.1.6　资金等值公式相互关系示意图

在工程经济分析中，现值比终值使用更为广泛。因为用终值进行分析，会使人感到评价结论的可信度较低，而用现值概念容易被决策者接受。因此，在工程经济分析时应当注意以下两点：

（1）正确选取折现率。折现率是决定现值大小的一个重要因素，必须根据实际情况灵活选用。

（2）注意现金流量的分布情况。从收益方面来看，获得的时间越早、数额越大，其现值就越大。因此，应使建设项目早日投产，早日达到设计生产能力，早获收益，多获收益，才能达到最佳经济利益。从投资方面看，投资支出的时间越晚、数额越小，其现值就越小。因此，应合理分配各年投资额，在不影响项目正常实施的前提下，尽量减少建设初期投资额，加大建设后期投资比重。

2.2 投资方案的经济效果评价

视频二维码 2-3：投资的经济效果评价

2.2.1 经济效果评价的内容与方法

经济效果评价是工程建设投资的重要环节，其评价内容和方法可扫描视频二维码 2-3观看，文字描述如下。

1.经济效果评价的内容

经济效果评价是指对评价方案计算期内各种有关技术经济因素和方案投入与产出的有关财务、经济资料数据进行调查、分析、预测，对方案的经济效果进行计算、评价，分析比较各方案的优劣，从而确定和推荐最佳方案的过程。

投资方案经济效果评价的内容主要包括盈利能力分析、清偿能力分析、财务生存能力分析和抗风险能力分析。

（1）盈利能力分析。分析和测算投资方案计算期的盈利能力和盈利水平。

（2）清偿能力分析。分析和测算投资方案偿还借款的能力。

（3）财务生存能力分析。分析和测算投资方案各期的现金流量，判断投资方案能否持续运行。财务生存能力是非经营性项目财务分析的主要内容。

（4）抗风险能力分析。分析投资方案在建设期和运营期可能遇到的不确定性因素和随机因素对项目经济效果的影响程度，考察项目承受各种投资风险的能力。

2.经济效果评价的方法

经济效果评价是工程经济分析的核心内容，其目的在于确保决策的正确性和科学性，避免或最大限度地减少投资方案的风险，明确了投资方案的经济效果水平，最大限度地提高项目投资的综合经济效益。

经济效果评价的基本方法包括确定性评价方法和不确定性评价方法。对同一投资方案而言，必须同时进行确定性评价和不确定性评价。

按是否考虑资金时间价值，经济效果评价方法又可分为静态评价方法和动态评价方法。静态评价方法是不考虑资金时间价值，其最大特点是计算简便，适用于方案的初步评价，或对短期投资项目进行评价，以及对于逐年收益大致相等的项目评价。动态评价方法考虑资金时间价值，能较全面地反映投资方案整个计算期的经济效果。因此，在进行方案比较时，一般以动态评价方法为主。

2.2.2　经济效果评价指标体系

评价经济效果的好坏，一方面取决于基础数据的完整性和可靠性，另一方面则取决于选取的评价指标体系的合理性。只有选取正确的评价指标体系，经济效果评价的结果才能与客观实际情况相吻合，才具有实际意义。一般来讲，项目的经济效果评价指标不是唯一的，根据不同的评价深度要求和可获得资料的多少，以及项目本身所处的条件不同，可选用不同的指标，这些指标有主有次，可以从不同侧面反映投资项目的经济效果。

根据是否考虑资金时间价值，可分为静态评价指标和动态评价指标，如图2.2.1所示。

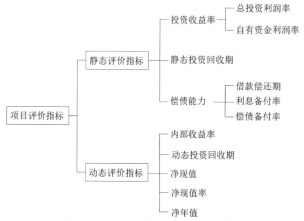

图2.2.1　投资方案经济评价指标体系

在工程项目评价中，按评价指标的性质，也可将评价指标分为盈利能力分析指标、清偿能力分析指标和财务生存能力分析指标。如图2.2.2所示。

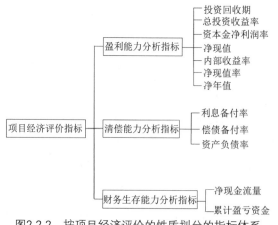

图2.2.2　按项目经济评价的性质划分的指标体系

1.投资收益率

投资收益率是指投资方案达到设计生产能力后一个正常生产年份的年净收益总额与方案投资总额的比率。它是评价投资方案盈利能力的静态指标，表明投资方案正常生产年份中，单位投资每年所创造年净收益额。对运营期内各年的净收益额变化幅度较大的方案，可计算运营期年平均净收益额与投资总额的比率。

（1）计算公式：

$$投资收益率（R）=年净收益或年平均净收益/投资总额×100\% \qquad （2-29）$$

（2）评价准则。将计算出的投资收益率（R）与已确定的基准投资收益率（Re）进行比较：

① 若 $R \geqslant Re$，则方案在经济上可以考虑接受；

② 若 $R < Re$，则方案在经济上是不可行的。

（3）投资收益率的应用指标。根据分析目的的不同，投资收益率又可分为：总投资收益率（ROI）和资本金净利润率（ROE）。

① 总投资收益率（ROI）。表示项目总投资的盈利水平。

$$ROI = \frac{EBIT}{TI} \times 100\% \qquad （2-30）$$

式中，$EBIT$——项目达到设计生产能力后正常年份的年息税前利润或运营期内平均年息税前利润；

TI——项目总投资。

总投资收益率高于同行业的收益率参考值，表明用总投资收益率表示的项目盈利能力满足要求。

② 资本金净利润率（ROE）。表示项目资本金的盈利水平。

$$ROE = \frac{NP}{EC} \times 100\% \qquad （2-31）$$

式中，NP——项目达到设计生产能力后正常年份的年净利润或运营期内年平均净利润；

EC——项目资本金。

资本金净利润率高于同行业的净利润率参考值，表明用项目资本金净利润率表示的项目盈利能力满足要求。

（4）投资收益率（R）指标的优点与不足。投资收益率（R）指标经济意义明确、直观，计算简便，在一定程度上反映了投资效果的优劣，可适用于各种投资规模。但不足的是没有考虑投资收益的时间因素，忽视了资金具有时间价值的重要性；指标的计算主观随意性太强，换句话说，就是正常生产年份的选择比较困难，如何确定带有一定的不确定性和人为因素。因此，以投资收益率指标作为主要的决策依据不太可靠。

2.投资回收期

投资回收期是反映投资方案实施以后回收初始投资并获取收益能力的重要指标，分为静态投资回收期和动态投资回收期。

（1）静态投资回收期。静态投资回收期是在不考虑资金时间价值的条件下，以项目的净收益回收其全部投资所需要的时间。投资回收期可以自项目建设开始年算起，也可以自项目投产年开始算起，但应予注明。

① 计算公式。自建设开始年算起，投资回收期 P_t（以年表示）的计算公式如下：

$$\sum_{t=0}^{P_t}(CI-CO)_t = 0 \qquad (2\text{-}32)$$

式中，P_t—静态投资回收期；

（$CI-CO$）$_t$—第 t 年净现金流量。

静态投资回收期可根据现金流量表计算，其具体计算又分以下两种情况：

1）项目建成投产后各年的净收益（即净现金流量）均相同，则静态投资回收期的计算公式如下：

$$P_t = \frac{TI}{A} \qquad (2\text{-}33)$$

式中，TI—项目总投资；

A—每年的净收益，即 $A =$（$CI-CO$）$_t$。

2）项目建成投产后各年的净收益不相同，则静态投资回收期可根据累计净现金流量求得（见图2.2.3），也就是在现金流量表中累计净现金流量由负值转向正值之间的年份。其计算公式为：

P_t=（累计净现金流量出现正值的年份数–1）＋上一年累计净现金流量现值的绝对值/出现正值年份净现金流量的现值   （2-34）

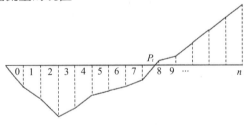

图2.2.3 投资回收期示意图

② 评价准则。将计算出的静态投资回收期（P_t）与已确定的基准投资回收期（P_c）进行比较：

1）若 $P_t \leqslant P_c$，表明项目投资能在规定的时间内收回，则项目（或方案）在经济上可以考虑接受；

2）若 $P_t > P_c$，则项目（或方案）在经济上是不可行的。

（2）动态投资回收期。动态投资回收期是把投资项目各年的净现金流量按基准收益率折成现值之后，再来推算投资回收期，这就是它与静态投资回收期的根本区别。动态投资回收期就是累计现值等于零时的年份。

动态投资回收期的计算表达式为：

$$\sum_{t=1}^{p'} (CI - CO)_t (1 + i_e)^{-1} = 0 \qquad (2\text{-}35)$$

式中，P_t'——动态投资回收期；

i_e——基准收益率。

在实际应用中，可根据项目现金流量表用下列近似公式计算：

$P_t'=$（累计净现金流量出现正值的年份数-1）＋上一年累计净现金流量现值的绝对值/出现正值年份净现金流量的现值　　　　　　　　　　　　　　（2-36）

按静态分析计算的投资回收期较短，决策者可能认为经济效果尚可以接受。但若考虑时间因素，用折现法计算出的动态投资回收期，要比用传统方法计算出的静态投资回收期长些，方案未必能被接受。

（3）投资回收期指标的优点与不足。投资回收期指标容易理解，计算也比较简便；项目投资回收期在一定程度上显示了资本的周转速度。显然，资本周转速度愈快，回收期愈短，风险愈小，盈利愈多。这对于那些技术上更新迅速的项目或资金相当短缺的项目或未来情况很难预测，而投资者又特别关心资金补偿的项目进行分析是特别有用的。但不足的是投资回收期没有全面考虑投资方案整个计算期内的现金流量，即只考虑投资回收之前的效果，不能反映投资回收之后的情况，即无法准确衡量方案在整个计算期内的经济效果。所以，投资回收期作为方案选择和项目排队的评价准则是不可靠的，它只能作为辅助评价指标，或与其他评价方法结合应用。

2.3 造价的构成

2.3.1 建筑安装工程费用构成要素

建筑安装工程费按照费用构成要素划分，由人工费、材料费、机械费、企业管理费、利润、规费和税金组成（见图2.3.1）。

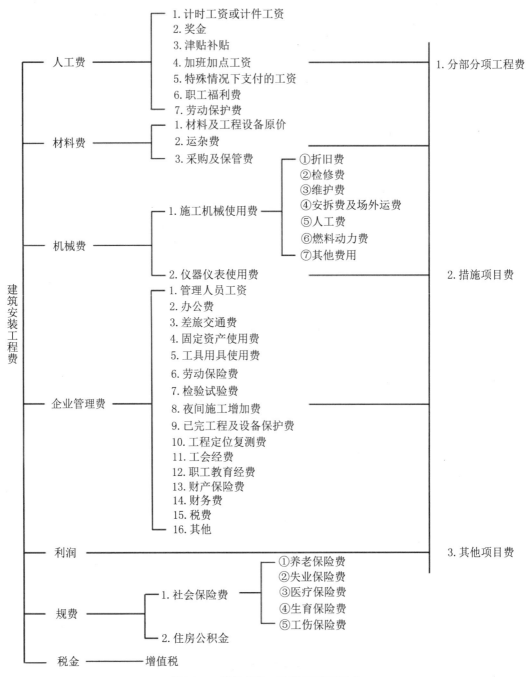

图2.3.1　建筑安装工程费用项目组成
（按费用构成要素划分）

1．人工费

人工费是指按工资总额构成规定，支付给从事建筑安装工程施工的生产工人和附属生产单位工人的各项费用（包含个人缴纳的社会保险费与住房公积金）。内容如表2.3.1所示。

表 2.3.1　人工费包含的内容

	内容名称	内容组成
人工费	计时工资或计件工资	是指按计时工资标准和工作时间或对已做工作按计件单价支付给个人的劳动报酬
	奖金	是指对超额劳动和增收节支支付给个人的劳动报酬。如节约奖、劳动竞赛奖等
	津贴补贴	是指为了补偿职工特殊或额外的劳动消耗和因其他特殊原因支付给个人的津贴，以及为了保证职工工资水平不受物价影响支付给个人的物价补贴。如流动施工津贴、特殊地区施工津贴、高温（寒）作业临时津贴、高空津贴等
	加班加点工资	是指按规定支付的在法定节假日工作的加班工资和在法定日工作时间外延时工作的加点工资。
	特殊情况下支付的工资	是指根据国家法律、法规和政策规定，因病、工伤、产假、计划生育假、婚丧假、事假、探亲假、定期休假、停工学习、执行国家或社会义务等原因按计时工资标准或计件工资标准的一定比例支付的工资
	职工福利费	是指企业按规定标准计提并支付给生产工人的集体福利费、夏季防暑降温、冬季取暖补贴、上下班交通补贴等
	劳动保护费	是指企业按规定标准发放的生产工人劳动保护用品的支出。如工作服、手套、防暑降温饮料以及在有碍身体健康的环境中施工的保健费用等

2．材料费

材料费是指工程施工过程中所耗费的原材料、辅助材料、构配件、零件、半成品或成品和工程设备等的费用，以及周转材料的摊销费用。

材料费应由三项费用组成，内容如表2.3.2所示。

表 2.3.2　材料费的费用组成

	内容名称	内容组成
材料费	材料及工程设备原价	是指材料、工程设备的出厂价格或商家供应价格。原价包括为方便材料、工程设备的运输和保护而进行必要的包装所需要的费用
	运杂费	是指材料、工程设备自来源地运至工地仓库或指定堆放地点所发生的全部费用。包括装卸费、运输费、运输损耗及其他附加费等费用
	采购及保管费	是指为组织采购、供应和保管材料、工程设备的过程中所需要的各项费用。包括采购费、仓储费、工地保管费、仓储损耗等费用

3．机械费

机械费是指施工作业所发生的施工机械使用费和仪器仪表使用费。其中：

（1）施工机械使用费：是指施工机械作业所发生的机械使用费。

（2）仪器仪表使用费：是指工程施工所需仪器仪表的使用费。

施工机械使用费、仪器仪表使用费分别以施工机械台班耗用量与施工机械台班单价的乘积和仪器仪表台班耗用量与仪器仪表台班单价的乘积表示。其中，仪器仪表台班单价由折旧费、维护费、校验费和动力费组成；施工机械台班单价由七项费用组成，内容如表2.3.3所示。

表 2.3.3　施工机械台班单价的组成内容

	内容名称	内容组成
施工机械台班单价	折旧费	是指施工机械在规定的耐用总台班内，陆续收回其原值的费用
	检修费	是指施工机械在规定的耐用总台班内，按规定的检修间隔进行必要的检修，以恢复其正常功能所需的费用
	维护费	是指施工机械在规定的耐用总台班内，按规定的维护间隔进行各级维护和临时故障排除所需的费用。包括为保障机械正常运转所需替换设备与随机配备工具附具的摊销费用、机械运转及日常维护所需润滑与擦拭的材料费用及机械停滞期间的维护费用等
	安拆费及场外运费	安拆费是指施工机械(大型机械除外)在现场进行安装与拆卸所需的人工、材料、机械和试运转费用以及机械辅助设施的折旧、搭设、拆除等费用；场外运费是指施工机械(大型机械除外)整体或分体自停放地点运至施工现场或由一施工地点运至另一施工地点的运输、装卸、辅助材料等费用
	人工费	是指机上司机（司炉）和其他操作人员的人工费
	燃料动力费	是指施工机械在运转作业中所耗用的燃料及水、电等费用
	其他费用	是指施工机械按照国家和有关部门规定应缴纳的车船使用税、保险费及年检费用等

4．企业管理费

企业管理费是指建筑安装企业组织施工生产和经营管理所需的费用。内容如表2.3.4所示。

表2.3.4 企业管理费的内容组成

	内容名称	内容组成
企业管理费	管理人员工资	是指按规定支付给管理人员的计时工资、奖金、津贴补贴、加班加点工资，特殊情况下支付的工资及相应的职工福利费、劳动保护费等
	办公费	是指企业管理办公用的文具、纸张、账表、印刷、邮电、书报、办公软件、现场监控、会议、水电、烧水和集体取暖降温（包括现场临时宿舍取暖降温）等费用
	差旅交通费	是指职工因公出差、调动工作的差旅费、住勤补助费、市内交通费和误餐补助费、职工探亲路费、劳动力招募费、职工退休退职一次性路费、工伤人员就医路费、工地转移费以及管理部门使用的交通工具的油料、燃料等费用
	固定资产使用费	是指管理和试验部门及附属生产单位使用的属于固定资产的房屋、设备、仪器(包括现场出入管理及考勤设备、仪器）等的折旧、大修、维修或租赁费
	工具用具使用费	是指企业施工生产和管理使用的不属于固定资产的工具、器具、家具、交通工具和检验、试验、测绘、消防用具等的购置、维修和摊销费
	劳动保险费	是指由企业支付的退休职工易地安家补助费、职工退职金、六个月以上的病假人员工资、职工死亡丧葬补助费、抚恤费、按规定支付给离休干部的各项经费等
	检验试验费	是指施工企业按照有关标准规定，对建筑以及材料、构件和建筑安装物进行一般鉴定、检查所发生的费用，包括自设试验室进行试验所耗用的材料等费用。不包括新结构、新材料的试验费，对构件做破坏性试验及其他特殊要求检验试验的费用和建设单位委托检测机构进行专项及见证取样检测的费用，对此类检测所发生的费用，由建设单位在工程建设其他费用中列支。但对施工企业提供的具有合格证明的材料进行检测不合格的，该检测费用应由施工企业支付
	夜间施工增加费	是指因施工工艺要求必须持续作业而不可避免的夜间施工所增加的费用，包括夜班补助费、夜间施工降效、夜间施工照明设备摊销及照明用电等费用
	已完工程及设备保护费	是指竣工验收前，对已完工程及工程设备采取的必要保护措施所发生的费用
	工程定位复测费	是指工程施工过程中进行全部施工测量放线和复测工作的费用
	工会经费	是指企业按《工会法》规定的全部职工工资总额比例计提的工会经费
	职工教育经费	是指按职工工资总额的规定比例计提，企业为职工进行专业技术和职业技能培训，专业技术人员继续教育、职工职业技能鉴定、职业资格认定以及根据需要对职工进行各类文化教育所发生的费用
	财产保险费	是指施工管理用财产、车辆等的保险费用
	财务费	是指企业为施工生产筹集资金或提供预付款担保、履约担保、职工工资支付担保等所发生的各种费用
	税费	是指根据国家税法规定应计入建筑安装工程造价内的城市维护建设税、教育费附加和地方教育附加，以及企业按规定缴纳的房产税、车船使用税、土地使用税、印花税、环保税等
	其他	包括技术转让费、技术开发费、投标费、业务招待费、绿化费、广告费、公证费、法律顾问费、审计费、咨询费、危险作业意外伤害保险费等

5．利润

利润是指施工企业完成所承包工程获得的盈利。

6．规费

规费是指按国家法律、法规规定，由省级政府和省级有关权力部门规定必须缴纳或计取的，应计入建筑安装工程造价内的费用。内容如表2.3.5所示。

表2.3.5　规费的内容组成

内容名称		内容组成
规费	1．社会保险费	包括养老保险费、失业保险费、医疗保险费、生育保险费、工伤保险费
	其中 养老保险费	是指企业按照规定标准为职工缴纳的基本养老保险费
	失业保险费	是指企业按照规定标准为职工缴纳的失业保险费
	医疗保险费	是指企业按照规定标准为职工缴纳的基本医疗保险费
	生育保险费	是指企业按照规定标准为职工缴纳的生育保险费
	工伤保险费	是指企业按照规定标准为职工缴纳的工伤保险费
	2．住房公积金	是指企业按规定标准为职工缴纳的住房公积金

7．税金

税金是指国家税法规定的应计入建筑安装工程造价内的建筑服务增值税。

2.3.2　建筑安装工程造价组成内容

建筑安装工程费按照造价形成内容划分，由分部分项工程费、措施项目费、其他项目费、规费和税金组成（见图2.3.2）。

1．分部分项工程费

分部分项工程费是指根据设计规定，按照施工验收规范、质量评定标准的要求，完成构成工程实体所耗费或发生的各项费用，包括人工费、材料费、机械费和企业管理费、利润。

2．措施项目费

措施项目费是指为完成建筑安装工程施工，按照安全操作规程、文明施工规定的要求，发生于该工程施工前和施工过程中用作技术、生活、安全、环境保护等方面的各项费用，由施工技术措施项目费和施工组织措施项目费构成，包括人工费、材料费、机械费和企业管理费、利润。

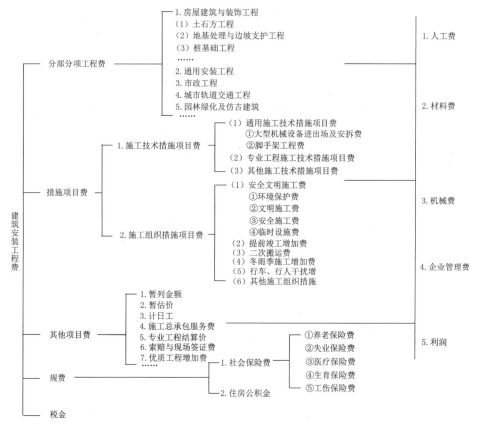

图2.3.2　建筑安装工程费用项目组成
（按造价形成内容划分）

（1）施工技术措施项目费，内容如表2.3.6所示。

表2.3.6　施工技术措施项目费内容组成

	内容名称		内容组成
施工技术措施项目费	通用施工技术措施项目费		包括大型机械设备进出场及安拆费、脚手架工程费
	其中	大型机械设备进出场及安拆费	是指机械整体或分体自停放场地运至施工现场或由一个施工地点运至另一个施工地点，所发生的机械进出场运输、转移（含运输、装卸、辅助材料、架线等）费用及机械在施工现场进行安装、拆卸所需的人工费、材料费、机械费、试运转费和安装所需的辅助设施的费用
		脚手架工程费	是指施工需要的各种脚手架搭、拆、运输费用以及脚手架购置费的摊销费用
	专业工程施工技术措施项目费		是指根据现行国家各专业工程工程量计算规范(简称"计量规范")或本省各专业工程计价定额(简称"专业定额"及有关规定，列入各专业工程措施项目的属于施工技术措施的费用
	其他施工技术措施项目费		是指根据各专业、地区及工程特点补充的施工技术措施项目的费用

施工技术措施项目按实施要求划分，可分为施工技术常规措施项目和施工技术专项措施项目。其中，施工技术专项措施项目是指根据设计或建设主管部门的规定，需由承包人提出专项方案并经论证、批准后方能实施的施工技术措施项目，如深基坑支护、高支模承重架、大型施工机械设备等。

（2）施工组织措施项目费，内容如表2.3.7所示。其中安全文明施工费以实施标准划分，可分为安全文明施工基本费和创建安全文明施工标准化工地增加费（简称"标化工地增加费"）。

表 2.3.7　施工组织措施项目费内容组成

内容名称		内容组成
施工组织措施项目费	安全文明施工费	是指按照国家现行的建筑施工安全、施工现场环境与卫生标准和大气污染防治及城市建筑工地、道路扬尘管理要求等有关规定，购置和更新施工安全防护用具及设施、改善安全生产条件和作业环境、防治并治理施工现场扬尘污染所需要的费用。内容包括环境保护费、文明施工费、安全施工费、临时设施费
	其中 环境保护费	是指施工现场为达到环保部门要求所需要的包括施工现场扬尘污染防治、治理在内的各项费用
	文明施工费	是指施工现场文明施工所需要的各项费用。一般包括施工现场的标牌设置，施工现场地面硬化，现场周边设立围护设施，现场安全保卫及保持场貌、场容整洁等发生的费用
	安全施工费	是指施工现场安全施工所需要的各项费用。一般包括安全防护用具和服装，施工现场的安全警示、消防设施和灭火器材，安全教育培训，安全检查及编制安全措施方案等发生的费用
	临时设施费	是指施工企业为进行建筑工程施工所必须搭设的生活和生产用的临时建筑物、构筑物和其他临时设施等发生的费用。临时设施包括：临时宿舍、文化福利及公用事业房屋与构筑物、仓库、办公室、加工厂（场）以及在规定范围内道路、水、电、管线等临时设施和小型临时设施。临时设施费用包括：临时设施的搭设、维修、拆除费或摊销费
	提前竣工增加费	是指因缩短工期要求发生的施工增加费，包括赶工所需发生的夜间施工增加费、周转材料加大投入量和资金、劳动力集中投入等所增加的费用
	二次搬运费	是指因施工场地条件限制而发生的材料、构配件、半成品等一次运输不能到达堆放地点，必须进行二次或多次搬运所发生的费用
	冬雨季施工增加费	是指在冬季或雨季施工需增加的临时设施、防滑、排除雨雪，人工及施工机械效率降低等费用
	行车、行人干扰增加费	是指边施工边维持行人与车辆通行的市政、城市轨道交通、园林绿化等市政基础设施工程及相应养护维修工程受行车、行人干扰影响而降低工效等所增加的费用
	其他施工组织措施费	是指根据各专业、地区及工程特点补充的施工组织措施项目的费用

3. 其他项目费

其他项目费内容如表2.3.8所示。

表 2.3.8　其他项目费内容组成

内容名称		内容组成
其他项目费	暂列金额	是指招标人在工程量清单中暂定并包括在工程合同价款中的一笔款项。用于工程合同签订时尚未确定或者不可预见的所需材料、工程设备、服务的采购，施工中可能发生的工程变更、合同约定调整因素出现时的合同价款调整，以及发生的索赔、现场签证确认等的费用和标化工地、优质工程等费用的追加，包括标化工地暂列金额、优质工程暂列金额和其他暂列金额
	暂估价	是指招标人在工程量清单中提供的用于支付必然发生但暂时不能确定价格的材料、工程设备的单价以及施工技术专项措施项目、专业工程等的金额
	其中 材料及工程设备暂估价	是指发包阶段已经确认发生的材料、工程设备，由于设计标准未明确等原因造成无法当时确定准确价格，或者设计标准现已明确，但一时无法取得合理询价，由招标人在工程量清单中给定的若干暂估总价
	其中 专业工程暂估价	是指发包阶段已经确认发生的专业工程，由于设计未详尽、标准未明确或者需要由专业承包人完成等原因造成无法当时确定准确价格，由招标人在工程量清单中给定的一个暂估总价
	其中 施工技术专项措施项目暂估价（简称"专项措施暂估价"）	是指发包阶段已经确认发生的施工技术措施项目，由于需要在签约后由承包人提出专项方案并经论证、批准方能实施等原因造成无法当时准确计价，由招标人在工程量清单中给定的一个暂估总价
	计日工	是指在施工过程中，承包人完成发包人提出的工程合同范围以外的零星项目或工作所需的费用
	施工总承包服务费	是指施工总承包人为配合、协调发包人进行的专业工程发包，对发包人自行采购的材料、工程设备等进行保管以及施工现场管理、竣工资料汇总整理等服务所需的费用，包括发包人发包专业工程管理费（简称"专业发包工程管理费"）和发包人提供材料及工程设备保管费（简称"甲供材料设备保管费"）
	专业工程结算价	是指发包阶段招标人在工程量清单中以暂估价给定的专业工程，竣工结算时发承包双方按照合同约定计算并确定的最终金额
	索赔与现场签证费	包括索赔费用，现场签证费用
	其中 索赔费用	是指在工程合同履行过程中，合同当事人方因非己方的原因而遭受损失，按合同约定或法律法规规定应由对方承担责任，从而向对方提出补偿的要求，经双方共同确认需补偿的各项费用
	其中 现场签证费用（简称"签证费"）	是指发包人现场代表（或其授权的监理人、工程造价咨询人）与承包人现场代表就施工过程中涉及的责任事件所做的签认证明中的各项费用
	优质工程增加费	是指建筑施工企业在生产合格建筑产品的基础上，为生产优质工程而增加的费用

其他项目费的构成内容应视工程实际情况按照不同阶段的计价需要进行列项。其中，编制招标控制价和投标报价时，由暂列金额、暂估价、计日工、施工总承包服务费四项内容构成；编制竣工结算时，由专业工程结算价、计日工、施工总承包服务费、索赔与现场签证费以及优质工程增加费五项内容构成。

4. 规费

见2.3.1 "建筑安装工程费用构成要素"。

5. 税金

见2.3.1 "建筑安装工程费用构成要素"。

2.4 造价的依据

视频二维码2-4：工程造价的依据

"计价依据"是编审工程投资估算、设计概算、施工图预算、招标控制价、竣工结算等工程计价活动的指导性依据，是投标人投标报价的参考性依据，也是全部使用国有资金投资或国有资金投资为主（以下简称"国有资金投资"）的建设工程造价的控制性标准。包括：《建设工程工程量清单计价规范》（GB50500-2013）、《通用安装工程工程量计算规范》（GB50856-2013）等国家标准，各省《建设工程计价规则》，各省《安装工程预算定额》（有效版本），各省《安装工程预算定额》（有效版本），各省工程造价管理机构发布的人工、材料、施工机械台班市场价格信息、价格指数、本省有关计价的补充规定和综合解释。

本书按照浙江省安装工程计价依据进行编写，浙江省安装工程计价依据包括：《浙江省通用安装工程预算定额》一至十三册、《浙江省建设工程计价规则》（2018版）、《浙江省建设工程工程量清单计价指引（通用安装工程）》。

可扫描视频二维码2-4观看视频认识各类工程造价的依据。

2.5　造价的分类

视频二维码 2-5：安装工程造价分类

工程造价按照编制依据，计税方法和造价阶段有各种分类，造价编制过程中须根据不同分类选择正确的依据、方法才能得到科学、合理合法的造价。可扫描视频二维码2-5观看，了解安装工程造价分类，文字描述如下文所示。

2.5.1　按照清单编制依据分类

现行计价规范规定建筑安装工程统一按照综合单价法进行计价，包括国标工程量清单计价（简称"国标清单计价"）和定额项目清单计价（简称"定额清单计价"）两种。采用"国标清单计价"和"定额清单计价"时，除分部分项工程费、施工技术措施项目费分别依据"计量规范"规定的清单项目和"专业定额"规定的定额项目列项计算外，其余费用的计算原则及方法应当一致。

2.5.2　按照计税方法分类

建筑安装工程计价可采用一般计税法和简易计税法计税，如选择采用简易计税方法计税，应符合税务部门关于简易计税的适用条件，建筑安装工程概算应采用一般计税方法计税。

采用一般计税方法计税时，其税前工程造价（或税前概算费用）的各费用项目均不包含增值税的进项税额，相应价格、费率及其取费基数均按"除税价格"计算或测定；采用简易计税方法计税时，其税前工程造价的各费用项目均应包含增值税的进项税额，相应价格、费率及其取费基数均按"含税价格"计算或测定。

2.5.3　按照造价阶段分类

按照造价的阶段可以分为概算费用计价和施工费用计价（预算），详述如下。

1.建筑安装工程概算费用计价

建筑安装工程概算费用由税前概算费用和税金（增值税销项税，下同）组成，计价内容包括概算分部分项工程（包含施工技术措施项目，下同）费、总价综合费用、概算其他费用和税金。

（1）概算分部分项工程费按概算分部分项工程数量乘以综合单价以其合价之和进行计算。其中：

① 工程数量。概算分部分项工程数量应根据概算"专业定额"中定额项目规定的工程量计算规则进行计算。

② 综合单价。

1）综合单价所含人工费、材料费、机械费应按照概算"专业定额"中的人工、材料、施工机械（仪器仪表）台班消耗量乘以概算编制期对应月份省、市工程造价管理机构发布的市场信息价进行计算。遇未发布市场信息价的，可通过市场调查以询价方式确定价格。

2）综合单价所含企业管理费、利润应以概算"专业定额"中定额项目的"定额人工费＋定额机械费"乘以单价综合费用费率进行计算。单价综合费用费率由企业管理费费率和利润费率构成，按相应施工取费费率的中值取定。

（2）总价综合费用按概算分部分项工程费中的"定额人工费＋定额机械费"乘以总价综合费用费率进行计算。总价综合费用费率由施工组织措施项目费相关费率和规费费率构成，所含施工组织措施项目费费率只包括安全文明施工基本费、提前竣工增加费、二次搬运费、冬雨季施工增加费费率，不包括标化工地增加费和行车、行人干扰增加费费率。其中：

① 安全文明施工基本费费率按市区工程相应基准费率（即施工取费费率的中值）取定；

② 提前竣工增加费费率按缩短工期比例为10%以内施工取费费率的中值取定；

③ 二次搬运费、冬雨季施工增加费费率按相应施工取费费率的中值取定；

④ 规费费率按相应施工取费费率取定。

（3）概算其他费用按标化工地预留费、优质工程预留费、概算扩大费用之和进行计算。其中：

① 标化工地预留费是指因工程实施时可能发生的标化工地增加费而预留的费用。

1）标化工地预留费应以概算分部分项工程费中的"定额人工费＋定额机械费"乘以标化工地预留费费率进行计算。

2）标化工地预留费费率按市区工程标化工地增加费相应标化等级的施工取费费率取定，设计概算编制时已明确创安全文明施工标准化工地目标的，按目标等级对应费率计算。

② 优质工程预留费是指因工程实施时可能发生的优质工程增加费而预留的费用。

1）优质工程预留费应以"概算分部分项工程费＋总价综合费用"乘以优质工程预留费费率进行计算。

2）优质工程预留费费率按优质工程增加费相应优质等级的施工取费费率取定，设计概算编制时已明确创优质工程目标的，按目标等级对应费率计算。

③ 概算扩大费用是指因概算定额与预算定额的水平幅度差、初步设计图纸与施工图纸的设计深度差异等因素，编制概算时应予以适当扩大需考虑的费用。

1）概算扩大费用应以"概算分部分项工程费＋总价综合费用"乘以扩大系数进行计算。

2）扩大系数按1%～3%进行取定，具体数值可根据工程的复杂程度和图纸的设计深度确定。其中较简单工程或图纸设计深度达到要求的取1%，一般工程取2%，较复杂工程或设计图纸深度不够要求的取3%。

（4）税前概算费用按概算分部分项工程费、总价综合费用、概算其他费用之和进行计算。

（5）税金按税前概算费用乘以增值税销项税税率进行计算。

（6）建筑安装工程概算费用按税前概算费用、税金之和进行计算。

建筑安装工程施工费用（即工程造价）由税前工程造价和税金（增值税销项税或征收率，下同）组成，计价内容包括分部分项工程费、措施项目费、其他项目费、规费和税金。

2.建筑安装工程施工费用计价

（1）分部分项工程费。分部分项工程费按分部分项工程数量乘以综合单价以其合价之和进行计算。其中：

① 工程数量：

1）采用"国标清单计价"的工程，分部分项工程数量应根据"计量规范"中清单项目（含浙江省补充清单项目）规定的工程量计算规则和本省有关规定进行计算。

2）采用"定额清单计价"的工程，分部分项工程数量应根据预算"专业定额"中定额项目规定的工程量计算规则进行计算。

3）编制招标控制价和投标报价时，工程数量应统一按照招标人在发承包计价前依据招标工程设计图纸和有关计价规定计算并提供的工程量确定；编制竣工结算时，工程数量应以承包人完成合同工程应予计量的工程量进行调整。

② 综合单价：

1）工料机费用。编制招标控制价时，综合单价所含人工费、材料费、机械费应按照预算"专业定额"中的人工、材料、施工机械（仪器仪表）台班消耗量乘以相应"基准价格"进行计算。遇未发布"基准价格"的，可通过市场调查以询价方式确定价格；因设计标准未明确等原因造成无法当时确定准确价格，或者设计标准虽已明确但一时无法取得合理询价的材料，应以"暂估单价"计入综合单价。

编制投标报价时，综合单价所含人工费、材料费、机械费可按照企业定额或参照预算"专业定额"中的人工、材料、施工机械（仪器仪表）台班消耗量乘以当时当地相应市场价格，由企业自主确定。其中的"暂估单价"应与招标控制价保持一致。

编制竣工结算时，综合单价所含人工费、材料费、机械费除"暂估单价"直接以相应"确认单价"替换计算外，应根据已标价清单综合单价中的人工、材料、施工机械（仪器仪表）台班消耗量，按照合同约定计算因价格波动所引起的差价。计补差价时，应以分部分项工程所列项目的全部差价汇总计算，或直接计入相应综合单价。

2）企业管理费、利润。编制招标控制价时，采用"国标清单计价"的工程，综合单价所含企业管理费、利润应以清单项目中的"定额人工费＋定额机械费"乘以企业管理费、利润相应费率分别进行计算；采用"定额清单计价"的工程，综合单价所含企业管理费、利润应以定额项目中的"定额人工费＋定额机械费"乘以企业管理费利润相应费率分别进行计算。其中，企业管理费、利润费率应按相应施工取费费率的中值计取。

编制投标报价时，采用"国标清单计价"的工程，综合单价所含企业管理费、利润应以清单项目中的"人工费＋机械费"乘以企业管理费、利润费率分别进行计算；采用"定额清单计价"的工程，综合单价所含企业管理费、利润应以定额项目中的"人工费＋机械费"乘以企业管理费、利润相应费率分别进行计算。其中，企业管理费、利润费率可参考相应施工取费费率由企业自主确定。

编制竣工结算时，采用"国标清单计价"的工程，综合单价所含企业管理费、利润应以清单项目中依据已标价清单综合单价确定的"人工费＋机械费"乘以企业管理费、利润费率分别进行计算；采用"定额清单计价"的工程，综合单价所含企业管理费、利润应以定额项目中依据已标价清单综合单价确定的"人工费＋机械费"乘以企业管理费、利润相应费率分别进行计算。其中，企业管理费、利润费率按投标报价时的相应费率保持不变。

3）风险费用。综合单价应包括风险费用，风险费用是指隐含于综合单价之中用于化解发承包双方在工程合同中约定风险内容和范围（幅度）内人工、材料、施工机械（仪器仪表）台班的市场价格波动风险的费用。以"暂估单价"计入综合单价的材料不考虑风险费用。

（2）措施项目费。措施项目费按施工技术措施项目费、施工组织措施项目费之和进行计算。其中：

① 施工技术措施项目费。施工技术措施项目费应以施工技术措施项目工程数量乘

以综合单价以其合价之和进行计算。施工技术措施项目工程数量及综合单价的计算原则参照分部分项工程费相关内容处理。

② 施工组织措施项目费。施工组织措施项目费分为安全文明施工基本费、标化工地增加费、提前竣工增加费、二次搬运费、冬雨季施工增加费和行车、行人干扰增加费，除安全文明施工基本费属于必须计算的施工组织措施费项目外，其余施工组织措施费项目可根据工程实际需要进行列项，工程实际不发生的项目不应计取其费用。

编制招标控制价时，施工组织措施项目费应以分部分项工程费与施工技术措施项目费中的"定额人工费＋定额机械费"乘以各施工组织措施项目相应费率以其合价之和进行计算。其中，安全文明施工基本费费率应按相应基准费率（即施工取费费率的中值）计取，其余施工组织措施项目费（"标化工地增加费"除外）费率均按相应施工取费费率的中值确定。

编制投标报价时，施工组织措施项目费应以分部分项工程费与施工技术措施项目费中的"人工费＋机械费"乘以各施工组织措施项目相应费率以其合价之和进行计算。其中，安全文明施工基本费费率应以不低于相应基准费率的90％（即施工取费费率的下限）计取，其余施工组织措施项目费（"标化工地增加费"除外）可参考相应施工取费费率由企业自主确定。

编制竣工结算时，施工组织措施项目费应以分部分项工程费与施工技术措施项目费中依据已标价清单综合单价确定的"人工费＋机械费"乘以各施工组织措施项目相应费率以其合价之和进行计算。其中，除法律、法规等政策性调整外，各施工组织措施项目的费率均按投标报价时的相应费率保持不变。

1）安全文明施工基本费。安全文明施工基本费分为非市区工程和市区工程。其中，市区工程是指城区、城镇等人流、车流集聚区的工程；非市区工程是指乡村等人流、车流非集聚区的工程。对于工程规模变化较大的房屋建筑与装饰工程，应根据其取费基数额度（合同标段分部分项工程费与施工技术措施项目费所含"人工费＋机械费"）大小采用分档累进方式计算费用。对于安全防护、文明施工有特殊要求和危险性较大的工程，需增加安全防护、文明施工措施所发生的费用可另列项目计算或要求投标报价的施工企业在费率中考虑。

安全文明施工基本费费率不包括市政、城市轨道交通高架桥（高架区间）及道路绿化等工程在施工区坡沿线搭设的临时围挡（护栏）费用，发生时应按施工技术措施项目费另列项目进行计算。

施工现场与城市道路之间的连接道路硬化是发包人向承包人提供正常施工所需的交通条件，属工程建设其他费用中"场地准备及临时设施费"的包含内容。如由承包人负责实施，其费用应按实并经现场签证后另行计算。

2）标化工地增加费。标化工地施工费的基本内容已在安全文明施工基本费中综合考虑，但获得国家、省、设区市、县市区级安全文明施工标准化工地的，应计算标化工地增加费。

由于标化工地一般在工程完工后进行评定，且不一定发生或达到预期要求的等级，编制招标控制价和投标报价时，标化工地增加费可按其他项目费的暂列金额计列；编制竣工结算时，标化工地增加费应以施工组织措施项目费计算。其中，合同约定有创安全文明施工标准化工地要求而实际未创建的，不计算标化工地增加费；实际创建等级与合同约定不符或合同无约定而实际创建的，按实际创建等级相应费率标准的75%～100%计算标化工地增加费（实际创建等级高于合同约定等级的，不应低于合同约定等级原有费率标准），并签订补充协议。

标化工地增加费分为非市区工程和市区工程，划分方法同安全文明施工基本费。

3）提前竣工增加费。提前竣工增加费以工期缩短的比例计取，工期缩短比例按以下公式确定：

工期缩短比例=［（定额工期–合同工期）／定额工期］×100%

缩短工期比例在30%以上者，应按审定的措施方案计算相应的提前竣工增加费。实际工期比合同工期提前的，应根据合同约定另行计算。

4）二次搬运费。二次搬运费适用于因施工场地狭小等特殊情况一次到不了施工现场而需要再次搬运发生的费用，不适用于上山及过河发生的费用。上山及过河所发生的费用应另列项目以现场签证进行计算。

5）冬雨季施工增加费。冬雨季施工增加费不包括暴雪、强台风、暴雨、高温等异常恶劣气候所引起的费用，发生时应另列项目以现场签证进行计算。

6）行车、行人干扰增加费。行车、行人干扰增加费已综合考虑按要求进行交通疏导、设置导行标志需发生的费用。

行车、行人干扰增加费适用对象主要包括：边施工边维持路面通车的市政道路、桥梁、隧道及其排水（含污水、给水、燃气、供热、电力、通信等的管道和开挖施工的综合管廊及相应构筑物）、路灯、交通设施等的改造和养护维修工程；占用交通道路进行施工的城市轨道交通高架桥工程及相应轨道工程；道路绿化（含景观）的改造与养护工程。

（3）其他项目费。其他项目费按照不同计价阶段结合工程实际确定计价内容。其中，编制招标控制价和投标报价时，按暂列金额、暂估价、计日工和施工总承包服务费中实际发生项的合价之和进行计算。编制竣工结算时，按专业工程结算价、计日工、施工总承包服务费、索赔与现场签证费和优质工程增加费中实际发生项的合价之和进行计算。

① 暂列金额。暂列金额按标化工地暂列金额、优质工程暂列金额、其他暂列金额

之和进行计算。招标控制价与投标报价的暂列金额应保持一致，竣工结算时，暂列金额应予以取消，另根据工程实际发生项目增加相应费用。

1）标化工地暂列金额。标化工地暂列金额应以招标控制价中分部分项工程费与施工技术措施项费的"定额人工费＋定额机械费"乘以标化工地增加费相应费率进行计算。其中，招标文件有创安全文明施工标准化工地要求的，按要求等级对应费率计算。

2）优质工程暂列金额。优质工程暂列金额应以招标控制价中除暂列金额外的税前工程造价乘以优质工程增加费相应费率进行计算。其中，招标文件有创优质工程要求的，按要求等级对应费率计算。

3）其他暂列金额。其他暂列金额应以招标控制价中除暂列金额外的税前工程造价乘以相应估算比例进行计算，估算比例一般不高于5%。

② 暂估价。暂估价按专业工程暂估价和专项措施暂估价之和进行计算。招标控制价与投标报价的暂估价应保持一致。竣工结算时，专业工程暂估价用专业工程结算价取代，专项措施暂估价用专项措施结算价取代并计入施工技术措施项目费及相关费用。材料及工程设备暂估价按其暂估单价列入分部分项工程项目的综合单价计算。

1）专业工程暂估价。专业工程暂估价按各专业工程的暂估金额之和进行计算。各专业工程的暂估金额应由招标人在发承包计价前根据各专业工程的具体情况和有关计价规定以除税金以外的全部费用分别进行估算。

专业工程暂估价分为按规定必须招标并纳入施工总承包管理范围的发包人发包专业工程暂估价（以下简称"专业发包工程暂估价"）和按规定无须招标属于施工总承包人自行承包内容的专业工程暂估价。

2）专项措施暂估价。专项措施暂估价按各专项措施的暂估金额之和进行计算。各专项措施的暂估金额应由招标人在发承包计价前，根据各专项措施的具体情况和有关计价规定以除税金以外的全部费用分别进行估算。

③ 计日工。计日工按计日工数量乘以计日工综合单价以其合价之和进行计算。

1）计日工数量。编制招标控制价和投标报价时，计日工数量应统一以招标人在发承包计价前提供的"暂估数量"进行计算：编制竣工结算时，计日工数量应按实际发生并经发承包双方签证认可的"确认数量"进行调整。

2）计日工综合单价。计日工综合单价应以除税金以外的全部费用进行计算。编制招标控制价时，应按有关计价规定并充分考虑市场价格波动因素计算：编制投标报价时，可由企业自主确定；编制工结算时，除计日工特征内容发生变化应予以调整外，其余按投标报价时的相应价格保持不变。

④ 施工总承包服务费。施工总承包服务费按专业发包工程管理费和甲供材料设备保管费之和进行计算。

1）专业发包工程管理费。发包人对其发包工程中的相关专业工程进行单独发包的，施工总承包人可向发包人计取专业发包工程管理费。专业发包工程管理费按各专业发包工程金额乘以专业发包工程管理费相应费率以其合价之和进行计算。

编制招标控制价和投标报价时，各专业发包工程金额应统一按专业工程暂估价内相应专业发包工程的暂估金额取定；编制竣工结算时，各专业发包工程金额应以专业工程结算价内相应专业发包工程的结算金额进行调整。

编制招标控制价时，专业发包工程管理费费率应根据要求提供的服务内容，按相应区间费率的中值计算；编制投标报价时，专业发包工程管理费费率可参考相应区间费率由企业自主确定；编制竣工结算时，除服务内容和要求发生变化应予以调整外，其余按投标报价时的相应费率保持不变。

发包人仅要求施工总承包人对其单独发包的专业工程提供现场堆放场地、现场供水供电管线（水电费用可另行按实计收）、施工现场管理、竣工资料汇总整理等服务而进行的施工总承包管理和协调时，施工总承包人可按专业发包工程金额的1%～2%向发包人计取专业发包工程管理费。施工总承包人完成其自行承包工程范围内所搭建的临时道路、施工围挡（围墙）、脚手架等措施项目，在合理的施工进度计划期间应无偿提供给专业工程分包人使用，专业工程分包人不得重复计算相应费用。

发包人要求施工总承包人对其单独发包的专业工程进行施工总承包管理和协调，并同时要求提供垂直运输等配合服务时，施工总承包人可按专业发包工程金额的2%～4%向发包人计取专业发包工程管理费，专业工程分包人不得重复计算相应费用。

发包人未对其单独发包的专业工程要求施工总承包人提供垂直运输等配合服务的，专业承包人应在投标报价时，考虑其垂直运输等相关费用。如施工时仍由总承包人提供垂直运输等配合服务的，其费用由总包、分包人根据实际发生情况自行商定。

当专业发包工程经招标实际由施工总承包人承包的，专业发包工程管理费不计。

2）甲供材料设备保管费。发包人自行提供材料、工程设备的，对其所提供的材料、工程设备进行管理、服务的单位（施工总承包人或专业工程分包人）可向发包人计取甲供材料设备保管费。甲供材料设备保管费按甲供材料金额、甲供设备金额分别乘以各自的保管费费率以其合价之和进行计算。

编制招标控制价和投标报价时，甲供材料金额和甲供设备金额应统一以招标人在发承包计价前按暂定数量和暂估单价（含税价）确定并提供的暂估金额取定；编制竣工结算时，甲供材料和甲供设备应按发承包双方确定的金额进行调整。

编制招标控制价时，甲供材料和甲供设备保管费费率应按相应区间费率的中值计算；编制投标报价时，甲供材料和甲供设备保管费费率可参考相应区间费率由企业自主确定；编制竣工结算时，除服务内容和要求发生变化应予以调整外，其余按投标报价时的相应费率保持不变。

⑤ 专业工程结算价。专业工程结算价按各专业工程的结算金额之和进行计算。各专业工程的结算金额应根据各自的合同约定，按不包括税金在内的全部费用分别进行计价，计价方法及原则参照单位工程相应内容。

专业工程结算价分为按规定必须招标并纳入施工总承包管理范围的发包人发包专业工程结算价（以下简称"专业发包工程结算价"）和按规定无须招标属于施工总承包人自行承包内容的专业工程结算价。其中，属于施工总承包人自行承包内容的专业工程可按工程变更直接列入分部分项工程费、措施项目费及相关费用进行计算。

⑥ 索赔与现场签证费。索赔与现场签证费按索赔费用和签证费用之和进行计算。

1）索赔费用。索赔费用按各索赔事件的索赔金额之和进行计算。各索赔事件的索赔金额应根据合同约定和相关计价规定，可参照索赔事件发生当期的市场信息价格以除税金以外的全部费用进行计价。

涉及分部分项工程、施工技术措施项目的数量、价格确认及其项目改变的索赔内容，其相应费用可分别列入分部分项工程费和施工技术措施项目费进行计算。

2）签证费用。签证费用按各签证事项的签证金额之和进行计算。各签证事项的签证金额应根据合同约定和相关计价规定，可参照签证事项发生当期的市场信息价格以除税金以外的全部费用进行计价。遇签证事项的内容列有计日工的，可直接并入计日工计算；涉及分部分项工程、施工技术措施项目的数量、价格确认及其项目改变的签证内容，其相应费用可分别列入分部分项工程费和施工技术措施项目费进行计算。

⑦ 优质工程增加费。浙江省"专业定额"的消耗量水平按合格工程考虑，获得国家、省、设区市、县市区级优质工程的，应计算优质工程增加费。优质工程增加费以获奖工程除本费用之外的税前工程造价乘以优质工程增加费相应费率进行计算。

由于优质工程是在工程竣工后进行评定，且不一定发生或达到预期要求的等级，遇发包人有优质工程要求的，编制招标控制价和投标报价时，优质工程增加费可按暂列金额方式列项计算。

合同约定有工程获奖目标等级要求而实际未获奖的，不计算优质工程增加费；实际获奖等级与合同约定不符或合同无约定而实际获奖的，按实际获奖等级相应费率标准的75%～100%计算优质工程增加费（实际获奖等级高于合同约定等级的，不应低于合同约定等级原有费率标准），并签订补充协议。

（4）规费。

① 规费应根据本规则依据国家法律、法规所测定的费率计取。

② 本规则规费费率包括养老保险费、失业保险费、医疗保险费、生育保险费、工伤保险费和住房公积金等"五险一金"。

③ 编制招标控制价时，规费应以分部分项工程费与施工技术措施项目费中的"定额人工费＋定额机械费"乘以规费相应费率进行计算；编制投标报价时，投标人应根据本企业实际交纳"五险一金"情况自主确定规费费率，规费应以分部分项工程费与施工技术措施项目费中的"人工费＋机械费"乘以自主确定规费费率进行计算；编制竣工结算时，规费应以分部分项工程费与施工技术措施项目费中依据已标价清单综合单价确定的"人工费＋机械费"乘以规费相应费率进行计算。

（5）税前工程造价。税前工程造价按分部分项工程费、措施项目费、其他项目费、规费之和进行计算。

（6）税金。

① 税金应根据本规则依据国家税法规定的计税基数和税率计取，不得作为竞争性费用。

② 税金按税前工程造价乘以增值税相应税率进行计算。遇税前工程造价包含甲供材料、甲供设备金额的，应在计税基数中予以扣除；增值税税率应根据计价工程按规定选择的适用计税方法分别以增值税销项税税率或增值税征收率取定。

（7）建筑安装工程造价。建筑安装工程造价按税前工程造价、税金之和进行计算。

2.6 造价的程序

大家已经了解了造价的构成、依据和分类，那么，我们如何开展工程造价呢？请大家先扫描视频二维码2-6看一段由宁波中成工程造价咨询有限公司总经理、国家一级注册造价师周望臻女士的"工程计价及招标控制价编制"的视频讲解，对造价过程先有一个总体认识，然后再熟悉造价的计算程序。

视频二维码 2-6：工程计价及招标控制价编制

根据视频2-6中周总的讲解，针对一个工程项目开展工程计价时，如图2.6.1所示，必须要经过识图（审图）、专业工程划分、按划分专业计算工程量、计价取费的过程，最后才可以形成工程总造价。这个过程是从事招标控制价、投标报价、结算价编制等各种造价工作的核心过程，也是我们本课程要学习的主要内容。

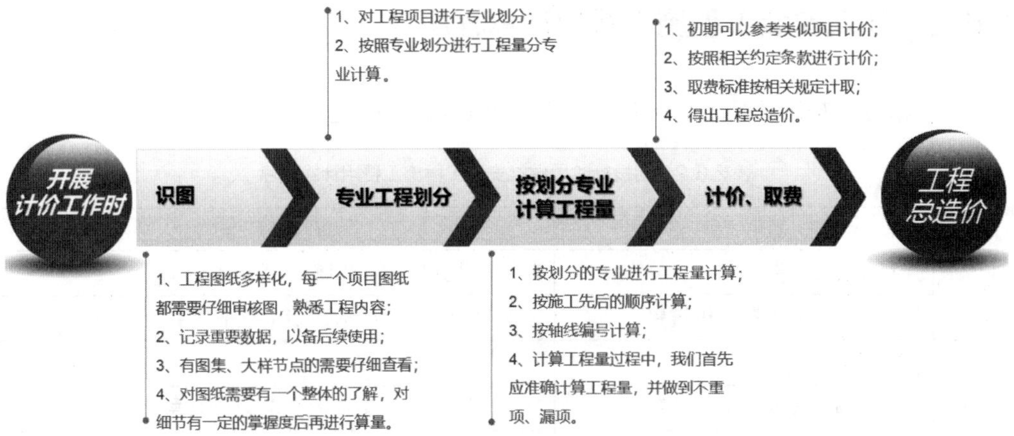

图2.6.1　计价工作步骤分解示意图

　　建筑安装工程费用计算程序按照不同阶段的计价活动分别进行设置，包括建筑安装工程概算费用计算程序和建筑安装工程施工费用计算程序。其中，建筑安装工程施工费用计算程序分为招投标阶段和竣工结算阶段两种。

2.6.1　建筑安装工程概算费用计算程序

　　建筑安装工程概算费用计算程序如表2.6.1所示。

表 2.6.1　建筑安装工程概算费用计算程序

序号	费用项目		计算方法（公式）
一	概算分部分项工程费		Σ（概算分部分项工程数量 × 综合单价）
	其中	1. 人工费＋机械费	Σ 概算分部分项工程（定额人工费＋定额机械费）
二	总价综合费用		1× 费率
三	概算其他费用		2＋3＋4
	其中	2. 标化工地预留费	1× 费率
		3. 优质工程预留费	（一＋二）× 费率
		4. 概算扩大费用	（一＋二）× 扩大系数
四	税前概算费用		一＋二＋三
五	税金（增值税销项税）		四 × 税率
六	建筑安装工程概算费用		四＋五

注：1. 本计算程序适用于单位工程的概算编制；
　　2. 概算分部分项工程费所列"人工费、机械费"仅指用于取费基数部分的定额人工费与定额机械费之和。

2.6.2 建筑安装工程施工费用计算程序

（1）招投标阶段建筑安装工程施工费用计算程序如表2.6.2所示。

表2.6.2 招投标阶段建筑安装工程施工费用计算程序

序号	费用项目		计算方法（公式）
一	分部分项工程费		Σ（分部分项工程数量 × 综合单价）
	其中	1. 人工费 + 机械费	Σ 分部分项工程（人工费 + 机械费）
二	措施项目费		（一）+（二）
	（一）施工技术措施项目费		Σ（技术措施项目工程数量 × 综合单价）
	其中	2. 人工费 + 机械费	Σ 技术措施项目（人工费 + 机械费）
	（二）施工组织措施项目费		按实际发生项之和进行计算
	其中	3. 安全文明施工基本费	（1 + 2）× 费率
		4. 提前竣工增加费	
		5. 二次搬运费	
		6. 冬雨季施工增加费	
		7. 行车、行人干扰增加费	
		8. 其他施工组织措施费	按相关规定进行计算
三	其他项目费		（三）+（四）+（五）+（六）
	（三）暂列金额		9 + 10 + 11
	其中	9. 标化工地暂列金额	（1 + 2）× 费率
		10. 优质工程暂列金额	除暂列金额外税前工程造价 × 费率
		11 他暂列金额	除暂列金额外税前工程造价 × 估算比例
	（四）暂估价		12 + 13
	其中	12. 专业工程暂估价	按各专业工程的除税金外全部费用暂估金额之和进行计算
		13. 专项措施暂估价	按各专项措施的除税金外全部费用暂估金额之和进行计算
	（五）计日工		Σ 计日工（暂估数量 × 综合单价）
	（六）施工总承包服务费		14 + 15
	其中	14. 专业发包工程管理费	Σ 专业发包工程（暂估金额 × 费率）
		15. 甲供材料设备保管费	甲供材料暂估金额 × 费率 + 甲供设备暂估金额 × 费率
四	规费		（1 + 2）× 费率
五	税前工程造价		一 + 二 + 三 + 四
六	税金（增值税销项税或征收率）		五 × 税率
七	建筑安装工程造价		五 + 六

注：1. 本计算程序适用于单位工程的招标控制价和投标报价编制；
2. 分部分项工程费、施工技术措施项目费所列"人工费+机械费"，编制招标控制价时仅指用于取费基数部分的定额人工费与定额机械费之和；
3. 其他项目费的构成内容按照施工总承包工程计价要求设置，专业发包工程及未实行施工总承包的工程，可根据实际需要做相应调整；
4. 标化工地暂列金额按施工总承包人自行承包的范围考虑，专业发包工程的标化工地暂列金额应包含在相应的暂估金额内，优质工程暂列金额、其他暂列金额已涵盖专业发包工程的内容，编制专业发包工程招标控制价和投标报价时，不再另行列项计算；
5. 专业工程暂估价包括专业发包工程暂估价和施工总承包人自行承包的专业工程暂估价，专项措施暂估价按施工总承包人自行承包范围的内容考虑，专业发包工程的专项措施暂估价应包含在相应的暂估金额内，按暂估单价计算的材料及工程设备暂估价，发生时应分别列入分部分项工程的相应综合单价内计算；
6. 施工总承包服务费中的专业发包工程管理费以专业工程暂估价内属于专业发包工程暂估价部分的各专业工程暂估金额为基数进行计算，甲供材料设备保管费按施工总承包人自行承包的范围考虑，专业发包工程的甲供材料设备保管费应包含在相应的暂估金额内；
7. 编制招标控制价和投标报价时，可按规定选择增值税一般计税法或简易计税法进行计税，招标控制价与投标价的计税方法应当一致，遇税前工程造价包含甲供材料及甲供设备暂估金额的，应在计税基数中予以扣除。

（2）竣工结算阶段建筑安装工程施工费用计算程序如表2.6.3所示。

表2.6.3 竣工结算阶段建筑安装工程施工费用计算程序

序号	费用项目		计算方法（公式）
一	分部分项工程费		Σ分部分项工程（工程数量 × 综合单价 + 工料机价差）
	其中	1. 人工费+机械费	Σ 分部分项工程（人工费+机械费）
		2. 工料机价差	Σ 分部分项工程（人工费价差+材料费价差+机械费价差）
二	措施项目费		（一）+（二）
	（一）施工技术措施项目费		Σ 技术措施项目（工程数量 × 综合单价 + 工料机价差）
	其中	3. 人工费+机械费	Σ 技术措施项目（人工费+机械费）
		4. 工料机价差	Σ 技术措施项目（人工费价差+材料费价差+机械费价差）
	（二）施工组织措施项目费		按实际发生项之和进行计算
	其中	5. 安全文明施工基本费	
		6. 标化工地增加费	
		7. 提前竣工增加费	（1 + 3）× 费率
		8. 二次搬运费	
		9. 冬雨季施工增加费	
		10. 行车、行人干扰增加费	
		11. 其他施工组织措施费	按相关规定进行计算

续表

序号	费用项目		计算方法（公式）
三	其他项目费		（三）+（四）+（五）+（六）+（七）
	（三）专业发包工程结算价		按各专业发包工程的除税金外全部费用结算金额之和进行计算
	（四）计日工		Σ 计日工（确认数量 × 综合单价）
	（五）施工总承包服务费		12 + 13
三	其中	12. 专业发包工程管理费	Σ 专业发包工程（结算金额 × 费率）
		13. 甲供材料设备保管费	甲供材料确认金额 × 费率 + 甲供设备确认金额 × 费率
	（六）索赔与现场签证费		14 + 15
	其中	14. 索赔费用	按各索赔事件的除税金外全费用金额之和进行计算
		15. 签证费用	按各签证事项的除税金外全费用金额之和进行计算
	（七）优质工程增加费		除优质工程增加费外税前工程造价 × 费率
四	规费		（1 + 3）× 费率
五	税前工程造价		一 + 二 + 三 + 四
六	税金（增值税销项税）		五 × 税率
七	建筑安装工程造价		五 + 六

注：1. 本计算程序适用于单位工程的竣工结算编制；
　　2. 分部分项工程费、施工技术措施项目费所列"人工费 + 机械费"仅指竣工结算时依据已标价清单综合单价确定的用于取费基数部分的人工费与机械费之和；
　　3. 分部分项工程费、施工技术措施项目费所列"工料机价差"是指工结算时按照合同约定计算的因价格波动所引起的人工费、材料费、机械费价差；
　　4. 其他项目费的构成内容按照施工总承包工程计价要求设置，专业发包工程及未实行施工总承包的工程应根据实际情况做相应调整；
　　5. 专业工程结算价仅按专业发包工程结算价列项计算，凡经过二次招标属于施工总承包人自行承包的专业工程结算时，将其直接列入总包工程的分部分项工程费、措施项目费及相关费用中；
　　6. 计日工、甲供材料设备保管费、索赔与现场签证费及优质工程增加费仅限于施工总承包人自行发生部分内容的计算。专业发包工程分包人所发生的计日工、甲供材料设备保管费、索赔与现场签证费及优质工程增加费应分别计入专业发包工程相应结算金额内；
　　7. 编制竣工结算时，计税方法应与招标控制价、投标报价保持一致，遇税前工程造价包含甲供材料及甲供设备金额的，应在计税基数中予以扣除。

思考与启示

1. 结合第1章和第2章的内容，说明本书的招标项目造价属于何种类型？

2. 根据本章教材和视频内容，思考如何开展本书招标项目的招标控制价编制？

习 题

1. 某建设项目的借款年利率10%，按季计算利息，试求季度、年度的有效利率。

2. 某企业于第一年年初和第二年年初连续两年各向银行贷款30万元，年利率为10%。约定于第三年、第四年、第五年三年年末等额偿还，则每年应偿还多少万元?

3. 某建设项目通过银行贷款取得建设项目部分建设资金，年利率12%，估计其建成交付使用后每年可获得200万元净收益，其中60%可用于还贷。根据合同要求，借方应在10年内还清贷款的本金和利息，试求该项目贷款控制额。

4. 跟随二维码视频学习，完成学习过程测试。

第2章附表

复利系数表（一） *i*=1%

年限 *n*/ 年	一次支付 终值系数 (*F/P*, *i*, *n*)	一次支付 现值系数 (*P/F*, *i*, *n*)	等额系列 终值系数 (*F/A*, *i*, *n*)	偿债基金 系　数 (*A/F*, *i*, *n*)	资金回收 系　数 (*A/P*, *i*, *n*)	等额系列 现值系数 (*P/A*, *i*, *n*)
1	1.0100	0.9901	1.0000	1.0000	1.0100	0.9901
2	1.0201	0.9803	2.0100	0.4975	0.5075	1.9704
3	1.0303	0.9706	3.0301	0.3300	0.3400	2.9410
4	1.0406	0.9610	4.0604	0.2463	0.2563	3.9020
5	1.0510	0.9515	5.1010	0.1960	0.2060	4.8534
6	1.0615	0.9420	6.1520	0.1625	0.1725	5.7955
7	1.0712	0.9327	7.2135	0.1386	0.1486	6.7282
8	1.0829	0.9235	8.2857	0.1207	0.1307	7.6517
9	1.0937	0.9143	9.3685	0.1067	0.1167	8.5660
10	1.1046	0.9053	10.4622	0.0956	0.1056	9.4713
11	1.1157	0.8963	11.5668	0.0865	0.0965	10.3676
12	1.1268	0.8874	12.6825	0.0788	0.0888	11.2551
13	1.1381	0.8787	13.8093	0.0724	0.0824	12.1337
14	1.1495	0.8700	14.9474	0.0669	0.0769	13.0037
15	1.1610	0.8613	16.0969	0.0621	0.0721	13.8651
16	1.1726	0.8528	17.2579	0.0579	0.0679	14.7179
17	1.1843	0.8444	18.4304	0.0543	0.0643	15.5623
18	1.1961	0.8360	19.6147	0.0510	0.0610	16.3983
19	1.2081	0.8277	20.8109	0.0481	0.0581	17.2260
20	1.2202	0.8195	22.0190	0.0454	0.0554	18.0456
21	1.2324	0.8114	23.2392	0.0430	0.0530	18.8570
22	1.2447	0.8034	24.4716	0.0409	0.0509	19.6604
23	1.2572	0.7954	25.7163	0.0389	0.0489	20.4558
24	1.2697	0.7876	26.9735	0.0371	0.0471	21.2434
25	1.2824	0.7798	28.2432	0.0354	0.0454	22.0232
26	1.2953	0.7720	29.5256	0.0339	0.0439	22.7952
27	1.3082	0.7644	30.8209	0.0324	0.0424	23.5596
28	1.3213	0.7568	32.1291	0.0311	0.0411	24.3164
29	1.3345	0.7493	33.4504	0.0299	0.0399	25.0658
30	1.3478	0.7419	34.7849	0.0287	0.0387	25.8077

复利系数表（二） *i*=2%

年限 *n*/ 年	一次支付 终值系数 (*F/P, i, n*)	一次支付 现值系数 (*P/F, i, n*)	等额系列 终值系数 (*F/A, i, n*)	偿债基金 系　数 (*A/F, i, n*)	资金回收 系　数 (*A/P, i, n*)	等额系列 现值系数 (*P/A, i, n*)
1	1.0200	0.9804	1.0000	1.0000	1.0200	0.9804
2	1.0404	0.9612	2.0200	0.4950	0.5150	1.9416
3	1.0612	0.9423	3.0604	0.3268	0.3468	2.8839
4	1.0824	0.9238	4.1216	0.2426	0.2626	3.8077
5	1.1041	0.9057	5.2040	0.1922	0.2122	4.7135
6	1.1262	0.8880	6.3081	0.1585	0.1785	5.6014
7	1.1487	0.8706	7.4343	0.1345	0.1545	6.4720
8	1.1717	0.8535	8.5830	0.1165	0.1365	7.3255
9	1.1951	0.8368	9.7546	0.1025	0.1225	8.1622
10	1.2190	0.8203	10.9497	0.0913	0.1113	8.9826
11	1.2434	0.8043	12.1687	0.0822	0.1022	9.7868
12	1.2682	0.7885	13.4121	0.0746	0.0946	10.5753
13	1.2936	0.7730	14.6803	0.0681	0.0881	11.3484
14	1.3195	0.7579	15.9739	0.0626	0.0826	12.1062
15	1.3459	0.7430	17.2934	0.0587	0.0778	12.8493
16	1.3728	0.7284	18.6393	0.0537	0.0737	13.5777
17	1.4002	0.7142	20.0121	0.0500	0.0700	14.2919
18	1.4282	0.7002	21.4123	0.0467	0.0667	14.9920
19	1.4568	0.6864	22.8406	0.0438	0.0638	15.6785
20	1.4859	0.6730	24.2974	0.0412	0.0612	16.3514
21	1.5157	0.6598	25.7833	0.0388	0.0588	17.0112
22	1.5460	0.6468	27.2990	0.0366	0.0566	17.6580
23	1.5769	0.6342	28.8450	0.0347	0.0547	18.2922
24	1.6084	0.6217	30.4219	0.0329	0.0529	18.9139
25	1.6406	0.6095	32.0303	0.0312	0.0512	19.5235
26	1.6734	0.5976	33.6709	0.0297	0.0497	20.1210
27	1.7069	0.5859	35.3443	0.0283	0.0483	20.7069
28	1.7410	0.5744	37.0512	0.0270	0.0470	21.2813
29	1.7758	0.5631	38.7922	0.0258	0.0458	21.8444
30	1.8114	0.5521	40.5681	0.0246	0.0446	22.3965

复利系数表（三） $i=3\%$

年限 n/ 年	一次支付 终值系数 $(F/P, i, n)$	一次支付 现值系数 $(P/F, i, n)$	等额系列 终值系数 $(F/A, i, n)$	偿债基金 系　数 $(A/F, i, n)$	资金回收 系　数 $(A/P, i, n)$	等额系列 现值系数 $(P/A, i, n)$
1	1.0300	0.9709	1.0000	1.0000	1.0300	0.9709
2	1.0609	0.9426	2.0300	0.4926	0.5226	1.9135
3	1.0927	0.9151	3.0909	0.3235	0.3535	2.8286
4	1.1255	0.8885	4.1836	0.2390	0.2690	3.7171
5	1.1593	0.8626	5.3091	0.1884	0.2184	4.5797
6	1.1941	0.8375	6.4684	0.1546	0.1846	5.4172
7	1.2299	0.8131	7.6625	0.1305	0.1605	6.2303
8	1.2668	0.7894	8.8923	0.1125	0.1425	7.0197
9	1.3048	0.7664	10.1591	0.0984	0.1284	7.7861
10	1.3439	0.7441	11.4639	0.0872	0.1172	8.5302
11	1.3842	0.7224	12.8078	0.0781	0.1081	9.2526
12	1.4258	0.7014	14.1920	0.0705	0.1005	9.9540
13	1.4685	0.6810	15.6178	0.0640	0.0940	10.6350
14	1.5126	0.6611	17.0863	0.0585	0.0885	11.2961
15	1.5580	0.6419	18.5989	0.0538	0.0838	11.9379
16	1.6047	0.6232	20.1569	0.0496	0.0796	12.5611
17	1.6528	0.6050	21.7616	0.0460	0.0760	13.1661
18	1.7024	0.5874	23.4144	0.0427	0.0727	13.7535
19	1.7535	0.5703	25.1169	0.0398	0.0698	14.3238
20	1.8061	0.5537	26.8704	0.0372	0.0672	14.8775
21	1.8603	0.5375	28.6765	0.0349	0.0649	15.4150
22	1.9161	0.5219	30.5368	0.0327	0.0627	15.9369
23	1.9736	0.5067	32.4529	0.0308	0.0608	16.4436
24	2.0328	0.4919	34.4265	0.0290	0.0590	16.9355
25	2.0938	0.4776	36.4593	0.0274	0.0574	17.4131
26	2.1566	0.4637	38.5530	0.0259	0.0559	17.8768
27	2.2213	0.4502	40.7096	0.0246	0.0546	18.3270
28	2.2879	0.4371	42.9309	0.0233	0.0533	18.7641
29	2.3566	0.4243	45.2189	0.0221	0.0521	19.1885
30	2.4273	0.4120	47.5754	0.0210	0.0510	19.6004

复利系数表（四） *i*=4%

年限 n/年	一次支付终值系数 (F/P, i, n)	一次支付现值系数 (P/F, i, n)	等额系列终值系数 (F/A, i, n)	偿债基金系数 (A/F, i, n)	资金回收系数 (A/P, i, n)	等额系列现值系数 (P/A, i, n)
1	1.0400	0.9615	1.0000	1.0000	1.0400	0.9615
2	1.0816	0.9246	2.0400	0.4902	0.5302	1.8861
3	1.1249	0.8890	3.1216	0.3203	0.3603	2.7751
4	1.1699	0.8548	4.2465	0.2355	0.2755	3.6299
5	1.2167	0.8219	5.4163	0.1846	0.2246	4.4518
6	1.2653	0.7903	6.6330	0.1508	0.1908	5.2421
7	1.3159	0.7599	7.8983	0.1266	0.1666	6.0021
8	1.3686	0.7307	9.2142	0.1085	0.1485	6.7327
9	1.4233	0.7026	10.5828	0.0945	0.1345	7.4353
10	1.4802	0.6756	12.0061	0.0833	0.1233	8.1109
11	1.5395	0.6496	13.4864	0.0741	0.1141	8.7605
12	1.6010	0.6246	15.0258	0.0666	0.1066	9.3851
13	1.6651	0.6006	16.6268	0.0601	0.1001	9.9856
14	1.7317	0.5775	18.2919	0.0547	.0.0947	10.5631
15	1.8009	0.5553	20.0236	0.0499	0.0899	11.1184
16	1.8730	0.5339	21.8245	0.0458	0.0858	11.6523
17	1.9479	0.5134	23.6975	0.0422	0.0822	12.1657
18	2.0258	0.4936	25.6454	0.0390	0.0790	12.6593
19	2.1068	0.4746	27.6712	0.0361	0.0761	13.1339
20	2.1911	0.4564	29.7781	0.0336	0.0736	13.5903
21	2.2788	0.4388	31.9692	0.0313	0.0713	14.0292
22	2.3699	0.4220	34.2480	0.0292	0.0692	14.4511
23	2.4647	0.4057	36.6179	0.0273	0.0673	14.8568
24	2.5633	0.3901	39.0826	0.0256	0.0656	15.2470
25	2.6658	0.3751	41.6459	0.0240	0.0640	15.6221
26	2.7725	0.3607	44.3117	0.0226	0.0626	15.9828
27	2.8834	0.3468	47.0842	0.0212	0.0612	16.3296
28	2.9987	0.3335	49.9676	0.0200	0.0600	16.6631
29	3.1187	0.3207	52.9663	0.0189	0.0589	16.9837
30	3.2434	0.3083	56.0849	0.0178	0.0578	17.2920

复利系数表（五） *i*=5%

年限 n/ 年	一次支付 终值系数 (F/P, i, n)	一次支付 现值系数 (P/F, i, n)	等额系列 终值系数 (F/A, i, n)	偿债基金 系　数 (A/F, i, n)	资金回收 系　数 (A/P, i, n)	等额系列 现值系数 (P/A, i, n)
1	1.0500	0.9524	1.0000	1.0000	1.0500	0.9524
2	1.1025	0.9070	2.0500	0.4878	0.5378	1.8594
3	1.1576	0.8638	3.1525	0.3172	0.3672	2.7232
4	1.2155	0.8227	4.3101	0.2320	0.2820	3.5460
5	1.2763	0.7835	5.5256	0.1810	0.2310	4.3295
6	1.3401	0.7462	6.8019	0.1470	0.1970	5.0757
7	1.4071	0.7107	8.1420	0.1228	0.1728	5.7864
8	1.4775	0.6768	9.5491	0.1047	0.1547	6.4632
9	1.5513	0.6446	11.0266	0.0907	0.1407	7.1078
10	1.6289	0.6139	12.5779	0.0795	0.1295	7.7217
11	1.7103	0.5847	14.2068	0.0704	0.1204	8.3064
12	1.7959	0.5568	15.9171	0.0628	0.1128	8.8633
13	1.8856	0.5303	17.7130	0.0565	0.1065	9.3936
14	1.9799	0.5051	19.5986	0.0510	0.1010	9.8986
15	2.0789	0.4810	21.5786	0.0463	0.0963	10.3797
16	2.1829	0.4581	23.6575	0.0423	0.0923	10.8378
17	2.2920	0.4363	25.8404	0.0387	0.0887	11.2741
18	2.4066	0.4155	28.1324	0.0355	0.0855	11.6896
19	2.5270	0.3957	30.5390	0.0327	0.0827	12.0853
20	2.6533	0.3769	33.0660	0.0302	0.0802	12.4622
21	2.7860	0.3589	35.7193	0.0280	0.0780	12.8212
22	2.9253	0.3418	38.5052	0.0260	0.0760	13.1630
23	3.0715	0.3256	41.4305	0.0241	0.0741	13.4886
24	3.2251	0.3101	44.5020	0.0225	0.0725	13.7986
25	3.3864	0.2953	47.7271	0.0210	0.0710	14.0939
26	3.5557	0.2812	51.1135	0.0196	0.0696	14.3752
27	3.7335	0.2678	54.6691	0.0183	0.0683	14.6430
28	3.9201	0.2551	58.4026	0.0171	0.0671	14.8981
29	4.1161	0.2429	62.3227	0.0160	0.0660	15.1411
30	4.3219	0.2314	66.4388	0.0151	0.0651	15.3725

复利系数表（六） $i=6\%$

年限 n/ 年	一次支付 终值系数 $(F/P, i, n)$	一次支付 现值系数 $(P/F, i, n)$	等额系列 终值系数 $(F/A, i, n)$	偿债基金 系　数 $(A/F, i, n)$	资金回收 系　数 $(A/P, i, n)$	等额系列 现值系数 $(P/A, i, n)$
1	1.0600	0.9434	1.0000	1.0000	1.0600	0.9434
2	1.1236	0.8900	2.0600	0.4854	0.5454	1.8334
3	1.1910	0.8396	3.1836	0.3141	0.3741	2.6730
4	1.2625	0.7921	4.3746	0.2286	0.2886	3.4651
5	1.3382	0.7473	5.6371	0.1774	0.2374	4.2124
6	1.4185	0.7050	6.9753	0.1434	0.2034	4.9173
7	1.5036	0.6651	8.3938	0.1191	0.1791	5.5824
8	1.5938	0.6274	9.8975	0.1010	0.1610	6.2098
9	1.6895	0.5919	11.4913	0.0870	0.1470	6.8017
10	1.7908	0.5584	13.1808	0.0759	0.1359	7.3601
11	1.8983	0.5268	14.9716	0.0668	0.1268	7.8869
12	2.0122	0.4970	16.8699	0.0593	0.1193	8.3838
13	2.1329	0.4688	18.8821	0.0530	0.1130	8.8527
14	2.2609	0.4423	21.0151	0.0476	0.1076	9.2950
15	2.3966	0.4173	23.2760	0.0430	0.1030	9.7122
16	2.5404	0.3936	25.6725	0.0390	0.0990	10.1059
17	2.6928	0.3714	28.2129	0.0354	0.0954	10.4773
18	2.8543	0.3503	30.9057	0.0324	0.0924	10.8276
19	3.0256	0.3305	33.7600	0.0296	0.0896	11.1581
20	3.2071	0.3118	36.7856	0.0272	0.0872	11.4699
21	3.3996	0.2942	39.9927	0.0250	0.0850	11.7641
22	3.6035	0.2775	43.3923	0.0230	0.0830	12.0416
23	3.8197	0.2618	46.9958	0.0213	0.0813	12.3034
24	4.0489	0.2470	50.8156	0.0197	0.0797	12.5504
25	4.2919	0.2330	54.8645	0.0182	0.0782	12.7834
26	4.5494	0.2198	59.1564	0.0169	0.0769	13.0032
27	4.8223	0.2074	63.7058	0.0157	0.0757	13.2105
28	5.1117	0.1956	68.5281	0.0146	0.0746	13.4062
29	5.4184	0.1846	73.6398	0.0136	0.0736	13.5907
30	5.7435	0.1741	79.0582	0.0126	0.0726	13.7648

复利系数表（七） $i=7\%$

年限 n/年	一次支付 终值系数 $(F/P, i, n)$	一次支付 现值系数 $(P/F, i, n)$	等额系列 终值系数 $(F/A, i, n)$	偿债基金 系　数 $(A/F, i, n)$	资金回收 系　数 $(A/P, i, n)$	等额系列 现值系数 $(P/A, i, n)$
1	1.0700	0.9346	1.0000	1.0000	1.0700	0.9346
2	1.1449	0.8734	2.0700	0.4831	0.5531	1.8080
3	1.2250	0.8163	3.2149	0.3111	0.3811	2.6243
4	1.3108	0.7629	4.4399	0.2252	0.2952	3.3872
5	1.4026	0.7130	5.7507	0.1739	0.2439	4.1002
6	1.5007	0.6663	7.1533	0.1398	0.2098	4.7665
7	1.6058	0.6227	8.6540	0.1156	0.1856	5.3893
8	1.7182	0.5820	10.2598	0.0975	0.1675	5.9713
9	1.8385	0.5439	11.9780	0.0835	0.1535	6.5152
10	1.9672	0.5083	13.8164	0.0724	0.1424	7.0236
11	2.1049	0.4751	15.7836	0.0634	0.1334	7.4987
12	2.2522	0.4440	17.8885	0.0559	0.1259	7.9427
13	2.4098	0.4150	20.1406	0.0497	0.1197	8.3577
14	2.5785	0.3878	22.5505	0.0443	0.1143	8.7455
15	2.7590	0.3624	25.1290	0.0398	0.1098	9.1079
16	2.9522	0.3387	27.8881	0.0359	0.1059	9.4466
17	3.1588	0.3166	30.8402	0.0324	0.1024	9.7632
18	3.3799	0.2959	33.9990	0.0294	0.0994	10.0591
19	3.6165	0.2765	37.3790	0.0268	0.0968	10.3356
20	3.8697	0.2584	40.9955	0.0244	0.0944	10.5940
21	4.1406	0.2415	44.8652	0.0223	0.0923	10.8355
22	4.4304	0.2257	49.0057	0.0204	0.0904	11.0612
23	4.7405	0.2109	53.4361	0.0187	0.0887	11.2722
24	5.0724	0.1971	58.1767	0.0172	0.0872	11.4693
25	5.4274	0.1842	63.2490	0.0158	0.0858	11.6536
26	5.8074	0.1722	68.6765	0.0146	0.0846	11.8258
27	6.2139	0.1609	74.4838	0.0134	0.0834	11.9867
28	6.6488	0.1504	80.6977	0.0124	0.0824	12.1371
29	7.1143	0.1406	87.3465	0.0114	0.0814	12.2777
30	7.6123	0.1314	94.4608	0.0106	0.0806	12.4090

复利系数表（八） *i*=8%

年限 *n*/ 年	一次支付 终值系数 (*F*/*P*, *i*, *n*)	一次支付 现值系数 (*P*/*F*, *i*, *n*)	等额系列 终值系数 (*F*/*A*, *i*, *n*)	偿债基金 系　数 (*A*/*F*, *i*, *n*)	资金回收 系　数 (*A*/*P*, *i*, *n*)	等额系列 现值系数 (*P*/*A*, *i*, *n*)
1	1.0800	0.9259	1.0000	1.0000	1.0800	0.9259
2	1.1664	0.8573	2.0800	0.4808	0.5608	1.7833
3	1.2597	0.7938	3.2464	0.3080	0.3880	2.5771
4	1.3605	0.7350	4.5061	0.2219	0.3019	3.3121
5	1.4693	0.6806	5.8666	0.1705	0.2505	3.9927
6	1.5869	0.6302	7.3359	0.1363	0.2163	4.6229
7	1.7138	0.5835	8.9228	0.1121	0.1921	5.2064
8	1.8509	0.5403	10.6366	0.0940	0.1740	5.7466
9	1.9990	0.5002	12.4876	0.0801	0.1601	6.2469
10	2.1589	0.4632	14.4866	0.0690	0.1490	6.7101
11	2.3316	0.4289	16.6455	0.0601	0.1401	7.1390
12	2.5182	0.3971	18.9771	0.0527	0.1327	7.5361
13	2.7196	0.3677	21.4953	0.0465	0.1265	7.9038
14	2.9372	0.3405	24.2149	0.0413	0.1213	8.2442
15	3.1722	0.3152	27.1521	0.0368	0.1168	8.5595
16	3.4259	0.2919	30.3243	0.0330	0.1130	8.8514
17	3.7000	0.2703	33.7502	0.0296	0.1096	9.1216
18	3.9960	0.2502	37.4502	0.0267	0.1067	9.3719
19	4.3157	0.2317	41.4463	0.0241	0.1041	9.6036
20	4.6610	0.2145	45.7620	0.0219	0.1019	9.8181
21	5.0338	0.1987	50.4229	0.0198	0.0998	10.0168
22	5.4365	0.1839	55.4568	0.0180	0.0980	10.2007
23	5.8715	0.1703	60.8933	0.0164	0.0964	10.3711
24	6.3412	0.1577	66.7648	0.0150	0.0950	10.5288
25	6.8485	0.1460	73.1059	0.0137	0.0937	10.6748
26	7.3964	0.1352	79.9544	0.0125	0.0925	10.8100
27	7.9881	0.1252	87.3508	0.0114	0.0914	10.9352
28	8.6271	0.1159	95.3388	0.0105	0.0905	11.0511
29	9.3173	0.1073	103.9659	0.0096	0.0896	11.1584
30	10.0627	0.0994	113.2832	0.0088	0.0888	11.2578

复利系数表（九） *i*=9%

年限 *n*/ 年	一次支付 终值系数 (*F/P*, *i*, *n*)	一次支付 现值系数 (*P/F*, *i*, *n*)	等额系列 终值系数 (*F/A*, *i*, *n*)	偿债基金 系　数 (*A/F*, *i*, *n*)	资金回收 系　数 (*A/P*, *i*, *n*)	等额系列 现值系数 (*P/A*, *i*, *n*)
1	1.0900	0.9174	1.0000	1.0000	1.0900	0.9174
2	1.1881	0.8417	2.0900	0.4785	0.5685	1.7591
3	1.2950	0.7722	3.2781	0.3051	0.3951	2.5313
4	1.4116	0.7084	4.5731	0.2187	0.3087	3.2397
5	1.5386	0.6499	5.9847	0.1671	0.2571	3.8897
6	1.6771	0.5963	7.5233	0.1329	0.2229	4.4859
7	1.8280	0.5470	9.2004	0.1087	0.1987	5.0330
8	1.9926	0.5019	11.0285	0.0907	0.1807	5.5348
9	2.1719	0.4604	13.0210	0.0768	0.1668	5.9952
10	2.3674	0.4224	15.1929	0.0658	0.1558	6.4177
11	2.5804	0.3875	17.5603	0.0569	0.1469	6.8052
12	2.8127	0.3555	20.1407	0.0497	0.1397	7.1607
13	3.0658	0.3262	22.9534	0.0436	0.1336	7.4869
14	3.3417	0.2992	26.0192	0.0384	0.1284	7.7862
15	3.6425	0.2745	29.3609	0.0341	0.1241	8.0607
16	3.9703	0.2519	33.0034	0.0303	0.1203	8.3126
17	4.3276	0.2311	36.9737	0.0270	0.1170	8.5436
18	4.7171	0.2120	41.3013	0.0242	0.1142	8.7556
19	5.1417	0.1945	46.0185	0.0217	0.1117	8.9501
20	5.6044	0.1784	51.1610	0.0195	0.1095	9.1285
21	6.1088	0.1637	56.7645	0.0176	0.1076	9.2922
22	6.6586	0.1502	62.8733	0.0159	0.1059	9.4424
23	7.2579	0.1378	69.5319	0.0144	0.1044	9.5802
24	7.9111	0.1264	76.7898	0.0130	0.1030	9.7066
25	8.6231	0.1160	84.7009	0.0118	0.1018	9.8226
26	9.3992	0.1064	93.3240	0.0107	0.1007	9.9290
27	10.2451	0.0976	102.7231	0.0097	0.0997	10.0266
28	11.1671	0.0895	112.9682	0.0089	0.0989	10.1161
29	12.1722	0.0822	124.1354	0.0081	0.0981	10.1983
30	13.2677	0.0754	136.3075	0.0073	0.0973	10.2737

复利系数表（十） i=10%

年限 n/年	一次支付终值系数 $(F/P, i, n)$	一次支付现值系数 $(P/F, i, n)$	等额系列终值系数 $(F/A, i, n)$	偿债基金系数 $(A/F, i, n)$	资金回收系数 $(A/P, i, n)$	等额系列现值系数 $(P/A, i, n)$
1	1.1000	0.9091	1.0000	1.0000	1.1000	0.9091
2	1.2100	0.8264	2.1000	0.4762	0.5762	1.7355
3	1.3310	0.7513	3.3100	0.3021	0.4021	2.4869
4	1.4641	0.6830	4.6410	0.2155	0.3155	3.1699
5	1.6105	0.6209	6.1051	0.1638	0.2638	3.7908
6	1.7716	0.5645	7.7156	0.1296	0.2296	4.3553
7	1.9487	0.5132	9.4872	0.1054	0.2054	4.8684
8	2.1436	0.4665	11.4359	0.0874	0.1874	5.3349
9	2.3579	0.4241	13.5795	0.0736	0.1736	5.7590
10	2.5937	0.3855	15.9374	0.0627	0.1627	6.1446
11	2.8531	0.3505	18.5312	0.0540	0.1540	6.4951
12	3.1384	0.3186	21.3843	0.0468	0.1468	6.8137
13	3.4523	0.2897	24.5227	0.0408	0.1408	7.1034
14	3.7975	0.2633	27.9750	0.0357	0.1357	7.3667
15	4.1772	0.2394	31.7725	0.0315	0.1315	7.6061
16	4.5950	0.2176	35.9497	0.0278	0.1278	7.8237
17	5.0545	0.1978	40.5447	0.0247	0.1247	8.0216
18	5.5599	0.1799	45.5992	0.0219	0.1219	8.2014
19	6.1159	0.1635	51.1591	0.0195	0.1195	8.3649
20	6.7275	0.1486	57.2750	0.0175	0.1175	8.5136
21	7.4002	0.1351	64.0025	0.0156	0.1156	8.6487
22	8.1403	0.1228	71.4027	0.0140	0.1140	8.7715
23	8.9543	0.1117	79.5430	0.0126	0.1126	8.8832
24	9.8497	0.1015	88.4973	0.0113	0.1113	8.9847
25	10.8347	0.0923	98.3471	0.0102	0.1102	9.0770
26	11.9182	0.0839	109.1818	0.0092	0.1092	9.1609
27	13.1100	0.0763	121.0999	0.0083	0.1083	9.2372
28	14.4210	0.0693	134.2099	0.0075	0.1075	9.3066
29	15.8631	0.0630	148.6309	0.0067	0.1067	9.3696
30	17.4494	0.0573	164.4940	0.0061	0.1061	9.4269

复利系数表（十一） i=12%

年限 n/ 年	一次支付 终值系数 (F/P, i, n)	一次支付 现值系数 (P/F, i, n)	等额系列 终值系数 (F/A, i, n)	偿债基金 系　数 (A/F, i, n)	资金回收 系　数 (A/P, i, n)	等额系列 现值系数 (P/A, i, n)
1	1.1200	0.8929	1.0000	1.0000	1.1200	0.8929
2	1.2544	0.7972	2.1200	0.4717	0.5917	1.6901
3	1.4049	0.7118	3.3744	0.2963	0.4163	2.4018
4	1.5735	0.6355	4.7793	0.2092	0.3292	3.0373
5	1.7623	0.5674	6.3528	0.1574	0.2774	3.6048
6	1.9738	0.5066	8.1152	0.1232	0.2432	4.1114
7	2.2107	0.4523	10.0890	0.0991	0.2191	4.5638
8	2.4760	0.4039	12.2997	0.0813	0.2013	4.9676
9	2.7731	0.3606	14.7757	0.0677	0.1877	5.3282
10	3.1058	0.3220	17.5487	0.0570	0.1770	5.6502
11	3.4785	0.2875	20.6546	0.0484	0.1684	5.9377
12	3.8960	0.2567	24.1331	0.0414	0.1614	6.1944
13	4.3635	0.2292	28.0291	0.0357	0.1557	6.4235
14	4.8871	0.2046	32.3926	0.0309	0.1509	6.6282
15	5.4736	0.1827	37.2797	0.0268	0.1468	6.8109
16	6.1304	0.1631	42.7533	0.0234	0.1434	6.9740
17	6.8660	0.1456	48.8837	0.0205	0.1405	7.1196
18	7.6900	0.1300	55.7497	0.0179	0.1379	7.2497
19	8.6128	0.1161	63.4397	0.0158	0.1358	7.3658
20	9.6463	0.1037	72.0524	0.0139	0.1339	7.4694
21	10.8038	0.0926	81.6987	0.0122	0.1322	7.5620
22	12.1003	0.0826	92.5026	0.0108	0.1308	7.6446
23	13.5523	0.0738	104.6029	0.0096	0.1296	7.7184
24	15.1786	0.0659	118.1552	0.0085	0.1285	7.7843
25	17.0001	0.0588	133.3339	0.0075	0.1275	7.8431
26	19.0401	0.0525	150.3339	0.0067	0.1267	7.8957
27	21.3249	0.0469	169.3740	0.0059	0.1259	7.9426
28	23.8839	0.0419	190.6989	0.0052	0.1252	7.9844
29	26.7499	0.0374	214.5828	0.0047	0.1247	8.0218
30	29.9599	0.0334	241.3327	0.0041	0.1241	8.0552

复利系数表（十二） *i*=15%

年限 *n*/ 年	一次支付 终值系数 (*F/P*,*i*,*n*)	一次支付 现值系数 (*P/F*,*i*,*n*)	等额系列 终值系数 (*F/A*,*i*,*n*)	偿债基金 系　数 (*A/F*,*i*,*n*)	资金回收 系　数 (*A/P*,*i*,*n*)	等额系列 现值系数 (*P/A*,*i*,*n*)
1	1.1500	0.8696	1.0000	1.0000	1.1500	0.8696
2	1.3225	0.7561	2.1500	0.4651	0.6151	1.6257
3	1.5209	0.6575	3.4725	0.2880	0.4380	2.2832
4	1.7490	0.5718	4.9934	0.2003	0.3503	2.8550
5	2.0114	0.4972	6.7424	0.1483	0.2983	3.3522
6	2.3131	0.4323	8.7537	0.1142	0.2642	3.7845
7	2.6600	0.3759	11.0668	0.0904	0.2404	4.1604
8	3.0590	0.3269	13.7268	0.0729	0.2229	4.4873
9	3.5179	0.2843	16.7858	0.0596	0.2096	4.7716
10	4.0456	0.2472	20.3037	0.0493	0.1993	5.0188
11	4.6524	0.2149	24.3493	0.0411	0.1911	5.2337
12	5.3503	0.1869	29.0017	0.0345	0.1845	5.4206
13	6.1528	0.1625	34.3519	0.0291	0.1791	5.5831
14	7.0757	0.1413	40.5047	0.0247	0.1747	5.7245
15	8.1371	0.1229	47.5804	0.0210	0.1710	5.8474
16	9.3576	0.1069	55.7175	0.0179	0.1679	5.9542
17	10.7613	0.0929	65.0751	0.0154	0.1654	6.0472
18	12.3755	0.0808	75.8364	0.0132	0.1632	6.1280
19	14.2318	0.0703	88.2118	0.0113	0.1613	6.1982
20	16.3665	0.0611	102.4436	0.0098	0.1598	6.2593
21	18.8215	0.0531	118.8101	0.0084	0.1584	6.3125
22	21.6447	0.0462	137.6316	0.0073	0.1573	6.3587
23	24.8915	0.0402	159.2764	0.0063	0.1563	6.3988
24	28.6252	0.0349	184.1678	0.0054	0.1554	6.4338
25	32.9190	0.0304	212.7930	0.0047	0.1547	6.4641
26	37.8568	0.0264	245.7120	0.0041	0.1541	6.4906
27	43.5353	0.0230	283.5688	35.0000	0.1535	6.5135
28	50.0656	0.0200	327.1041	0.0031	0.1531	6.5335
29	57.5755	0.0174	377.1697	0.0027	0.1527	6.5509
30	66.2118	0.0151	434.7451	0.0023	0.1523	6.5660

复利系数表（十三） *i*=18%

年限 *n*/年	一次支付 终值系数 (*F/P*, *i*, *n*)	一次支付 现值系数 (*P/F*, *i*, *n*)	等额系列 终值系数 (*F/A*, *i*, *n*)	偿债基金 系　数 (*A/F*, *i*, *n*)	资金回收 系　数 (*A/P*, *i*, *n*)	等额系列 现值系数 (*P/A*, *i*, *n*)
1	1.1800	0.8475	1.0000	1.0000	1.1800	0.8475
2	1.3924	0.7182	2.1800	0.4587	0.6387	1.5656
3	1.6430	0.6086	3.5724	0.2799	0.4599	2.1743
4	1.9388	0.5158	5.2154	0.1917	0.3717	2.6901
5	2.2878	0.4371	7.1542	0.1398	0.3198	3.1272
6	2.6996	0.3704	9.4420	0.1059	0.2859	3.4976
7	3.1855	0.3139	12.1415	0.0824	0.2624	3.8115
8	3.7589	0.2660	15.3270	0.0652	0.2452	4.0776
9	4.4355	0.2255	19.0859	0.0524	0.2324	4.3030
10	5.2338	0.1911	23.5213	0.0425	0.2225	4.4941
11	6.1759	0.1619	28.7551	0.0348	0.2148	4.6560
12	7.2876	0.1372	34.9311	0.0286	0.2086	4.7932
13	8.5994	0.1163	42.2187	0.0237	0.2037	4.9095
14	10.1472	0.0985	50.8180	0.0197	0.1997	5.0081
15	11.9737	0.0835	60.9653	0.0164	0.1964	5.0916
16	14.1290	0.0708	72.9390	0.0137	0.1937	5.1624
17	16.6722	0.0600	87.0680	0.0115	0.1915	5.2223
18	19.6733	0.0508	103.7403	0.0096	0.1896	5.2732
19	23.2144	0.0431	123.4135	0.0081	0.1881	5.3162
20	27.3930	0.0365	146.6280	0.0068	0.1868	5.3527
21	32.3238	0.0309	174.0210	0.0057	0.1857	5.3837
22	38.1421	0.0262	206.3448	0.0048	0.1848	5.4099
23	45.0076	0.0222	244.4868	0.0041	0.1841	5.4321
24	53.1090	0.0188	289.4945	0.0035	0.1835	5.4509
25	62.6686	0.0160	342.6035	0.0029	0.1829	5.4669
26	73.9490	0.0135	405.2721	0.0025	0.1825	5.4804
27	87.2598	0.0115	479.2211	0.0021	0.1821	5.4919
28	102.9666	0.0097	566.4809	0.0018	0.1818	5.5016
29	121.5005	0.0082	669.4475	0.0015	0.1815	5.5098
30	143.3706	0.0070	790.9480	0.0013	0.1813	5.5168

复利系数表（十四） i=20%

年限 n/ 年	一次支付 终值系数 (F/P, i, n)	一次支付 现值系数 (P/F, i, n)	等额系列 终值系数 (F/A, i, n)	偿债基金 系 数 (A/F, i, n)	资金回收 系 数 (A/P, i, n)	等额系列 现值系数 (P/A, i, n)
1	1.2000	0.8333	1.0000	1.0000	1.2000	0.8333
2	1.4400	0.6944	2.2000	0.4545	0.6545	1.5278
3	1.7280	0.5787	3.6400	0.2747	0.4747	2.1065
4	2.0736	0.4823	5.3680	0.1863	0.3863	2.5887
5	2.4883	0.4019	7.4416	0.1344	0.3344	2.9906
6	2.9860	0.3349	9.9299	0.1007	0.3007	3.3255
7	3.5832	0.2791	12.9159	0.0774	0.2774	3.6046
8	4.2998	0.2326	16.4991	0.0606	0.2606	3.8372
9	5.1598	0.1938	20.7989	0.0481	0.2481	4.0310
10	6.1917	0.1615	25.9587	0.0385	0.2385	4.1925
11	7.4301	0.1346	32.1504	0.0311	0.2311	4.3271
12	8.9161	0.1122	39.5805	0.0253	0.2253	4.4392
13	10.6993	0.0935	48.4966	0.0206	0.2206	4.5327
14	12.8392	0.0779	59.1959	0.0169	0.2169	4.6106
15	15.4070	0.0649	72.0351	0.0139	0.2139	4.6755
16	18.4884	0.0541	87.4421	0.0114	0.2114	4.7296
17	22.1861	0.0451	105.9306	0.0094	0.2094	4.7746
18	26.6233	0.0376	128.1167	0.0078	0.2078	4.8122
19	31.9480	0.0313	154.7400	0.0065	0.2065	4.8435
20	38.3376	0.0261	186.6880	0.0054	0.2054	4.8696
21	46.0051	0.0217	225.0256	0.0044	0.2044	4.8913
22	55.2061	0.0181	271.0307	0.0037	0.2037	4.9094
23	66.2474	0.0151	326.2369	0.0031	0.2031	4.9245
24	79.4968	0.0126	392.4842	0.0025	0.2025	4.9371
25	95.3962	0.0105	471.9811	0.0021	0.2021	4.9476
26	114.4755	0.0087	567.3773	0.0018	0.2018	4.9563
27	137.3706	0.0073	681.8528	0.0015	0.2015	4.9636
28	164.8447	0.0061	819.2233	0.0012	0.2012	4.9697
29	197.8136	0.0051	984.0680	0.0010	0.2010	4.9747
30	237.3763	0.0042	1181.8816	0.0008	0.2008	4.9789

复利系数表（十五） *i*=25%

年限 *n*/年	一次支付 终值系数 (*F/P*, *i*, *n*)	一次支付 现值系数 (*P/F*, *i*, *n*)	等额系列 终值系数 (*F/A*, *i*, *n*)	偿债基金 系　数 (*A/F*, *i*, *n*)	资金回收 系　数 (*A/P*, *i*, *n*)	等额系列 现值系数 (*P/A*, *i*, *n*)
1	1.2500	0.8000	1.0000	1.0000	1.2500	0.8000
2	1.5625	0.6400	2.2500	0.4444	0.6944	1.4400
3	1.9531	0.5120	3.8125	0.2623	0.5123	1.9520
4	2.4414	0.4096	5.7656	0.1734	0.4234	2.3616
5	3.0518	0.3277	8.2070	0.1218	0.3718	2.6893
6	3.8147	0.2621	11.2588	0.0888	0.3388	2.9514
7	4.7684	0.2097	15.0735	0.0663	0.3163	3.1611
8	5.9605	0.1678	19.8419	0.0504	0.3004	3.3289
9	7.4506	0.1342	25.8023	0.0388	0.2888	3.4631
10	9.3132	0.1074	33.2529	0.0301	0.2801	3.5705
11	11.6415	0.0859	42.5661	0.0235	0.2735	3.6564
12	14.5519	0.0687	54.2077	0.0184	0.2684	3.7251
13	18.1899	0.0550	68.7596	0.0145	0.2645	3.7801
14	22.7374	0.0440	86.9495	0.0115	0.2615	3.8241
15	28.4217	0.0352	109.6868	0.0091	0.2591	3.8593
16	35.5271	0.0281	138.1085	0.0072	0.2572	3.8874
17	44.4089	0.0225	173.6357	0.0058	0.2558	3.9099
18	55.5112	0.0180	218.0446	0.0046	0.2546	3.9279
19	69.3889	0.0144	273.5558	0.0037	0.2537	3.9424
20	86.7362	0.0115	342.9447	0.0029	0.2529	3.9539
21	108.4202	0.0092	429.6809	0.0023	0.2523	3.9631
22	135.5253	0.0074	538.1011	0.0019	0.2519	3.9705
23	169.4066	0.0059	673.6264	0.0015	0.2515	3.9764
24	211.7582	0.0047	843.0329	0.0012	0.2512	3.9811
25	264.6978	0.0038	1054.7912	0.0009	0.2509	3.9849
26	330.8722	0.0030	1319.4890	0.0008	0.2508	3.9879
27	413.5903	0.0024	1650.3612	0.0006	0.2506	3.9903
28	516.9879	0.0019	2063.9515	0.0005	0.2505	3.9923
29	646.2349	0.0015	2580.9394	0.0004	0.2504	3.9938
30	807.7936	0.0012	3227.1743	0.0003	0.2503	3.9950

复利系数表（十六） *i*=30%

年限 *n*/ 年	一次支付 终值系数 (*F/P*, *i*, *n*)	一次支付 现值系数 (*P/F*, *i*, *n*)	等额系列 终值系数 (*F/A*, *i*, *n*)	偿债基金 系 数 (*A/F*, *i*, *n*)	资金回收 系 数 (*A/P*, *i*, *n*)	等额系列 现值系数 (*P/A*, *i*, *n*)
1	1.3000	0.7692	1.0000	1.0000	1.3000	0.7692
2	1.6900	0.5918	2.3000	0.4348	0.7348	1.3609
3	2.1970	0.4552	3.9900	0.2506	0.5506	1.8161
4	2.8561	0.3501	6.1870	0.1616	0.4616	2.1662
5	3.7129	0.2693	9.0431	0.1106	0.4106	2.4356
6	4.8268	0.2072	12.7560	0.0784	0.3784	2.6427
7	6.2749	0.1594	17.5828	0.0569	0.3569	2.8021
8	8.1573	0.1226	23.8577	0.0419	0.3419	2.9247
9	10.6045	0.0943	32.0150	0.0312	0.3312	3.0190
10	13.7858	0.0725	42.6195	0.0235	0.3235	3.0915
11	17.9216	0.0558	56.4053	0.0177	0.3177	3.1473
12	23.2981	0.0429	74.3270	0.0135	0.3135	3.1903
13	30.2875	0.0330	97.6250	0.0102	0.3102	3.2233
14	39.3738	0.0254	127.9125	0.0078	0.3078	3.2487
15	51.1859	0.0195	167.2863	0.0060	0.3060	3.2682
16	66.5417	0.0150	218.4722	0.0046	0.3046	3.2832
17	86.5042	0.0116	285.0139	0.0035	0.3035	3.2948
18	112.4554	0.0089	371.5180	0.0027	0.3027	3.3037
19	146.1920	0.0068	483.9734	0.0021	0.3021	3.3105
20	190.0496	0.0053	630.1655	0.0016	0.3016	3.3158
21	247.0645	0.0040	820.2151	0.0012	0.3012	3.3198
22	321.1839	0.0031	1067.2796	0.0009	0.3009	3.3230
23	417.5391	0.0024	1388.4635	0.0007	0.3007	3.3254
24	542.8008	0.0018	1806.0026	0.0006	0.3006	3.3272
25	705.6410	0.0014	2348.8033	0.0004	0.3004	3.3286
26	917.3333	0.0011	3054.4443	0.0003	0.3003	3.3297
27	1192.5333	0.0008	3971.7776	0.0003	0.3003	3.3305
28	1550.2933	0.0006	5164.3109	0.0002	0.3002	3.3312
29	2015.3813	0.0005	6714.6042	0.0001	0.3001	3.3317
30	2619.9956	0.0004	8729.9855	0.0001	0.3001	3.3321

复利系数表（十七） *i*=45%

年限 n/ 年	一次支付终值系数 (F/P, i, n)	一次支付现值系数 (P/F, i, n)	等额系列终值系数 (F/A, i, n)	偿债基金系数 (A/F, i, n)	资金回收系数 (A/P, i, n)	等额系列现值系数 (P/A, i, n)
1	1.4000	0.7143	1.0000	1.0000	1.4000	0.7143
2	1.9600	0.5102	2.4000	0.4167	0.8167	1.2245
3	2.7440	0.3644	4.3600	0.2294	0.6294	1.5889
4	3.8416	0.2603	7.1040	0.1408	0.5408	1.8492
5	5.3782	0.1859	10.9456	0.0914	0.4914	2.0352
6	7.5295	0.1328	16.3238	0.0613	0.4613	2.1680
7	10.5414	0.0949	23.8534	0.0419	0.4419	2.2628
8	14.7579	0.0678	34.3947	0.0291	0.4291	2.3306
9	20.6610	0.0484	49.1526	0.0203	0.4203	2.3790
10	28.9255	0.0346	69.8137	0.0143	0.4143	2.4136
11	40.4957	0.0247	98.7391	0.0101	0.4101	2.4383
12	56.6939	0.0176	139.2348	0.0072	0.4072	2.4559
13	79.3715	0.0126	195.9287	0.0051	0.4051	2.4685
14	111.1201	0.0090	275.3002	0.0036	0.4036	2.4775
15	155.5681	0.0064	386.4202	0.0026	0.4026	2.4839
16	217.7953	0.0046	541.9883	0.0018	0.4018	2.4885
17	304.9135	0.0033	759.7837	0.0013	0.4013	2.4918
18	426.8789	0.0023	1064.6971	0.0009	0.4009	2.4941
19	597.6304	0.0017	1491.5760	0.0007	0.4007	2.4958
20	836.6826	0.0012	2089.2064	0.0005	0.4005	2.4970
21	1171.3556	0.0009	2925.8889	0.0003	0.4003	2.4979
22	1639.8978	0.0006	4097.2445	0.0002	0.4002	2.4985
23	2295.8569	0.0004	5737.1423	0.0002	0.4002	2.4989
24	3214.1997	0.0003	8032.9993	0.0001	0.4001	2.4992
25	4499.8796	0.0002	11247.1990	0.0001	0.4001	2.4994
26	6299.8314	0.0002	15747.0785	0.0001	0.4001	2.4996
27	8819.7640	0.0001	22046.9099	0.0000	0.4000	2.4997
28	12347.6696	0.0001	30866.6739	0.0000	0.4000	2.4998
29	17286.7374	0.0001	43214.3435	0.0000	0.4000	2.4999
30	24201.4324	0.0000	60501.0809	0.0000	0.4000	2.4999

第3章 电气设备安装工程造价

工作任务

▶ 工程概况说明

本项目的电气设备安装工程为公寓楼电气工程、冷冻泵房电气工程和报告厅的防雷接地工程。其安装图纸等资料如本书附录一附表1.2.1和附图1.2.1 ～ 1.2.7所示。

▶ 造价任务

请以造价从业人员的身份，结合本章所提供的学习内容，依据《浙江省通用安装工程预算定额》（2018版）和国家、省、市现行有关计价依据，完成以下工作任务：

（1）完成本电气设备安装工程的工程量计算；

（2）完成招标清单的编制；

（3）完成招标控制价的编制；

（4）尝试投标报价的编制（注意：实际工作中，根据《浙江省建设工程计价规则》（2018版）7.3节规定，工程造价咨询人接受招标人委托编制招标控制价，不得再就同一工程接受投标人委托编制投标报价）。

3.1 电气工程基础知识

3.1.1 电力系统概述

电能是一种十分重要的二次能源，它从蕴藏于自然界中的一次能源（煤炭、石油、天然气、太阳能、水力、风能等）转换而来，并且可以转换为其他形式的能量供人们使用。

如图3.1.1所示，电能是由发电厂输出，大容量发电厂往往建在燃料、水力资源丰富的地方，而用户往往远离发电厂，需要建设较长的输电线路进行输电，并建设升压和降压变电所进行变电，再通过配电线路向各类用户供电。

为了方便工程应用管理，将电能的生产、输送和消费定义为动力系统、电力系统和电力网等多个系统，其系统划分示意图如图3.1.2所示。

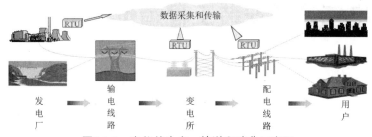

图3.1.1　电能的生产、输送和消费示意图

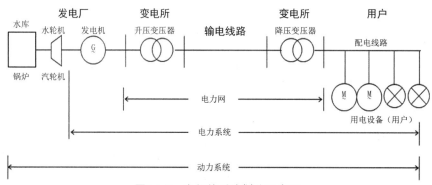

图3.1.2　电能的系统划分示意图

由发电厂、输电线路、变电所、配电线路和用电设备连接在一起而组成的整体称为电力系统。

由输电线路、变电所所组成的部分称作电力网。它包括升、降压变压器和各种电压的输电线路。它的任务就是把远处发电厂生产的电能输送到各个用电负荷所在地，同时还连系区域电力网形成跨省、跨地区的大电力系统，如我国的东北、华北、华中、华东、西北和南方电网等，就属于这种类型。电力网按电压等级分为如下几类：

低压网：电压等级在1kV及以下；

中压网：1kV以上、35kV及以下交流；

高压网：35kV以上、330kV以下交流及±800kV以下直流；

超高压网：330kV及以上、1000kV以下交流；

特高压网：1000kV及以上交流、±800kV及以上直流。

在电力系统的基础上，把发电厂的动力部分（如火力发电厂的锅炉、汽轮机和水力发电厂的水库、水轮机以及核动力发电厂的反应堆等）包含在内的系统又称为动力系统，也称为动力网。

3.1.2　电力系统组成

如前所述，电力系统由发电厂、输电线路、变电所、配电线路和用电设备等几部分组成，各部分作用如下：

（1）发电厂：把其他能源转换为电能。

（2）输电线路：以高压甚至超高压电路将发电厂、变电所或变电所之间连接起来的输电网络，所以又称为电力网中的主网架。

（3）配电线路：直接将电能送到用户的网络。它的作用是将电能分配给各类不同的用户，变换电压、传送电能。

（4）变电所：对电能的电压和电流进行变换、集中和分配，以保证电能的质量以及设备的安全，在变电所中还需进行电压调整、潮流（电力系统中各节点和支路中的电压、电流和功率的流向及分布）控制以及输配电线路和主要电工设备的保护。变电所按用途可分为电力变电所和牵引变电所（电气铁路和电车用）。

（5）用电设备：消耗电能的设备。各种照明灯具、电机等各类用电机械设备、电视、电话等均属于用电设备。

3.1.3　建筑电气基础知识

1.建筑电气系统的定义

建筑电气系统是为实现一个或几个具体功能，以建筑为平台，由电气装置、布线系统和用电设备等多个电气部分组成的，创造人性化生活环境的电气系统。建筑电气系统能满足建筑物预期的使用功能和安全要求，是建筑中必不可少的系统。

2.建筑电气系统的组成

建筑电气系统作为电力系统用电侧的一部分，由电气装置、布线系统和用电设备三大部分构成，并且要求这三部分特性相配合，以保持建筑电气工程安全正常运行，各部分功能如下：

（1）电气装置指的是变压器、高低压配电柜及控制设备等；

（2）布线系统指的是以380V/220V为主的电缆、电线及桥架、线槽和保护管等；

（3）用电设备指的是电动机、电加热器和照明灯具等直接消耗电能的设备。

电气装置主要指变配电所及分配电所的设备和就地分散的动力、照明配电箱，例如：干式电力变压器、成套高压低压配电柜、控制操动用直流柜（带蓄电池）、备用不间断电源柜、照明配电箱、动力配电箱（柜）、功率因数电容补偿柜，以及备用柴油发电机组等。其特征是由独立功能的电气元器件的组合，额定电压大多为10kV或380V/220V，仅在控制系统中电压有24V或12V。

布线系统是指电线、电缆和母线以及固定或保护它们的部件组合，主要起输送电力的作用，例如：电线、电缆、裸母线、封闭母线、低压封闭插接式母线、照明插接式小母线、电缆桥架和梯架、金属或塑料线槽、刚性金属或塑料保护管、柔性金属或塑料保护管、可挠金属电线保护管等。建筑电气工程中的布线系统，额定电压大多为380V/220V。

用电设备电气部分主要是指与其他建筑设备配套的电力驱动、电加热、电照明等直接消耗电能并转换成其他能的部分。例如：电动机和电加热器及其启动控制设备、照明装饰灯具和开关插座、通信影视和智能化工程等的专供或变换电源以及环保除尘和厨房除油烟等特殊直流电源等。

3.建筑电气系统分类

根据电能的特性，建筑电气系统分为强电系统和弱电系统两大类。

（1）强电系统：在电力系统中，36V及以下的电压称为安全电压，1kV及以下的电压称为低压，1kV以上的电压称为高压，直接供电给用户的线路称为配电线路，如用户电压为380V/220V，则称为低压配电线路，也就是家庭装修中所说的强电（因它是家庭使用最高的电压）。强电一般是指交流电电压在24V以上，如家庭中的电灯、插座等，通常家用电器中的照明灯具、电热水器、取暖器、冰箱、电视机、空调、音响设备等用电器均为强电电气设备。

强电系统是我们安装工程造价所指电气设备安装工程的内容，根据《建筑工程施工质量验收统一标准》GB50300，主要包括室外电气、变配电室、供电干线、电气动力、电气照明、备用和不间断电源、防雷及接地等7个分部工程。

（2）弱电系统：又叫智能化系统，由建筑设备监控系统、安全防范系统、通信网络系统、信息网络系统、火灾自动报警及消防联动系统、入侵探测器等系统，以集中监视、控制和管理为目的构成的综合系统；家庭内各种数据采集、控制、管理及通讯的控制或网络系统等线路，则称为智能化线路（也就是家庭装修中所说的弱电）。弱电一般是指直流电路或音频、视频线路、网络线路、电话线路，交流电压一般在24V以内。

4.各类民用建筑的供电形式

小型民用建筑的供电，一般只需要一个简单的6～10kV的降压变电所，如图3.1.3所示。用电设备容量在250kW及以下或需用变压器容量在160kVA及以下时，不必单独设置变压器，可以用380V/220V低压供电。

中型民用建筑的供电，电源进线一般为6～10kV，经高压配电所，将高压配线连至各建筑物变电所，降为380V/220V，如图3.1.4所示。

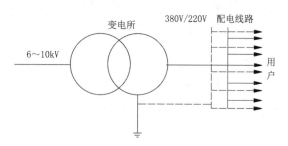

图3.1.3 小型民用建筑的供电形式

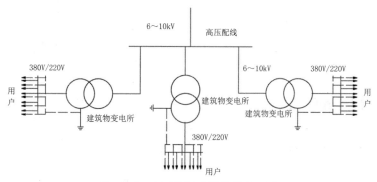

图3.1.4 中型民用建筑的供电形式

大型民用建筑的供电,由于用电负荷大,电源进线一般为35kV,需经两次降压,第一次由35kV降为6～10kV,再将6～10kV高压配线连至各建筑物变电所,降为380V/220V,如图3.1.5所示。

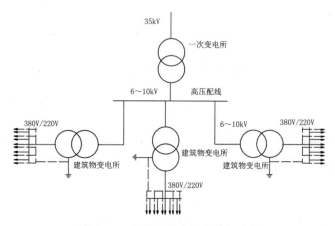

图3.1.5 大型民用建筑的供电形式

另外,民用建筑的供电电压根据用电容量、用电设备特性、供电距离、供电线路的回路数、当地公共电网现状及其发展规划等因素,经技术经济比较确定。一般用电设备容量在250kW或需用变压器容量在160kVA以上者宜以高压方式供电。用电设备容量在

250kW或需用变压器容量在160kVA及以下者宜以低压方式供电。具体参照现行有效的专业相关设计规范要求，本书不做详述。

5.民用建筑常用的配电方式

低压配电系统的配电方式主要有放射式和树干式。由这两种方式组合派生出来的配电方式还有链接式、混合式等，如图3.1.6～3.1.9所示。

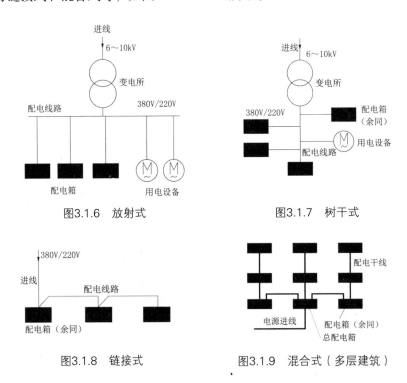

图3.1.6　放射式　　　　　　　　图3.1.7　树干式

图3.1.8　链接式　　　　　　图3.1.9　混合式（多层建筑）

3.1.4　变（配）电所主要设备（低压设备）

1.刀开关

刀开关用于分断电流不大的电路，在低压配电柜内有时也起隔离电压的作用。刀开关型号含义如图3.1.10所示。

2.断路器

断路器是一种能通断负荷电流，并能对电气设备进行过载、短路、失压、欠压等保护的低压开关电器。断路器主要由主触头系统、灭弧系统、储能弹簧、脱扣系统、保护系统及辅助触头等组成。其型式主要有塑壳式断路器和框架式断路器。断路器型号含义如图3.1.11所示。

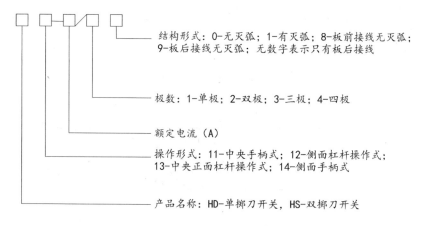

结构形式：0-无灭弧；1-有灭弧；8-板前接线无灭弧；
9-板后接线无灭弧；无数字表示只有板后接线

极数：1-单极；2-双极；3-三极；4-四极

额定电流（A）

操作形式：11-中央手柄式；12-侧面杠杆操作式；
13-中央正面杠杆操作式；14-侧面手柄式

产品名称：HD-单掷刀开关，HS-双掷刀开关

图3.1.10 刀开关型号含义

脱扣器方式和附件代号（见表3.1.1）
极数：1-单极；3-三极
操作方式：P-电动；Z-转动手柄；无代号为手柄直接操作

壳体等级电流（A）
设计序号
产品名称：DZ-塑壳式断电路；DW-框架式断路器

图3.1.11 断路器型号含义

表3.1.1 断路器脱扣器方式和附件代号

附件名称及代号	无附件	报警触头	分励脱扣器	辅助触头	欠压脱扣器	分励辅助	分励欠压	双辅助触头	辅助欠压	分励报警	辅助报警	欠压报警	分励辅助报警	分励欠压报警	双辅助报警	辅助欠压报警
瞬时脱扣器	200	208	210	220	230	240	250	260	270	218	228	238	248	258	268	278
复式脱扣器	300	308	310	320	330	340	350	360	370	318	328	338	348	358	368	378

3.熔断器

熔断器俗称保险，其结构简单，安装方便，常在低压电路中作短路和过载保护。常用的低压断路器有瓷插式、螺旋式、无填料管式、有填料管式、快速式熔断器等。熔断器型号含义如图3.1.12所示。

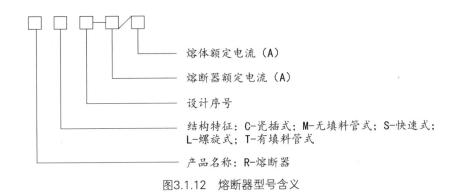

图3.1.12　熔断器型号含义

3.1.5　建筑电气照明系统

1.照明方式与种类

（1）照明方式。照明方式可分为一般照明、分区一般照明、局部照明和混合照明。

① 一般照明：为照亮整个场所而设置的均匀照明。

② 分区一般照明：对某一特定区域，如进行工作的地点，设计成不同的照度来照亮该区的一般照明。

③ 局部照明：特定视觉工作用的、为照亮某个局部而设置的照明。

④ 混合照明：由一般照明与局部照明组成的照明。

（2）照明种类。照明种类可分为正常照明、应急照明、值班照明、警卫照明和障碍照明。

① 正常照明：在正常情况下使用的室内外照明。

② 应急照明：因正常照明的电源失效而启用的照明，分为疏散照明、安全照明、备用照明三类。

1）疏散照明：作为应急照明的一部分，用于确保疏散通道被有效地辨认和使用的照明。

2）安全照明：作为应急照明的一部分，用于确保处于潜在危险之中的人员安全的照明。

3）备用照明：作为应急照明的一部分，用于确保正常活动继续进行的照明。

③ 值班照明：非工作时间，为值班所设置的照明。

④ 警卫照明：在夜间为改善对人员、财产、建筑物、材料和设备的保卫，用于警戒而安装的照明。

⑤ 障碍照明：为保障航空飞行安全，在高大建筑物和构筑物上安装的障碍标志灯。

2.照明线路的主要设备

照明线路的设备主要有灯具、开关、插座、风扇等。

（1）常用照明灯具。灯具的种类繁多、形式多样，主要种类如下：

① 按结构特性分吊灯、吸顶灯、落地灯、壁灯、台灯、筒灯、射灯、沐浴灯（浴霸）等。

② 按光源分为白炽灯、荧光灯、节能灯等。

③ 按形状分为方形灯、圆形灯、椭圆形灯、烛形灯、莲花形灯、菱形灯等。

④ 按安装方式分为吊挂灯、直立灯、镶嵌灯等。

⑤ 按材料分为玻璃灯、水晶灯、塑料灯、纱质灯、木质框架灯等。

（2）开关、插座。开关和插座是最常见的照明线路中的设备，其型号的含义如图3.1.13所示。

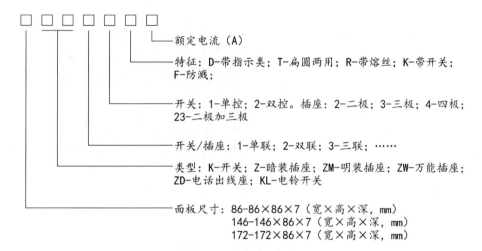

图3.1.13　开关和插座型号的含义

3.1.6　防雷接地系统

1.建筑防雷

雷电现象是自然界大气层中在特定条件下形成的雷云对地面泄放电荷的现象，又称为雷击。雷击产生的破坏力极大，它对地面上的建筑物、电气线路、电气设备和人身都可能造成直接或间接的危害，因此必须采取适当的防范措施。雷击的危害方式主要有直击雷、侧击雷、雷电感应和雷电波侵入等方式。常用的防范措施是设置避雷装置。

避雷装置的作用是将雷云电荷或建筑物感应电荷迅速引导入大地，以保护建筑物、电气设备及人身不受损害。其主要组成包括接闪器、引下线和接地装置（接地断接卡子、接地母线、接地板），如图3.1.14所示。

（1）接闪器。接闪器是引导雷电流的装置。接闪器的类型主要有避雷针、避雷塔、避雷带、避雷网和避雷器等。接闪器主要防范雷电波侵入。

（2）引下线。引下线是将雷电流引入大地的通道。引下线的材料多采用镀锌扁钢或圆钢，也可采用柱筋作为引下线。图3.1.15为利用柱筋作为引下线时，在柱筋上设置测试点的做法。

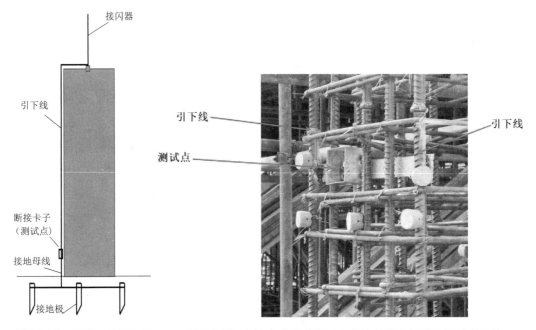

图3.1.14　避雷装置示意图　　　图3.1.15　利用柱筋作为引下线时在柱筋上设置的测试点做法

（3）接地装置。接地装置是指埋设在地下的接地电极与由该接地电极到设备之间的连接导线的总称，可迅速使雷电流在大地中流散，防雷接地中包括接地断接卡子、接地母线、接地极等几部分。接地装置按安装形式分为垂直接地体和水平接地体。一般垂直接地体长度为2.5～3.0m，常用镀锌圆钢、角钢、钢管、扁钢等材料，其最小规格见表3.1.2所示。

表3.1.2　防雷接地装置最小规格表

名　称	接 闪 器					引 下 线			接 地 体	
	避雷针		装在烟囱上	避雷网、带	避雷带装在烟囱顶上	一般处所明敷	一般处所暗敷	装在烟囱上	水平埋地	垂直埋地
	针长 m									
	1及以下	1~2								
圆钢直径 mm	12	16	20	8	12	8	10	12	12	–
钢管直径 mm	20	25	–	–	–	–	–	–	–	50

续表

名称		接 闪 器					引下线			接地体	
		避雷针		装在烟囱上	避雷网、带	避雷带装在烟囱顶上	一般处所明敷	一般处所暗敷	装在烟囱上	水平埋地	垂直埋地
		针长 m									
		1及以下	1~2								
扁钢	截面积 mm²	–	–	–	48	100	48	60	100	–	–
	厚度 mm	–	–	–	4	4	4	4	4	–	–
角钢厚度 mm		–	–	–	–	–	–	–	–	–	4
钢管壁厚 mm		–	–	–	–	–	–	–	–	–	3.5
镀锌钢绞线截面积 mm²		–	–	–	35	–	–	–	–	–	–

2.建筑接地

为了满足电气装置和系统的工作特性和安全防护的需要，而将电气装置和电力系统的某一部位通过接地装置与大地土壤作良好的连接即为接地。

建筑电气系统的三相电源（变压器）中性点一般直接接地，由接地端子上引出中线（零线），线路工作和保护根据实际情况可以采用直接接地或通过零线接地（接零）方式，接地与接零参见图3.1.16。

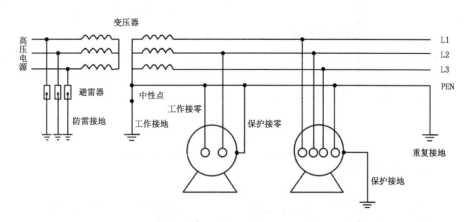

图3.1.16 接地与接零方式示意图

（1）接地的作用：

① 保障正常工作。工作接地是为保证电气设备的可靠运行并提供部分电气设备和装置所需要的相电压，将电力系统中的变压器低压侧中性点通过接地装置与大地直接连接的接地方式。

② 保护用电安全。保护接地是为了防止电气设备由于绝缘损坏而造成触电事故，将电气设备的金属外壳通过接地线与接地装置连接起来的接地方式。其连接线称为保护线（PE）或保护地线和接地线。

（2）接地的方式：

① 工作接地。变压器中性点与接地装置连接。

② 保护接地。设备金属外壳与接地装置连接。

③ 重复接地。当线路较长或接地电阻要求较高时，为尽可能降低零线的电阻，除变压器低压侧中性点直接接地外，将零线上一处或多处再进行接地，这种接地方式称为重复接地。如图3.1.16所示。

④ 防雷接地。如图3.1.14中的接地极和图3.1.15中的电源进线避雷器处的接地，为泄掉雷电流而设置的防雷接地装置，称为防雷接地。

3.等电位连接

等电位连接就是电气装置的各外露导电部分和装置外导电部分的电位实质上相等的连接。从而消除或减少各部分间的电位差，减少保护电器动作不可靠的危险性，消除或降低从建筑物外窜入电气装置外露导电部分上的危险电压。

等电位连接分为：总等电位连接（MEB）、局部等电位连接（LEB）、辅助等电位连接（SEB）。建筑内各类等电位连接示意图如图3.1.17所示。

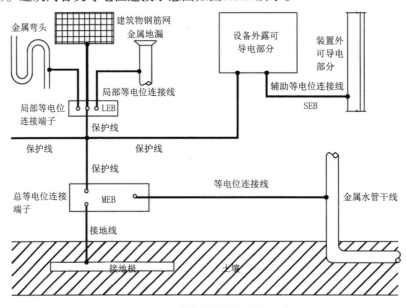

图3.1.17　建筑内等电位连接示意

（1）总等电位连接：指同一建筑物内电气装置，各种金属管道、建筑物构件、电气系统的保护接地线、接地导体通过总等电位连接端子板互相连接，以消除建筑物内各导体间的电位差。

（2）局部等电位连接：是当电气装置或电气装置一部分的接地保护的条件不能满足时，在局部范围内将各可导电部分连接。

（3）辅助等电位连接：是将两个及以上可导电部分，进行电气连接，使其接触电压，降至安全限值电压以下。

3.1.7 常用电工材料

常用电工材料包括导电材料和各种电气安装材料。

1.导电材料

铜和铝是目前最常用的导电材料。在电气工程中，若按导电材料制成线材（电线或电缆）和使用特点分，导线又有裸线、绝缘电线、电缆等。

（1）裸线：

特点：只有导线部分，没有绝缘层和保护层。

分类：按其形状和结构分为单线、绞合线、特殊导线等几种。单线主要作为各种电线电缆的线芯；绞合线主要用于电气设备的连接等；特殊导线主要用于耐湿、防水、耐火等有特殊需求的场合。

（2）绝缘电线：

特点：不仅有导线部分，而且还有绝缘层。

分类：按其线芯使用要求分为硬型、软型、特软型和移动型等几种。主要用于电气设备安装连线或照明敷设等。绝缘电线型号的含义如图3.1.18所示。比如：BLV-500-25 表示铝芯塑料绝缘导线，额定电压为500V，线芯截面为25mm²。

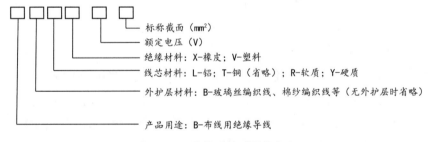

标称截面（mm²）
额定电压（V）
绝缘材料：X-橡皮；V-塑料
线芯材料：L-铝；T-铜（省略）；R-软质；Y-硬质
外护层材料：B-玻璃丝编织线、棉纱编织线等（无外护层时省略）
产品用途：B-布线用绝缘导线

图3.1.18 绝缘电线型号的含义

（3）电缆。如图3.1.19所示，由一根或多根相互绝缘的导体和外包绝缘保护层制成，将电力或信息信号从一处传输到另一处的导线。通常是由几根或几组导线（每组至少两根）绞合而成的类似绳索的电缆，每组导线之间相互绝缘，并常围绕着一根中心扭成，整个外面包有高度绝缘的覆盖层。电缆具有内通电、外绝缘的特征。电缆有电力电缆、控制电缆、补偿电缆、屏蔽电缆、高温电缆、计算机电缆、信号电缆、同轴电缆、耐火电缆、船用电缆、矿用电缆、铝合金电缆等。它们都是由单股或多股导线和绝缘层组成，用来连接电路、电器等，电气工程中常用的电缆是电力电缆和控制电缆。

图3.1.19　电缆结构示意

电缆的型号标识通常有10项代码组成，代码组成与顺序如下：

[1类别、用途][2导体材料][3绝缘层][4内护层][5结构特征][6铠装与外护层][7派生]-[8使用特征]-[9芯数]×[10横截面积]

第1-5项和第7、8项用拼音字母表示，高分子材料用英文名的第一位字母表示，每项可以是1～2个字母；第6项是1～3个数字，第9、10项也为数字项。

常用代码含义说明：

1类别、用途代码：由一个到两个字母组成，表示导线的类别、用途。A-安装线，B-布线用绝缘导线，C-控制电缆，N-农用电缆，P-信号电缆，R-软线，U-矿用电缆，Y-移动电缆，JK-绝缘架空电缆，M-煤矿用，ZR-阻燃型，NH-耐火型，ZA-A级阻燃，ZB-B级阻燃，ZC-C级阻燃，WD-低烟无卤型，用途为电力电缆不标注。

2导体材料代码：不标为铜（也可以标为T），L-铝。

3绝缘层代码：V-聚氯乙烯（PVC）塑料，YJ-交联聚乙烯（XLPE），X-橡皮，Y-聚乙烯塑料，F-聚四氟乙烯。

4内护层代码：Q-铅包，L-铝包（电力电缆、通讯电缆，多用于油浸纸绝缘电缆时）、棉纱编织涂蜡克（电气装备内部用电缆电线，有耐油耐温要求时），H-橡胶护套，V-聚氯乙烯（PVC）护套，Y-聚乙烯护套，N-尼龙护套，P-铜丝编织屏蔽，P2-铜带屏蔽，内护层与外护层相同时不标识。

5结构特征代码：B-扁平型，R-软线，C-重型，Q-轻型，G-高压，H-电焊机用，S-双绞型。

6铠装与外护层代码：第一位数字表示铠装层类型，0-无铠装、2-双钢带、3-细圆钢丝、4-粗圆钢丝；第二位表示外护层类型，0-无护套、1-纤维层绕包、2-聚氯乙烯（PVC）护套、3-聚乙烯（PE）护套。

7派生代码：D-不滴流，P-干绝缘。

8使用特征代码：在"-"后，是特殊适用场合和特殊使用要求等特殊产品的标志，

TH-湿热带，TA-干热带，ZR-阻燃，NH-耐火，WDZ-低烟无卤阻燃，FY-防白蚁。有时为了突出该项，把此项写在最前面替代类别、用途代码，而且会附加具体的特殊要求参数或等级符号，常如此处理的有ZR-阻燃、NH-耐火、WDZ-低烟无卤阻燃、FY-防白蚁等。

9芯数代码：常用一位数字表示，表示一根电缆外护套中有几芯导体。

10横截面积代码：用实际数字表示每芯导线的横截面积，单位mm^2。

根据以上规则，解读ZRC-YJV22-0.6/1kV-3×120＋1×70线缆的型号含义，该型号表示额定电压等级为0.6/1kV，C级阻燃铜芯交联聚乙烯绝缘双钢带铠装聚氯乙烯护套电力电缆，规格为3×120＋1×70，表示电缆有3芯横截面积120mm^{2}的导体和1芯横截面积70mm^{2}的导体。另外，各类新型电缆应参照厂家产品说明确定型号代码含义。

2.安装材料

电气工程常用的安装材料包括各类线管、型钢等。

（1）线管：用于保护电缆电线的管道，包括金属管和塑料管两大类。

① 常用的金属管有水煤气管、薄壁钢管、金属软管等。金属管不宜用在潮湿、腐蚀性环境。

1）水煤气管（镀锌钢管SC）：适用于有机械外力或有轻微腐蚀气体的场所作为明敷或暗敷电缆用。

2）薄壁钢管（KBG）：又称电线管，其壁较薄，管子内、外壁均涂有一层绝缘漆，适用于干燥场所敷设。

3）金属软管（CP）：又称蛇皮管。常用于用电设备连接处的电线、电缆保护管。

② 常用的塑料管有硬塑料管、半硬质塑料管、软型塑料管等。按材质主要有聚氯乙烯管、聚乙烯管、聚丙烯管等。其特点是常温下抗冲击性能好，耐碱、耐酸、耐油性能好，但易变形老化，机械强度不如钢管。

硬塑料管用PVC表示，半硬质塑料管用FPC表示。

（2）型钢。如图3.1.20所示，电工常用成型钢材有扁钢、角钢、圆钢、槽钢、工字钢。

① 扁钢（图3.1.20a）：可用来制作各种支架、吊架、抱箍、撑铁、拉铁、配电设备的零配件、避雷带、接地母线及引下线等。规格用-加图中特性尺寸表示，示例：-50×5，a、d分别为50mm、5 mm。

② 角钢（图3.1.20b、c）：用于输电塔构件、横担、接户线中的各种支架、吊架、电器安装底座、避雷装置及接地体等。规格用∠（或L，或A）加图中特性尺寸表示，示例：∠50×40×5，a、b、d分别为50mm、40mm、5mm。

③ 圆钢（图3.1.20d）：用于制作螺栓、钢索、接地线、避雷针等。规格用圆钢直径

数字表示，示例：8号，直径*a*为8mm。

④ 槽钢（图3.1.20e）：用于制作配电箱、柜、屏支座等。规格用槽钢以cm为单位的宽度数字表示，示例：20号，*h*为200mm；[200×75×9的20号槽钢，*h*为200mm，*b*为75mm，*d*为9mm。

⑤ 工字钢（图3.1.20f）：常用于各种电气设备的固定底座、变压器台架等。规格：腹板高度（*h*）×腹板厚度（*d*），其型号是以腹高（cm）数表示。如10号工字钢，表示其腹高为10cm（100mm）；I 200×100×7的20号槽钢，*h*为200mm，*b*为100mm，*d*为7mm。

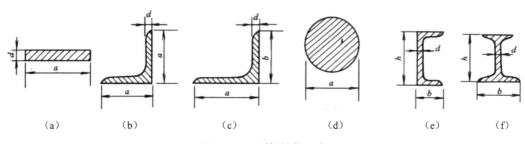

（a） （b） （c） （d） （e） （f）

图3.1.20　型钢结构示意

3.2　电气工程施工图识读

3.2.1　电气工程施工图识读基本要求

作为安装工程造价从业人员，正确、准确地识读工程图纸是造价工作的必要一步，识读建筑电气施工图，应了解电气工程的工程内容、所用材料设备种类及参数要求、设备安装及线缆敷设要求等施工技术要求信息。

1.电气工程施工图的特点

电气施工图所涉及的内容往往根据建筑物不同的功能而有所不同，主要有建筑供配电、动力与照明、防雷与接地等方面，用以表达不同的电气设计内容，识读时应注意以下几个特点：

（1）建筑电气工程图大多是采用统一的图形符号并加注文字符号绘制而成的。

（2）电气线路都必须构成闭合回路。

（3）线路中的各种设备、元件都是通过导线连接成为一个整体的。

（4）在进行建筑电气工程图识读时应阅读相应的土建工程图及其他安装工程图，以了解相互间的配合关系。

　　2.电气工程施工图的组成

　　一套完整的电气工程施工图，一般包括图纸目录、设计说明（含材料表）、系统图、平面图和大样图（详图）等多种资料，主要资料的详细具体信息请大家参阅本书招标项目案例附表、附图和作业项目案例电子资料，施工图识读一定要全面仔细，注意不要漏掉信息，为做出一份准确的造价打好基础。

3.2.2　电气工程施工图的常用图例

　　电气工程施工图的常用图例如表3.1.3所示。

表 3.1.3　常用电气施工图例符号

序号	图例符号	名称	备注	序号	图例符号	名称	备注
1	○ V/V	变电所	规划（设计）的	12		刀开关箱	
2	⊘ V/V	变电所	运行的	13		低压负荷开关箱	
2	○ A-B C	电杆	A– 杆材或金属部门；B– 杆长；C– 杆号	14		组合开关箱	
4	○●	引上杆		15		电动机启动幕	
5	○ b d A c a	电杆（示出灯具投照方向	a– 编号; b– 杆型; c– 杆高; d– 容量; A– 连接相序	16		电磁网	
6		动力或动力照明配电箱		17	Ⓜ	电动网	
7	⊗	信号箱（板、屏）		18	◎	按钮	
8		照明配电箱（屏）		19	▣	一般或保护型按钮盒	示出一个按钮
9	⊠	事故照明配电箱（屏）		20	⊙⊙	一般活保护型按钮盒	示出两个按钮
10	▱	电源自动切换箱（屏）		21	⊙⊙	密闭型按钮盒	
11		低压断路器箱		22	⊙⊙▷	防爆型按钮盒	

续表

序号	图例符号	名称	备注	序号	图例符号	名称	备注
23		电锁		41		暗装单极开关	
24		电扇（示出引线）	如不会混淆，方框可省略	42		密闭（防水）单极开关	
25		轴流风机		43		防爆单极开关	
26		明装单相插座		44		明装双极开关	
27		暗装单相插座		45		暗装双极开关	
28		密闭（防水）单相插座		46		密闭（防水）双极开关	
29		防爆单相插座		47		防爆双极开关	
30		带接地插孔的明装单相插座		48		明装三极开关	
31		带接地插孔的暗装单相插座		49		暗装三极开关	
32		带接地插孔的密闭（防水）单相插座		50		密闭（防水）三极开关	
33		带接地插孔的防爆单相插座		51		防爆三极开关	
34		带接地插孔的明装三相插座		52		单极拉线开关	
35		带接地插孔的暗装三相插座		53		单极双控拉线开关	
36		带接地插孔的密闭（防水）三相插座		54		单极限时开关	
37		带接地插孔的防爆三相插座		55		指示灯开关	
38		插座箱（板）		56		单极双控开关	
39		带隔离变压器的插座	如剃须插座	57		调光器	
40		明装单极开关		58		钥匙开关	

续表

序号	图例符号	名称	备注	序号	图例符号	名称	备注
59		单管荧光灯		77		应急灯（自带电源）	
60		双管荧光灯		78		气体放电灯的辅助设备	
61		三管荧光灯		79		电缆交接间	
62	5	五管荧光灯		80		架空交接箱	
63		防爆荧光灯		81		落地交接箱	
64		深照型灯		82		壁龛交接箱	
65		广照型灯（配照型灯）		83		地下线路	
66		防水防尘灯		84		架空线路	
67		球形灯		85		事故照明线	
68		局部照明灯		86		50V及以下电力及照明线路	
69		矿山灯		87		控制及信号线路（电力及照明用）	
70		安全灯		88		母线	
71		防爆灯		89		装在支柱上封闭式母线	
72		天棚灯		90		装在吊钩上封闭式母线	
73		花灯		91		滑触线	
74		弯灯		92		中性线	
75		壁灯		93		保护线	
76		专用线路上的事故照明灯		94		保护和中性线共用	

99

续表

序号	图例符号	名称	备注	序号	图例符号	名称	备注
95		具有保护和中性线的三相配线		104		断路器	
96		电缆铺砖保护		105		隔离开关	
97		电缆穿管保护		106		负荷开关	
98		接地装置		107		熔断器	
99		向上配线		108		跌开式熔断器	
100		向下配线		109		熔断器式开关	
101		垂直通过配线		110		熔断器式负荷开关	
102		变压器		111		避雷器	
103	Wh	电度表		112		互感器	

3.2.3 电气工程施工图的常用标注

1.线路的文字标注

基本格式：a–b–c×d–e–f

式中：

a-回路编号；

b-导线或电缆型号；

c-导线根数或电缆的线芯数；

d-每根导线标称截面积mm^2；

e-线路敷设方式（见表3.1.4），具体含义以图纸说明为准；

f-线路敷设部位（见表3.1.5），具体含义以图纸说明为准。

例：WL1-BV（3×2.5）-SC15-WC

WL1为照明支线第1回路，标称截面积为2.5mm^2的铜芯聚氯乙烯绝缘导线3根，穿公称直径为15mm的焊接钢管敷设，在墙内暗敷。

表 3.1.4　线路敷设方式

序号	名称	符号
1	电缆桥架	CT
2	金属软管	CP
3	钢管	SC
4	塑料管	PC
5	电线管	MT
6	金属拉线槽	MR
7	钢索敷设	M
8	穿阻燃半硬质聚氯乙烯管	FPC

表 3.1.5　线路敷设部位

序号	名称	符号
1	暗敷梁内	BC
2	沿顶棚面	CE
3	沿或跨柱敷设	AC
4	地面（板）敷设	F
5	吊顶内	SCE
6	沿墙面（暗）	WS（WC）
7	电缆沟	TC
8	直接埋地	DB
9	混凝土排管内敷设	CE

2.用电设备的文字标注

基本格式：$\dfrac{a}{b}$

式中：

　　a—设备的工艺编号；

　　b—设备的容量kW。

3.配电设备的文字标注

基本格式：

$$a\text{–}b\text{–}c\ 或\ a\,\dfrac{b}{c}$$

式中：

　　a—设备编号；

b—设备型号；

c—设备容量kW。

4.灯具的文字标注

基本格式：

$$a-b\frac{c \times d \times L}{e}f$$

式中：

a—同一房间内同型号灯具个数；

b—灯具型号或代号：普通吊灯P，壁灯B，花灯H，吸顶灯D，柱灯Z，卤钨探照灯L，投光灯T，工厂灯G，防水、防尘灯K，陶瓷伞罩灯S；

c—灯具内光源的个数；

d—每个光源的额定功率W；

L—光源的种类，其拼音代号/英文代号分别为：白炽灯B/IN，荧光灯Y/FL，卤（碘）钨灯L/IN，汞灯G/Hg，钠灯N/Na，氖灯-/Ne，电弧灯-/ARC，红外线灯-/IR，紫外线灯-/UV；

e—安装高度m；

f—安装方式，其拼音代号/英文代号分别为：线吊式X/CP，链吊式L/CH，管吊式G/P，壁吊式B/W，吸顶式D/C，吸顶嵌入式DR/CR，嵌入式BR/WR。

3.2.4 电气工程案例识图

视频二维码 3-1：电气工程识图

　　根据第1章招标工程案例介绍，本项目的电气安装工程包括公寓楼照明插座电气工程、冷冻泵房动力配电系统以及报告厅的防雷接地系统。作为工程造价人员，首先应结合设计说明和图纸，认真识读图纸，分析出和造价有关的信息。电气施工图由首页、室外电气总平面图、系统图、平面图、大样图组成。首先要读懂图纸说明，熟悉图纸中未能详尽标注的设计要求、施工规范以及各种材料的型号、规格。在清单计价中这些均为显著的项目特征，应详细、准确表述，以便正确设置项目。其次，平面图与系统图相对应，按变电所配电屏—电源进线—总配电箱（柜）—干线—分配电箱—分支线路—用电设备的顺序读图，了解各线路的走向、敷设方式和用电设备的确切位置。本项目电气设备安装工程案例的识图简介请扫描视频二维码3–1观看。

3.2.4.1　公寓楼照明插座电气工程图的识读

根据第1章招标工程案例中公寓楼照明插座电气工程的设计说明（设计说明内容可参照以下读图内容，设计说明不再单独提供）、如附图1.2.1–1.2.3所示的平面图和系统图，可以读出以下和工程造价相关的信息：

1.供电电源

（1）本工程公寓用电电源引自项目公用变配电室，公寓每层设置集中计量表箱，由密集型母线槽供电。密集型母线槽配电设计及集中计量表箱的进线电缆的设置应以供电部门的设计方案为准，本设计仅供参考。公用设施用电引自项目专用变配电室，进线电缆由地下室引入，进入地下室配电小间内的总配电箱，再配至分配电箱。

（2）计费：所有公寓用电计量均采用集中计量表计量，住户均为单相表计量，各表箱均由当地供电部门提供计量表。

2.照明系统

（1）光源：有装修要求的场所视装修要求商定，一般场所为普通节能型灯具。

（2）荧光灯具为节能型（T5、T8）灯管，T8灯管选用三基色荧光型，配用电子镇流器。

（3）应急照明：①在大空间用房、走廊、楼梯间及其前室、消防电梯间及其前室、主要出入口等场所设置疏散照明；②出口标志灯、疏散指示灯、疏散楼梯和走道应急照明灯采用自带蓄电池式供电应急照明系统，应急照明持续供电时间应大于30min。

3.设备、电缆选型及安装

（1）本建筑进线电源采用WDZ（N）–YJE 0.6/1.0KV低烟无卤（耐火）电力电缆。

（2）水平配电干线穿管直径大于40mm的采用贴梁底明敷，其余均采用暗敷，垂直配电干线均采用暗敷（除有另行要求外）；敷设方式说明有冲突时以电气系统图为准；电缆明敷在桥架上，普通电缆与应急电源电缆，向同一负荷供电的两回路电源电缆，应分设桥架或采取隔离措施，在竖井内距离应大于300mm或采用隔离措施；消防线路应穿封闭式涂防火漆金属桥架或穿金属管暗敷在非燃烧体的结构内，其保护层厚度不应小于3cm，当必须明敷时，应在金属管上采取防火保护措施；金属桥架水平敷设距地高度不低于2.4m，金属桥架、母线槽及其支架和引入引出电缆金属导管应可靠接地，全长不少于2处与PE接地保护导体相连。

（3）各照明分支线回路除系统图注明外，均穿PC管沿墙及顶板内暗敷设，其中2根穿PC16；3～4根穿PC20；5～6根穿PC25。

（4）电气平面图中所有回路均按回路单独穿管，不同支路不应共管敷设，各回路N、PE线均从箱内N、PE端子排引出。

（5）线缆、线槽及桥架穿越防火分区、楼板、墙体的洞口等处应采用无机防火堵料进行防火封堵。

（6）当采用防触电保护要求较高的I类灯具时，灯具的外露可导电部分应可靠接地。照明回路、插座回路未标注处均为三根导线。

（7）导线、线路敷设标注含义：SC-穿焊接钢管敷设；PC-聚氯乙烯阻燃塑料管；CT-穿电缆桥架或母线槽敷设；TC-电缆沟敷设；BE-沿墙面、板面、梁面敷设；FC-地面或地板下敷设；WC-暗敷于墙内；CC-暗敷设在屋面或屋顶内；CE-吊顶内敷设。（*本项目标注含义以本设计说明为准。）

（8）符号含义："$\underline{N}$"-N根导线（$N \geqslant 4$）；"$\nearrow$"-向上配线；"$\swarrow$"-向下配线；"$\nearrow$"-垂直通过配线；"$\nearrow$"-由下引上配线。

（9）应急照明支线应穿热镀锌钢管暗敷在楼板或墙内，由顶板接线盒至吊顶灯具一段线路穿钢质（耐火）波纹管（或普利卡管）。

（10）安装高度：

① 各层照明动力配电箱，除竖井、配电间、机房、剪力墙、防火分区隔墙上明装外，其他均为暗装；箱体高度600mm及以下，底边距地1.5m；600～800（含）mm高，底边距地1.2m；800～1000（含）mm高，底边距地1.0m；1000～1200（含）mm高，底边距地0.8m；

② 落地式安装动力柜、控制柜下均设10#槽钢基座；

③ 距地1.8m及以下插座均为安全型插座；开关底边距地1.3m，距门框0.2m；

④ MEB、LEB等电位箱底边距地0.3m；水平金属桥架顶板贴梁底安装；

⑤ 以上部分不包括系统图有另行注明（具体要求详见材料表及系统图）。

（11）照明开关、插座除另行注明者外，均为防潮性能良好的250V/10A规格开关、插座，应急照明开关应带电源指示灯。

（12）其他有关信息：公寓楼层层高为2.95m，照明配电箱AL1规格为PZ30-8：230×240×90（高×宽×深），电线保护管采用埋地或嵌墙或楼板内暗敷，埋入地坪或楼顶板的深度均按0.1m计。

3.2.4.2 冷冻泵房电气工程图的识读

招标案例中附图1.2.5所示的冷冻泵房电气平面图纸较简单，涉及动力、照明等内容。读图可知：

（1）P1为总配电柜，分三个回路分别引至落地动力配电柜P2、P3和墙上安装的照明配电箱M。P1、P2、P3均安装在10#基础槽钢上。

（2）P2动力柜引出聚氯乙烯铜芯电缆VV-4×70，敷设于电缆沟支架上（电缆沟内设20个电缆支架，采用40×40×4角钢，具体尺寸见附图1.2.4），出电缆沟后穿DN70黑铁保护管埋地敷设（埋深-0.1m），至D1、D2、D3（D1、D2、D3为30kW交流笼型异步电动机），保护管出地坪0.2m。

（3）P3动力柜控制10kW交流笼型异步电动机D4、D5、D6，箱内引出聚氯乙烯铜芯电缆VV-4×16（敷设方式与VV-4×70相同），出电缆沟后穿DN50黑铁保护管，埋深-0.1m，保护管出地坪0.2m。

（4）M为墙上安装照明配电箱，箱底标高＋1.40m，采用铜芯塑料绝缘导线BV2.5穿UPVC塑料电线管DN15（粘接）沿墙、沿顶板暗敷至吊链式工矿灯GC3-B-2，安装高度为5m。线路分支处均设接线盒，灯具处预埋灯头盒。

3.2.4.3 防雷接地工程图的识读

根据第1章招标工程案例中的设计说明（设计说明不再单独提供，读者可参照以下读图内容）、如附图1.2.6和图附1.2.7所示报告厅的防雷与接地图纸，可以读出以下和工程造价相关的信息：

1. 建筑物防雷

（1）本工程防雷等级为二类（根据当地气象部门要求）。建筑物的防雷装置应满足防直击雷、防雷电感应及雷电波的侵入，并设置总等电位联结。

（2）接闪器：在屋顶及屋顶外墙侧采用Φ12热镀锌圆钢作避雷带，屋顶避雷连接线网格不大于10m×10m或8m×12m。

（3）引下线：利用建筑物钢筋混凝土柱子或剪力墙内两根Φ16以上主筋绑扎（通长焊接）作为引下线，间距不大于18m，做法参见国标99D501。

（4）接地装置：接地极采用建筑物结构桩内主筋，要求两根以上主筋通长焊接，并与基础承台、基础梁内主筋焊接，图中引下线标注为"*"处在距室外地坪0.5m处用86型钢制接线盒作为测试点或连接点，其做法参见国标99D01-1-1-40。图中备用接地线预留，距地面-0.8m处焊出1m长不锈钢导体-40*4作为增打接地极用。

（5）凡突出屋面的所有金属构件、金属通风管、金属屋面、金属屋架等均与避雷带可靠焊接。室外接地凡焊接处均应刷沥青防腐。

（6）30m及以下的楼层，每隔两层梁内两根Φ16以上主筋焊接成圈均压环，30m以上至45（含）m之间的每隔一层梁内两根Φ16以上主筋焊接成圈均压环，45m以上建筑物每层梁内两根Φ16以上主筋焊接成圈均压环防侧击雷，金属窗户及其金属构件均应有效焊接。

（7）超过60m的部位在各表面的墙角、边缘和显著突出的物体上设置接闪器，按照屋顶的保护措施处理。

（8）垂直敷设的金属管道、电梯导轨及金属物等的底端及顶端应与防雷装置连接。

（9）玻璃幕墙或外挂石材的预埋件及龙骨的上下端均应与防雷引下线焊接。

2. 接地及安全措施

基础接地详见附图1.2.7报告厅接地平面图。

（1）本工程防雷接地、电气设备的保护接地、电梯等的接地共用统一的接地极，要求接地电阻不大于1Ω，实测不满足要求时，增设人工接地极。

（2）凡正常不带电，而当绝缘破坏有可能呈现电压的一切电气设备金属外壳均应可靠接地（如金属桥架等）。

（3）本工程采用总等电位联结，总等电位板由紫铜板制成，应将建筑物内下列导电体进行总体等电位联结，总等电位联结线采用BV-1×25导线穿PC32管子焊接形成通路。接地线采用结构承台、结构梁内两根以上主筋，并与接地极、引下线焊接形成通路，具体做法参见国标99D501-1-2-05、06；总等电位联结均采用等电位卡子，禁止在金属管道上焊接，具体做法参见国标02D501-2-11、12、14。特殊标注处在距室外地坪0.5m处用86型接线盒作为测试点或连接点，其做法参见国标99D01-1-2-40。

局部等电位联结，从适当地方引出两根大于Φ16结构钢筋至局部等电位箱（LEB），局部等电位箱暗装，底边距地0.3m，将就近的金属管道、金属构件联结。所有进、出建筑物的金属管线作防雷等电位联结。具体做法参见国标图集《等电位联结安装》02D501-2。

（4）过电压保护：在变压器高低压侧各相上装设避雷器。弱电机房配电箱内按规范有关要求并根据设备耐冲击过电压额定值分别设置C级浪涌保护器。各分区总配电箱内装B级电涌保护器。电梯机房配电箱内设置B+C级浪涌保护器。配电总箱应设带Ⅰ级试验浪涌保护器，Up不大于2.5kV。

（5）空调系统设置电加热器的金属风管、设置电伴热装置的消防水管以及燃气管道等均应可靠接地。出屋面设备控制箱应设带Ⅱ级试验浪涌保护器，Up不大于2.5kV。

3.3 电气设备安装工程预算定额基本规定

本节以浙江省通用安装工程预算定额的相关内容说明电气工程造价定额基本规定，我国全统定额和各省、直辖市、自治区的定额规定基本相似，学习者在某地域从事安装工程造价工作时，应注意查阅当地实施定额的相关规定，并根据这些规定查阅相关的计价依据。

现就《浙江省通用安装工程预算定额》（2018版）中《电气设备安装工程》定额相关规定介绍如下：

1. 适用性规定

本定额适用于新建、扩建、改建项目中10kV以下变配电设备及线路安装、车间动力电气设备及电气照明器具、防雷及接地装置安装、配管配线、电气调整试验等安装工程。

如果不符合上述条件，编制工程造价时应参照其他行业定额等相关定额。

2. 工作内容规定

本册定额除各章另有说明外，均包括下列工作内容：

施工准备、设备与器材及工器具的场内运输、开箱检查、安装、设备单体调整试验、结尾清理、配合质量检验、不同工种间交叉配合、临时移动水源与电源等工作内容。

本册定额不包括下列内容：

（1）电压等级大于10kV的配电、输电、用电设备及装置安装。

（2）电气设备及装置配合机械设备进行单体试运和联合试运工作内容。

编制造价时，对不包括的计价内容，应该参照其他定额或者通过其他方法进行造价的确定，做到合理合法计价即可。

3. 相关定额界限划分规定

本册定额与市政定额的界限划分：厂区、住宅小区的道路路灯安装工程、庭院艺术喷泉等电气设备安装工程执行《浙江省通用安装工程预算定额》（2018版）的相应项目；涉及市政道路、市政庭院等电气安装工程的项目执行《浙江省市政工程预算定额》（2018版）的相应项目。

3.4　电气设备安装工程工程量计算依据及规则

进行工程量计算，并依据一定的规律编制成项目清单，是工程计价的第一步。本节结合招标项目造价任务，学习并练习如何根据各种计价依据进行工程量计算，并依据计价要求编制出合理的电气工程量清单。

3.4.1 电气设备安装工程工程量计算依据

工程量分为国标清单工程量和定额清单工程量国标。国标清单工程量应根据《通用安装工程工程量计算规范》（GB50856-2013）进行计算，定额清单工程量应参照《电气设备安装工程》定额进行计算，目前全国统一定额最新版本为2018版，各省市的地方定额也根据最新出版的全统定额加以修订。实际工程造价中多是参照项目所在地的地方定额，因此本书的电气安装工程造价选择《浙江省安装工程预算定额》（2018版）中第四册《电气设备安装工程》定额及相关定额和计价规则为主要计价依据，并说明依据其进行计价的过程。另外，工程量计算依据还包括设计图纸、施工组织设计或施工方案及其他该工程有关技术经济文件。

3.4.2 国标清单工程量计算规则

国标清单工程量应根据《通用安装工程工程量计算规范》（GB50856-2013）进行计算，该规范对国标清单计价的工程量计算做出了详细的规定。

（1）工程量计算除依据《通用安装工程工程量计算规范》（GB50856-2013）外，尚应依据以下文件：

①经审定通过的施工设计图纸及说明；

②经审定通过的施工组织设计或施工方案；

③经审定通过的其他有关技术经济文件。

（2）工程实施过程中的计量应按照现行国家标准《建设工程工程量清单计价规范》（GB50500）的相关规定执行。

（3）《通用安装工程工程量计算规范》（GB50856-2013）附录中有两个或两个以上计量单位的，应结合拟建工程项目的实际情况，确定其中一个为计量单位。同一工程项目的计量单位应一致。

（4）工程计量时每一项目汇总的有效位数应遵守下列规定：

①以"t"为单位，应保留小数点后三位数字，第四位小数四舍五入；

②以"m""m²""m³""kg"为单位，应保留小数点后两位数字，第三位小数四舍五入；

③以"台""个""件""套""根""组""系统"等为单位，应取整数。

（5）《通用安装工程工程量计算规范》（GB50856-2013）各项目仅列出了主要工作内容，除另有规定和说明外，应视为已经包括完成该项目所列或未列的全部工作内容。

（6）《通用安装工程工程量计算规范》（GB50856-2013）电气设备安装工程适用于

电气10kV以下的工程。

（7）工程计量参照规范界限划分的相关规定：

① 电气设备安装工程与市政工程路灯工程的界定：厂区、住宅小区的道路路灯安装工程、庭院艺术喷泉等电气设备安装工程按通用安装工程中"电气设备安装工程"的相应项目执行；涉及市政道路市政庭院等电气安装工程的项目，按市政工程中"路灯工程"的相应项目执行。

②《通用安装工程工程量计算规范》（GB50856-2013）涉及管沟、坑及井类的土方开挖、垫层、基础、砌筑、抹灰、地沟盖板预制安装、回填、运输、路面开挖及修复、管道支墩的项目，按现行国家标准《房屋建筑与装饰工程工程量计算规范》GB50854和《市政工程工程量计算规范》GB50857的相应项目执行。

3.4.3　定额清单工程量计算规则

定额清单工程量应参照"电气设备安装工程"定额的定额说明及工程量计算规则进行计算，本书的电气安装工程造价选择《浙江省通用安装工程预算定额》（2018版）为计价依据，其第四册《电气设备安装工程》定额说明及工程量计算规则阐述如下。

3.4.3.1　变压器安装工程

1. 定额章说明

（1）本章内容包括油浸式变压器安装，干式变压器安装，消弧线圈安装及绝缘油过滤等内容。

（2）有关说明：

① 设备安装定额包括放注油、油过滤所需的临时油罐等设施摊销费。不包括变压器防震措施安装、端子箱与控制箱的制作与安装、二次喷漆、变压器铁梯及母线铁构件的制作与安装，工程实际发生时，执行相应定额。

② 油浸式变压器安装定额适用于自耦式变压器、带负荷调压变压器的安装；电炉变压器安装执行同容量变压器定额，基价乘以系数1.6；整流变压器安装执行同容量变压器定额，基价乘以系数1.2。

③ 变压器的器身检查：容量小于或等于4000kV·A容量变压器是按照吊芯检查考虑，容量大于4000kV·A容量变压器是按照吊钟罩考虑。如果容量大于4000kV·A容量变压器需吊芯检查时，定额中机械乘以系数2.0。

④ 安装带有保护外置的干式变压器，执行相应定额时，人工、机械乘以系数1.1。

⑤ 绝缘油是按照设备供货考虑的。

⑥ 非晶合金变压器安装根据容量执行相应的油浸变压器安装定额。

⑦ 本章定额不包括变压器干燥费用，施工过程中确需干燥，费用按实计算。

2. 工程量计算规则

（1）变压器、消弧线圈安装根据设备容量及结构性能，按照设计安装数量以"台"为计量单位。

（2）绝缘油过滤不分次数至油过滤合格止。按照设备载油量以"t"为计量单位。

① 变压器绝缘油过滤，按照变压器铭牌充油量计算。

② 油断路器及其他充油设备绝缘油过滤，按照设备铭牌充油量计算。

3.4.3.2　配电装置安装工程

1. 定额章说明

（1）本章内容包括断路器安装，隔离开关、负荷开关安装，互感器安装，熔断器、避雷器安装，电抗器安装，电容器安装，交流滤波装置组架（TJL系列）安装，高压成套配电柜安装，组合型成套箱式变电站安装及配电智能设备安装调试等内容。

（2）有关说明：

① 设备所需的绝缘油、六氟化硫气体、液压油等均按照设备供货编制。设备本体以外的加压设备和附属管道的安装，应执行相应定额另行计算。

② 设备安装定额不包括端子箱安装、控制箱安装、设备支架制作及安装、绝缘油过滤、电抗器干燥、基础槽（角）钢安装、预埋地脚螺栓、二次灌浆。

③ 配电智能设备安装调试定额不包括光缆敷设、设备电源电缆（线）的敷设、配线架跳线的安装、焊（绕、卡）接与钻孔等；不包括系统试运行、电源系统安装测试、通信测试、软件生产和系统组态以及因设备质量问题而进行的修配改工作；应执行相应的定额另行计算费用。

④ 干式电抗器安装定额适用于混凝土电抗器、铁芯干式电抗器和空心电抗器等干式电抗器安装。定额是按照三相叠放、三相平放和二叠一平放的安装方式综合考虑的，工程实际与其不同时，执行定额不做调整。励磁变压器安装根据容量及冷却方式执行相应的变压器安装定额。

⑤ 交流滤波装置安装定额不包括铜母线安装。

⑥ 高压成套配电柜安装定额综合考虑了不同容量，执行定额时不做调整。定额中不包括母线配制及设备干燥。

⑦ 组合型成套箱式变电站主要是指电压等级小于或等于10kV的箱式变电站。带高压开关柜的组合型成套箱式变电站一般布置形式为变压器布置在箱中间，箱一端布置高压开关，另一端布置低压开关，执行定额时，不因布置形式而调整。

⑧ 高压成套配电柜和箱式变电站安装不包括基础槽（角）钢安装。

⑨ 配电设备基础槽（角）钢、支架、抱箍及延长轴、轴套、间隔板等安装，执行本册定额第四章及本定额第十三册《通用工程和措施项目工程》相应定额或按成品考虑。

⑩ 抄表采集系统安装调试，定额不包括箱体及固定支架安装、端子板与汇线槽及电气设备元件安装、通信线及保护管敷设、设备电源安装测试、通信测试等。

2. 工程量计算规则

（1）断路器、互感器、油浸电抗器、电力电容器的安装，根据设备容量或重量，按照设计安装数量以"台"或"个"为计量单位。

（2）隔离开关、负荷开关、熔断器、避雷器、干式电抗器的安装，根据设备重量或容量，按照设计安装数量以"组"为计量单位，每三相为一组。

（3）并联补偿电抗器组架安装，根据设备布置形式，按照设计安装数量以"台"为计量单位。

（4）交流滤波器装置组架安装，根据设备功能，按照设计安装数量以"台"为计量单位。

（5）高压成套配电柜安装，根据设备功能，按照设计安装数量以"台"为计量单位。

（6）箱式变电站安装，根据是否带有高压开关柜，按照设计安装数量以"台"为计量单位。

（7）配电采集器根据系统布置，按照设计安装数量以"台"为计量单位。

（8）电压监控切换装置安装根据系统布置，按照设计安装数量以"台"为计量单位。

（9）GPS时钟安装、调试，根据系统布置，按照设计安装数量以"套"为计量单位。天线系统不单独计算工程量。

（10）配电自动化子站、主站系统设备调试，根据管理需求以"系统"为计量单位。

（11）中间继电器、电表采集器安装，根据系统布置，按照设计安装数量以"块"或"台"为计量单位。

（12）数据集中器安装根据系统布置，按照设计安装数量以"台"为计量单位。

（13）服务器、工作站安装，根据系统布置，按照设计安装数量以"套"为计量单位。

3.4.3.3 绝缘子、母线安装工程

1. 定额章说明

（1）本章内容包括绝缘子安装，穿墙套管安装，软母线安装，矩形母线安装，槽形母线安装，共箱母线安装，低压封闭式插接母线槽安装，重型母线安装，母线绝缘热缩管安装等内容。

（2）有关说明：

① 定额不包括支架、铁构件的制作与安装，工程实际发生时，执行本定额第十三册《通用项目和措施项目工程》相应定额。

② 组合软母线安装定额不包括两端铁构件制作与安装及支持瓷瓶、矩形母线的安装，工程实际发生时，应执行相关定额。安装的跨距是按照标准跨距综合编制的，如实际安装跨距与定额不符时，执行定额不做调整。

③ 软母线安装定额是按照单串绝缘子编制的，如设计为双串绝缘子，其定额人工乘以系数1.14。耐张绝缘子串的安装与调整已包含在软母线安装定额内。

④ 软母线引下线、跳线、经终端耐张线夹引下（不经过T形线夹或并沟线夹引下）与设备连接的部分应按照导线截面分别执行定额。软母线跳线安装定额综合考虑了耐张线夹的连接方式，执行定额时不做调整。

⑤ 矩形钢母线安装执行铜母线安装定额。

⑥ 矩形母线伸缩节头和铜过渡板安装定额是按照成品安装编制，定额不包括加工配制及主材费。

⑦ 矩形母线、槽形母线安装定额不包括支持瓷瓶安装和钢构件配置安装，工程实际发生时，执行相关定额。

⑧ 高压共箱母线和低压封闭式插接母线槽安装定额是按照成品安装编制，定额不包括加工配制及主材费；包括接地安装及材料费。

⑨ 低压封闭式插接母线槽配套的弹簧支架按重量套用本册定额第八章"电缆敷设工程"中桥架支撑架安装定额。

2. 工程量计算规则

（1）悬重绝缘子安装是指垂直或V形安装的提挂导线、跳线、引下线、设备连线或设备所用的绝缘子串安装，根据工艺布置，按照设计图示安装数量以"串"为计量单位。V形串按照两串计算工程量。

（2）支持绝缘子安装，根据工艺布置和安装固定孔数，按照设计图示安装数量以"个"为计量单位。

（3）穿墙套管安装不分水平、垂直安装，按照设计图示数量以"个"为计量单位。

（4）软母线安装是指直接由耐张绝像子串悬挂安装，根据母线形式和截面面积或根数，按照设计布置以"跨／三相"为计量单位。

（5）软母线引下线是指由T形线夹或并沟线夹从软母线引向设备的连线，其安装根据导线截面积，按照设计布置以"组／三相"为计量单位。

（6）两跨软母线间的跳线、引下线安装，根据工艺布置，按照设计图示安装数量以"组／三相"为计量单位。

（7）设备连接线是指两设备间的连线。其安装根据工艺布置和导线截面面积，按照设计图示安装数量以"组／三相"为计量单位。

（8）软母线安装预留长度按照设计规定计算，设计无规定时按照表3.4.1规定计算。

表 3.4.1　软母线安装预留长度表（m/根）

项目	耐张	跳线	引下线	设备连接线
预留长度	2.5	0.8	0.6	0.6

（9）矩形母线及母线引下线安装，根据母线材质及每相片数、截面面积，按照设计图示安装数量以"m／单相"为计量单位。计算长度时，应考虑母线挠度和连接需要增加的工程量，不计算安装损耗量。母线和固定母线金具应按照安装数量加损耗量另行计算主材费。

（10）矩形母线伸缩节安装，根据母线材质和伸缩节安装片数，按照设计图示安装数量以"个"为计量单位；矩形母线过渡板安装，按照设计图示安装数量以"块"为计量单位。

（11）槽形母线安装，根据母线根数与规格，按照设计图示安装数量以"m/单相"为计量单位。计算长度时，应考虑母线挠度和连接需要增加的工程量，不计算安装损耗量。

（12）槽形母线与设备连接，根据连接的设备与接头数量及槽形母线规格，按照设计连接设备数量以"台"为计量单位。

（13）共箱母线安装，根据箱体断面及导体截面面积和每相片数规格，按照设计图示安装轴线长度以"m"为计量单位，不计算安装损耗量。

（14）低压（电压等级≤380V）封闭式插接母线槽安装，根据每相电流容量，按照设计图示安装轴线长度以"m"为计量单位；计算长度时，不计算安装损耗量。母线槽及母线槽专用配件按照安装数量计算主材费。分线箱、始端箱安装根据电流容量，按照设计图示安装数量以"台"为计量单位。

（15）重型母线安装，根据母线材质及截面面积或用途，按照设计图示安装成品重量以"t"为计量单位。计算重量时，不计算安装损耗量。母线、固定母线金具、绝缘配件应按照安装数量加损耗量另行计算主材费。

（16）重型母线伸缩节制作与安装，根据重型母线截面面积，按照设计图示安装数量以"个"为计量单位。铜带、伸缩节螺栓、垫板等单独计算主材费。

（17）重型母线导板制作与安装，根据材质与极性，按照设计图示安装数量以"束"为计量单位。铜带、导板等单独计算主材费。

（18）重型铝母线接触面加工是指对铸造件接触面的加工，根据重型铝母线接触面加工断面，按照实际加工数量以"片/单相"为计量单位。

（19）硬母线安装预留长度按照设计规定计算，设计无规定时按照表3.4.2规定计算。

表3.4.2　硬母线安装预留长度表（m/根）

序号	项目	预留长度	说明
1	矩形、槽形、管形母线终端	0.3	从最后一个支持点算起
2	矩形、槽形、管形母线与分支线连接	0.5	分支线预留
3	矩形、槽形母线与设备连接	0.5	从设备端子接口算起
4	多片重型母线与设备连接	1.0	从设备端子接口算起

3.4.3.4　控制设备及低压电器安装工程

1. 定额章说明

（1）本章内容包括控制、继电、模拟屏安装，控制台、控制箱安装，低压成套配电柜、箱安装，端子箱、端子板安装及端子板外部接线，接线端子，高频开关电源安装，直流屏（柜）安装，金属构件制作与安装，穿墙板制作与安装，金属围网、网门制作与安装，控制开关安装，熔断器、限位开关安装，用电控制装置安装，电阻器、变阻器安装，安全变压器、仪表安装，小电器安装，低压电器装置接线内容。

（2）有关说明：

① 设备安装定额包括屏、柜、台、箱设备本体及其辅助设备安装，即标签框、光字牌、信号灯、附加电阻、连接片等。定额不包括支架制作与安装、二次喷漆及喷字、设备干燥、焊（压）接线端子、端子板外部（二次）接线、基础槽（角）钢制作与安装、设备上开孔。

② 接线端子定额只适用于导线，电力电缆终端头制作与安装定额中包括压接线端子。控制电缆终端头制作安装定额中包括终端头制作及接线至端子板，不得重复计算。

③ 低压成套配电柜安装定额适用于配电房内低压成套配电柜的安装。

④ 嵌入式成套配电箱执行相应悬挂式安装定额，基价乘以系数1.2；插座箱的安装执行相应的"成套配电箱"安装定额，基价乘以系数0.5。

⑤ 端子板外部接线定额仅适用于控制设备中的控制、报警、计量等二次回路接线。

⑥ 金属围网、网门制作与安装定额包括网或门的边柱、立柱制作与安装。

⑦ 低压电器安装定额适用于工业低压用电装置、家用电器的控制装置及电器的安装。

⑧ 已带插头不需要在现场接线的电器，不能套用"低压电器装置接线"定额。

⑨ 吊扇预留吊钩安装执行本章"吊风扇安装"定额，人工乘以系数0.2。

⑩ 控制装置安装定额中，除限位开关及水位电气信号装置安装定额外，其他安装定额均未包括支架制作与安装，工程实际发生时，可执行本定额第十三册《通用项目和

措施项目工程》相关定额。

2. 工程量计算规则

（1）控制设备安装，根据设备性能和规格，按照设计图示安装数量以"台"为计量单位。

（2）成套配电箱安装，根据箱体半周长，按照设计安装数量以"台"为计量单位。

（3）端子板外部接线，根据设备外部接线图，按照设计图示接线数量以"个"为计量单位。

（4）高频开关电源、硅整流柜、可控硅柜安装，根据设备电流容量，按照设计图示安装数量以"台"为计量单位。

（5）基础槽钢、角钢制作与安装，根据设备布置，按照设计图示数量分别以"kg"及"m"为计量单位。

（6）金属箱、盒制作按照设计图示安装成品重量以"kg"为计量单位。计算重量时，计算制作螺栓及连接件重量，不计算制作损耗量、焊条重量。

（7）穿墙套板制作与安装，根据工艺布置和套板材质，按照设计图示安装数量以"块"为计量单位。

（8）围网、网门制作与安装，根据工艺布置，按照设计图示安装成品数量以"m²"为计量单位。计算面积时，围网长度按照中心线计算，围网高度按照实际高度计算，不计算围网底至地面的高度。

（9）控制开关安装，根据开关形式与功能及电流量，按照设计图示安装数量以"个"为计量单位。

（10）熔断器、限位开关安装，根据类型，按照设计图示安装数量以"个"为计量单位。

（11）用电控制装置、安全变压器安装，根据类型与容量，按照设计图示安装数量以"台"为计量单位。

（12）仪表、分流器安装，根据类型与容量，按照设计图示安装数量以"个"或"套"为计量单位。

（13）小电器安装，根据类型与规模，按照设计图示安装数量以"台"或"个"或"套"为计量单位。

（14）低压电器装置接线是指电器安装不含接线的电器接线，按照设计图示安装数量以"台"或"个"为计量单位。

（15）盘、箱、柜的外部进出线预留长度按表3.4.3计算：

表3.4.3 盘、箱、柜的外部进出线预留长度

序号	项目	预留长度	说明
1	各种箱、柜、盘、板	高+宽	盘面中心
2	单独安装的铁壳开关、自动开关，刀开关、启动器、箱式电阻器、变阻器	0.5	从安装对象中心算起
3	继电器、控制开关，信号灯、按钮、熔断器等小家电	0.3	从安装对象中心算起

3.4.3.5 蓄电池安装工程

1. 定额章说明

（1）本章内容包括蓄电池防震支架安装、碱性蓄电泡安装、密封式铅酸蓄电池安装，免维护铅酸电池安装、蓄电池组充放电、UPS安装、太阳能电池安装等内容。

（2）有关说明：

① 定额适用电压等级小于或等于220V各种容量的碱性和酸性固定型蓄电池安装。定额不包括蓄电池抽头连接用电缆及电缆保护管的安装，工程实际发生时，执行相应定额。

② 蓄电池防震支架安装定额是按照地坪打孔、膨胀螺栓固定编制，工程实际采用其他形式安装时，执行定额不做调整。

③ 蓄电池防震支架、电极连接条、紧固螺栓、绝缘垫按成品随设备供货考虑。

④ 碱性蓄电池安装需要补充的电解液，按照厂家设备供货编制。

⑤ 密封式铅酸蓄电池安装定额包括电解液材料消耗，执行时不做调整。

⑥ 蓄电池充放电定额包括充电消耗的电量，不分酸性、碱性电池，均按照其电压和容量执行相关定额。

⑦ UPS不间断电源安装定额分单相（单相输入／单相输出）、三相（三相输入／三相输出），三相输入／单相输出设备安装执行三相定额。EPS应急电源安装根据容量执行相应的UPS安装定额。

⑧ 太阳能电池安装定额不包括小区路灯柱安装、太阳能电池板钢架混凝土地面与混凝土基础及地基处理、太阳能电池板钢架支柱与支架、防雷接地。

⑨ 太阳能电池钢架安装、太阳能电池板安装定额均已综合考虑了高空作业的因素。

2. 工程量计算规则

（1）蓄电池防震支架安装，根据设计布置形式，按照设计图示安装成品数量以"m"为计量单位。

（2）碱性蓄电池和铅酸蓄电池安装，根据蓄电池容量，按照设计图示安装数量以"个"为计量单位。

（3）免维护铅酸蓄电池安装根据蓄电池容量，按照设计图示安装数量以"组件"为计量单位。

（4）蓄电池充放电根据蓄电池容量，按照设计图示安装数量以"组"为计量单位。

（5）UPS安装根据单台设备容量及输入与输出相数，按照设计图示安装数量以"台"为计量单位。

（6）太阳能电池板钢架安装根据安装的位置，按实际安装太阳能电池板和预留安装太阳能电池板面积之和计算工程量。不计算设备支架、不同高度与不同斜面太阳能电池板支撑架的面积；设备支架按照重量计算，执行本定额第十三册《通用项目和措施项目工程》相关定额。

（7）小区路灯柱上安装太阳能电池，根据路灯柱高度，以"块"为计量单位。

（8）太阳能电池组装与安装根据设计布置，功率≤1500Wp按照每组电池输出功率，以"组"为计量单位；功率＞1500Wp时每增加500Wp计算一组增加工程量，功率＜500Wp按照500Wp计算。

（9）太阳能电池与控制屏联测，根据设计布置，按照设计图示安装单方阵数量以"方阵组"为计量单位。

（10）光伏逆变器安装根据额定交流输出功率，按照设计图示安装数量以"台"为计量单位。功率＞1000kW光伏逆变器根据组合安装方式，分解成若干台设备计算工程量。

（11）太阳能控制器根据额定系统电压，按照设计图示安装数量以"台"为计量单位。当控制器与逆变器组合为复合电气逆变器时，控制器不单独计算安装工程量。

3.4.3.6 发电机、电动机检查接线工程

1.定额章说明

（1）本章内容包括发电机检查接线，小型直流发电机检查接线，小型直流电动机检查接线，小型交流电动机查接线，小型立式电动机检查接线，大中型电动机检查接线，微型电机、变频机组检查接线，电磁调速电动机检查接线，小型电机干燥，大中型电机干燥等内容。

（2）有关说明：

① 发电机检查接线定额包括发电机干燥。电动机检查接线定额不包括电动机干燥，工程实际发生时，执行电机干燥的相应定额。

② 电机空转电源是按照施工电源编制的，定额中包括空转所消耗的电量及6000V电机

空转所需的电压转换设施费用。空转时间按照安装规范综合考虑，工程实际施工与定额不同时不做调整。当工程采用永久电源进行空转时，应根据定额中的电量进行费用调整。

③ 电动机根据重量分为大型、中型、小型。单台重量小于或等于3t电动机为小型电动机，单台重量大于3t且小于或等于30t电动机为中型电动机，单台重量大于30t电动机为大型电动机。小型电动机安装按照电动机类别和功率大小执行相应定额；大、中型电动机安装不分交、直流电动机，按照电动机重量执行相应定额。

④ 微型电机包括驱动微型电机、控制微型电机、电源微型电机三类。驱动微型电机是指微型异步电机、微型同步电机、微型交流换向器电机、微型直流电机等，控制微型电机是指自整角机、旋转变压器、交/直流测速发电机、交/直流伺服电动机、步进电动机、力矩电动机等，电源微型电机是指微型电动发电机组和单枢变流机等。

⑤ 功率小于或等于0.75kW电机检查接线均执行微型电机检查接线定额，但一般民用小型交流电风扇安装执行本册定额第四章的"风扇安装"相应定额。

⑥ 各种电机的检查接线，按规范要求均需配有相应的金属软管，如设计有规定的按设计材质、规格和数量计算，设计没有规定时，平均每台电机配相应规格的金属软管0.824m和与之配套的专用活接头。实际未装或无法安装金属软管，不得计算工程量。

⑦ 电机检查接线定额不包括控制装置的安装和接线。

⑧ 定额中电机接地材质是按照镀锌扁钢编制的，如采用铜接地时，可以调整接地材料费，但安装人工和机械不变。

⑨ 本章定额不包括发电机与电动机的安装。包括电动机空载试运转所消耗的电量，工程实际与定额不同时，不做调整。

⑩ 电动机控制箱安装执行本册定额第四章"成套配电箱"相应定额。

2. 工程量计算规则

（1）发电机、电动机检查接线，根据设备容量，按照设计图示安装数量以"台"为计量单位。单台电动机重量在30t以上时，按照重量计算检查接线工程量。

（2）电机电源线为导线时，其接线端子分导线截面按照"个"计算工程量，执行本册定额第四章"控制设备及低压电器安装工程"相关定额。

3.4.3.7 滑触线安装工程

1. 定额章说明

（1）本章内容包括轻型滑触线安装，安全节能型滑触线安装，型钢类滑触线安装，滑触线支架安装，滑触线拉紧装置及挂式支持器制作与安装，以及移动软电缆安装等内容。

（2）有关说明：

① 滑触线及滑触线支架安装定额包括下料、除锈、刷防锈漆与防腐漆，伸缩器、坐式电车绝缘子支持器安装。定额不包括预埋铁件与螺栓、辅助母线安装。

② 滑触线及支架安装定额是按照安装高度≤10m编制，若安装高度>10m时，超出部分的安装工程量按照定额人工乘以系数1.1。

③ 安全节能型滑触线安装不包括滑触线导轨、支架、集电器及其附件等材料，安全节能型滑触线为三相式时，执行单相滑触线安装定额乘以系数2.0。

④ 移动软电缆安装定额不包括轨道安装及滑轮制作。

2. 工程量计算规则

（1）滑触线安装根据材质及性能要求，按照设计图示安装成品数量以"m/单相"为计量单位，计算长度时，应考虑滑触线挠度和连接需要增加的工程量，不计算下料、安装损耗量。滑触线另行计算主材费，滑触线安装预留长度按照设计规定计算，设计无规定时按照表3.4.4规定计算。

表3.4.4 滑触线安装附加和预留长度表（m/根）

序号	项目	预留长度 /m	说明
1	圆钢、铜母线与设备连接	0.2	从设备接线端子接口起算
2	圆钢、铜滑触线终端	0.5	从最后一个固定点起算
3	角钢滑触线终端	1.0	从最后一个支持点起算
4	扁钢滑触线终端	1.3	从最后一个固定点起算
5	扁钢母线分支	0.5	分支线预留
6	扁钢母线与设备连接	0.5	从设备接线端子接口起算
7	工字钢、槽钢、轻轨滑触线终端	0.8	从最后一个支持点起算
8	安全节能及其他滑触线终端	0.5	从最后一个固定点起算

（2）滑触线支架、拉紧装置、挂式支持器安装根据构件形式及材质，按照设计图示安装成品数量以"副"或"套"为计量单位，三相一体为一副或一套。

（3）沿钢索移动软电缆按照每根长度以"套"为计量单位，不足每根长度按照一套计算；沿轨道移动软电缆根据截面面积以"m"为计量单位。

3.4.3.8 电缆敷设工程

1. 定额章说明

（1）本章内容包括直埋电缆辅助设施，电缆保护管铺设，电缆桥架、槽盒安装，电力电缆敷设，矿物绝缘电缆敷设、控制电缆敷设、加热电缆敷设、电缆防火设施安装等内容。

（2）有关说明：

① 直埋电缆辅助设施定额包括铺砂与保护、揭或盖或移动盖板等内容。

1）定额不包括电缆沟与电缆井的砌砖或浇筑混凝土、隔热层与保护层制作、安装，工程实际发生时，执行相应定额。

2）开挖路面、修复路面、沟槽挖填等执行本定额第十三册《通用项目和措施项目工程》相应定额。

② 电缆保护管铺设定额分为地下铺设、地上铺设两个部分。

1）地下铺设不分人工或机械铺设、铺设深度均执行本定额，不做调整。

2）地下铺设电缆（线）保护管公称直径小于或等于25mm时，参照DN50的相应定额，基价乘以系数0.7。

3）地上铺设保护管定额不分角度与方向，综合考虑了不同壁厚与长度，执行定额时不做调整。

4）多孔梅花管安装以梅花管外径参照相应的塑料管定额，基价乘以系数1.2。

5）入室后需要敷设电缆保护管时，执行本册定额第十一章"配管工程"的相应定额。

③ 本章桥架安装定额适用于输电、配电及用电工程电力电缆与控制电缆的桥架安装。通信、热工及仪器仪表、建筑智能等弱电工程控制电缆桥架安装，根据其定额说明执行相应桥架安装定额。

④ 桥架安装定额包括组对、焊接、桥架开孔、隔板与盖板安装、接地、附件安装、修理等。定额不包括桥架支撑架安装。定额综合考虑了螺栓、焊接和膨胀螺栓三种固定方式，实际安装与定额不同时不做调整。

1）梯式桥架安装定额是按照不带盖考虑的，若梯式桥架带盖，则执行相应的槽式桥架定额。

2）钢制桥架主结构设计厚度大于3mm时，执行相应安装定额的人工、机械乘以系数1.2。

3）不锈钢桥架安装执行相应的钢制桥架定额乘以系数1.1。

4）电缆桥架安装定额是按照厂家供应成品安装编制的，若现场需要制作桥架时，应执行本定额第十三册《通用项目和措施项目工程》相应定额。

⑤ 防火桥架执行钢制槽式桥架相应定额，耐火桥架执行钢制槽式桥架相应定额人工和机械乘以系数2.0。

⑥ 电缆桥架支撑架安装定额适用于随桥架成套供货的成品支撑架安装。

⑦ 本章的电缆敷设定额适用于10kV以下的电力电缆和控制电缆敷设。定额系按平

原地区和厂内电缆工程的施工条件编制的，未考虑在积水区、水底、井下等特殊条件下的电缆敷设。

⑧ 电缆在一般山地地区敷设时，其定额人工和机械乘以系数1.6，在丘陵地区敷设时，其定额人工和机械乘以系数1.15。该地段所需的施工材料如固定桩、夹具等按实另计。

⑨ 本章的电缆敷设定额综合了除排管内敷设以外的各种不同敷设方式，包括土沟内、穿管、支架、沿墙卡设、钢索、沿支架卡设等方式，定额将各种方式按一定的比例进行了综合，因此在实际工作中不论采取上述何种方式（排管内敷设除外），一律不做换算和调整。

⑩ 本章的电力电缆敷设及电力电缆头制作、安装定额均是按三芯及三芯以上电缆考虑的，单芯、双芯电力电缆敷设及电缆头制安系数调整见表3.4.5，截面400～800mm² 的单芯电力电缆敷设按400mm²电力电缆定额执行。截面800～1000mm²的单芯电力电缆敷设按400mm²电力电缆定额乘以系数1.25执行；400mm²以上单芯电缆头制安，可按同材质240mm²电力电缆头制安定额执行。240mm²以上的电缆头的接线端子为异型端子，需要单独加工，可按实际加工价格计补差价（或调整定额价格）。

表 3.4.5　单芯、双芯电力电缆敷设及电缆头制作、安装系数调整表

规格名称 三芯及以上		35mm² 及以上			25mm² 及以下		10mm² 及以下	
		三芯及以上	双芯	单芯	三芯及以上	双芯、单芯	三芯及以上	双芯、单芯
电缆头制安	铜芯	1.00	0.40	0.30	0.40	0.20	0.30	0.15
	铝芯以铜芯为基数	0.80	0.32	0.24	0.32	0.16	0.24	0.12
电缆敷设	铜芯	1.00	0.50	0.30	0.50	0.30	0.40	0.25
	铝芯	1.00	0.50	0.30	0.50	0.30	0.40	0.25

⑪ 除矿物绝缘电力电缆和矿物绝缘控制电缆外，电缆在竖井内桥架中竖直敷设，按不同材质及规格套用相应电缆敷设定额，基价乘以系数1.2，在竖直通道内采用支架固定直接敷设，按不同材质及规格套用相应电缆敷设定额，基价乘以系数1.6。竖井内敷设是指单段高度大于3.6m的竖井，单段高度小于或等于3.6m的竖井内敷设时，定额不做调整。**（本条特别说明，如电缆在竖井中是自下而上穿过，布放过程中凡经过竖井的电缆长度均需换算；如自上而下，水平部分电缆不经竖井，则只有竖井内工程量需换算。）**

⑫ 预制分支电缆敷设分别以主干和分支电缆的截面执行"电缆敷设"的相应定额，分支器按主电缆截面套用干包式电缆头制作、安装定额，定额内除其他材料费保留外，

其余计价材料全部扣除，分支器主材另计。

⑬ 阻燃槽盒安装定额按照单件槽盒2.05m长度考虑，定额中包括槽盒、接头部件的安装，包括接头防火处理。执行定额时不得因阻燃槽盒的材质、壁厚、单件长度而调整。

⑭ 电缆桥架、线槽穿越楼板、墙做防火封堵时堵洞面积在0.25m²以内的套用防火封堵（盘柜下）定额，主材按实计算。

⑮ 电缆敷设定额中不包括支架的制作与安装，工程应用时，执行本定额第十三册《通用项目和措施项目工程》的相应定额。

⑯ 铝合金电缆敷设根据规格执行相应的铝芯电缆敷设定额。

⑰ 排管内铝芯电缆敷设参照排管内铜芯电缆相应定额，人工乘以系数0.7。

⑱ 电缆沟盖板采用金属盖板时，其金属盖板制作执行本定额第十三册《通用项目和措施项目工程》"一般铁构件制作"的相应定额，基价乘以系数0.6，安装执行本章揭盖盖板的相应定额。

⑲ 电缆桥架揭盖盖板根据桥架宽度执行电缆沟揭、盖、移动盖板相应定额，人工乘以系数0.3。

⑳ 本章矿物绝缘电缆敷设定额适用于铜或铜合金护套、波纹铜护套的矿物绝缘电缆；截面70mm²以下（3芯及3芯以上）的铜或铜合金护套或波纹铜护套的矿物绝缘电缆敷设，执行35mm²以下（3芯及3芯以上）矿物绝缘电缆敷设定额，基价乘以系数1.2，其电缆头制作安装执行35mm²以下的相应定额。

其他护套的矿物绝缘电缆执行铜芯电力电缆敷设的相应定额，人工乘以系数1.1，其电缆头制安执行铜芯电力电缆头制作安装的相应定额。

2. 工程量计算规则

（1）电缆沟揭、盖、移动盖板根据施工组织设计，以揭一次或盖一次为计算基础，按照实际揭或盖次数乘以其长度，以"m"为计量单位，如又揭又盖则按两次计算。

（2）电缆保护管铺设根据电缆敷设路径，应区别不同敷设方式、敷设位置、管材材质、规格，按照设计图示敷设数量以"m"为计量单位。计算电缆保护管长度时，设计无规定者按照以下规定增加保护管长度。

① 横穿马路时，按照路基宽度两端各增加2m。

② 保护管需要出地面时，弯头管口距地面增加2m。

③ 穿过建（构）筑物外墙时，从基础外缘起增加1m。

④ 穿过沟（隧）道时，从沟（隧）道壁外缘起增加1m。

（3）电缆保护管地下敷设，其土石方量施工有设计图纸的，按照设计图纸计算；无设计图纸的，沟深按照0.9m计算，沟宽按照保护管边缘每边各增加0.3m工作面计算。未能达到上述标准时，则按实际开挖尺寸计算。

（4）电缆桥架安装根据桥架材质与规格，按照设计图示安装数量以"m"为计量单位。

（5）组合式桥架安装按照设计图示安装数量以"片"为计量单位。

（6）电缆敷设根据电缆材质与规格，按照设计图示单根敷设数量以"m"为计量单位。不计算电缆敷设损耗量。

① 竖井通道内敷设电缆长度按照穿过竖井通道的长度计算工程量。

② 计算电缆敷设长度时，应考虑因波形敷设、弛度、电缆绕梁（柱）所增加的长度以及电缆与设备连接、电缆接头等必要的预留长度。预留长度按照设计规定计算，设计无规定时按照表3.4.6规定计算。

表3.4.6　电缆敷设附加长度计算表

序号	项目	预留长度（附加）	说明
1	电缆敷设弛度、波形弯度、交叉	2.5%	按电缆全长计算
2	电缆进入建筑物	2.0m	规范规定最小值
3	电缆进入沟内或吊架时引上（下）预留	1.5m	规范规定最小值
4	变电所进线、出线	1.5m	规范规定最小值
5	电力电缆终端头	1.5m	检修余量最小值
6	电缆中间接头盒	两端各留2.0m	检修余量最小值
7	电缆进控制、保护屏及模拟盘等	高＋宽	按盘面尺寸
8	高压开关柜及低压配电盘柜	2.0m	盘下进出线
9	电缆至电动机	0.5m	从电机接线盒算起
10	厂用变压器	3.0m	从地坪算起
11	电缆绕过梁柱等增加长度	按实计算	按被绕物的断面情况计算增加长度
12	电梯电缆与电缆架固定点	每处0.5m	范围最小值

注：电缆附加及预留的长度只有在实际发生，并已按预留量敷设的情况下才能计入电缆长度工程量之内，第8条高压开关柜及低压配电盘、柜预留2.0m仅适用于盘下进出线，其他进出配电箱的情况均预留"高＋宽"。

（7）电缆头制作、安装根据电压等级与电缆头形式及电缆截面，按照设计图示单根电缆接头数量以"个"为计量单位。

① 电力电缆和控制电缆均按照一根电缆有两个终端头计算。

② 电力电缆中间头按照设计规定计算；设计没有规定的，按实际情况计算。

③ 当电缆头制作、安装使用成套供应的电缆头套件时，定额内除其他材料费保留

外，其余计价材料应全部扣除，电缆头套件按主材费计价。

（8）电缆防火设施安装根据防火设施的类型及材料，按照设计用量分别以不同计量单位计算工程量。

3.4.3.9　防雷与接地装置安装工程

1. 定额章说明

（1）本章内容包括避雷针制作与安装，避雷引下线敷设，避雷网安装，接地极（板）制作与安装，接地母线敷设，接地跨接线安装，桩承台接地，设备防雷装置安装，埋设降阻剂内容。

（2）有关说明：

① 本章定额适用于建筑物与构筑物的防雷接地、变配电系统接地、设备接地以及避雷针（塔）接地等装置安装。

② 接地极安装与接地母线敷设定额不包括采用爆破法施工、接地电阻率高的土质换土、接地电阻测定工作。

③ 避雷针安装定额综合考虑了高空作业因素，执行定额时不做调整。避雷针安装在木杆和水泥杆上时，包括了其避雷引下线安装。

④ 独立避雷针安装包括避雷针塔架、避雷引下线安装，不包括基础浇筑。塔架制作执行本定额第十三册《通用项目和措施项目工程》相应定额。

⑤ 利用建筑结构钢筋作为接地引下线安装定额是按照每根柱子内焊接两根主筋编制的，当焊接主筋超过两根时，可按照比例调整定额安装费。防雷均压环是利用建筑物梁内主筋作为防雷接地连接线考虑的，每一梁内按焊接两根主筋编制，当焊接主筋数超过两根时，可按比例调整定额安装费。如果采用单独扁钢或圆钢明敷设作为均压环时，可执行户内接地母线敷设相应定额。

⑥ 利用建筑结构钢筋作为接地引下线且主筋采用钢套筒连接的，执行本章"利用建筑结构钢筋引下"定额，基价乘以系数2.0，其跨接不再另外计算工程量。

⑦ 利用铜绞线作为接地引下线时，其配管、穿铜绞线执行本册配管、配线的相应定额，但不得再重复套用避雷引下线敷设的相应定额。

⑧ 避雷网安装沿折板支架敷设定额包括了支架制作、安装，不得另行计算。

⑨ 利用基础（或地梁）内两根主筋焊接连通作为接地母线时，执行"均压环敷设"定额，卫生间接地中的底板钢筋网焊接无论跨接或点焊，均执行本章"均压环敷设"定额，基价乘以系数1.2，工程量按卫生间周长计算敷设长度。

⑩ 接地母线埋地敷设定额是按照室外整平标高和一般土质综合编制的，包括地沟挖填土和夯实，执行定额时不再计算土方工程量。当地沟开挖的土方量，每米沟长土方量大

于0.34m³时其超过部分可以另计，超量部分的挖填土可以参照本定额第十三册《通用项目和措施项目工程》相应定额。如遇有石方、矿渣、积水、障研物等情况时应另行计算。

⑪ 利用建（构）筑物桩承台接地时，柱内主筋与桩承台跨接不另行计算，其工作量已经综合在相应项目中。

⑫ 坡屋面避雷网安装人工乘以系数1.3。

⑬ 圆钢避雷小针制作安装定额，如避雷小针为成品供应时，其定额基价乘以系数0.4。

⑭ 等电位箱箱体安装，箱体半周长在200mm以内参照接线盒定额，其他按箱体大小参照相应接线箱定额。

⑮ 镀锌管避雷带区分明敷、暗敷，按公称直径套用本册定额第十一章"配管工程"中钢管敷设的相应定额。

2. 工程量计算规则

（1）避雷针制作根据材质及针长，按照设计图示安装成品数量以"根"为计量单位。

（2）避雷针、避雷小短针安装根据安装地点及针长，按照设计图示安装成品数量以"根"为计量单位。

（3）独立避雷针塔安装根据安装高度，按照设计图示安装成品数量以"基"为计量单位。

（4）避雷引下线敷设根据引下线采取的方式，按照设计图示敷设数量以"m"为计量单位。

（5）断接卡子制作、安装，按照设计规定装设的断接卡子数量以"套"为计量单位。检查井内接地的断接卡子安装按照每井一套计算。

（6）均压环敷设长度按照设计需要作为均压接地梁的中心线长度以"m"为计量单位。

（7）接地极制作、安装根据材质与土质，按照设计图示安装数量以"根"为计量单位。接地极长度按照设计长度计算，设计无规定时，每根按照2.5m计算。

（8）避雷网、接地母线敷设按照设计图示敷设数量以"m"为计量单位。计算长度时，按照设计图示水平和垂直规定长度3.9%计算附加长度（包括转弯、上下波动、避绕障碍物、搭接头等长度），当设计有规定时，按照设计规定计算。

（9）接地跨接线安装按照设计图示跨接数量以"处"为计量单位，电机接线、配电箱、管子接地、桥架接地等均不在此列。户外配电装置构架按照设计要求需要接地时，每组构架计算一处；钢窗、铝合金窗按照设计要求需要接地时，每一樘金属窗计算一处。

（10）桩承台接地根据桩连接根数，按照设计图示数量以"基"为计量单位。

（11）电子设备防雷接地装置安装，根据需要避雷的设备，按照个数计算工程量。

3.4.3.10 10kV以下架空线路输电工程

1. 定额章说明

（1）本章定额包括工地运输，土石方工程，底盘、拉盘、卡盘安装及电杆组立，横担安装，拉线制作、安装，导线架设，导线跨越及进户线架设，杆上变配电设备安装等项目。

（2）有关说明：

① 本章定额按平地施工条件考虑，如在其他地形条件下施工时，其人工和机械按表3.4.7予以调整。

表 3.4.7 地形系数表

地形类别	丘陵	一般山地、泥沼地带
调整系数	1.15	1.60

② 地形划分的特征：

平地：地形比较平坦、地面比较干燥的地带。

丘陵：地形有起伏的矮岗、土丘等地带。

一般山地：指一般山岭或沟谷地带、高原台地等。

泥沼地带：指经常积水的田地或泥水淤积的地带。

③ 预算编制中，全线地形分几种类型时，可按各种类型长度所占百分比求出综合系数进行计算。

④ 土质分类如下：

普通土：指种植土、黏砂土、黄土和盐碱土等，主要利用锹、铲即可挖掘的土质。

坚土：指土质坚硬难挖的红土、板状黏土、重块土、高龄土，必须用铁镐、条锄挖松，再用锹、铲挖掘的土质。

松沙土：指碎石、卵石和土的混合体，各种不坚实砾岩、页岩、风化岩，节理和裂缝较多的岩石等（不需要爆破方法开采的）需要镐、撬棍、大锤、楔子等工具配合才能挖掘者。

岩石：一般指坚硬的粗花岗岩、白云岩、片麻岩、玢岩、石英岩、大理岩、石灰岩、石灰质胶结的密实砂岩的石质，不能用一般挖掘工具进行开挖的，必须采用打眼、爆破或打凿才能开挖者。

泥水：指坑的周围经常积水，坑的土质松散，如淤泥和沼泽地等挖掘时因水渗入和浸润而成泥浆，容易坍塌，需要挡土板和适量排水才能施工者。

流沙：指坑的土质为砂质或分层砂质，挖掘过程中砂层有上涌现象，容易坍塌，挖掘时需排水和采用挡土板才能施工者。

⑤ 线路一次施工工程量按5基以上电杆考虑，如5根以内者，电杆组立定额人工、机械乘以系数1.3。

⑥ 如果出现钢管杆的组立，按同高度混凝土杆组立的人工、机械乘以系数1.4，材料不调整。

⑦ 导线跨越架设：

1）每个跨越间距均按50m以内考虑，大于50m而小于100m时按两处计算，以此类推。

2）在同跨越档内，有多种（或多次）跨越物时，应根据跨越物种类分别执行定额。

3）跨越定额仅考虑因跨越而多耗的人工、机械台班和材料，在计算架线工程量时，不扣除跨越档的长度。

⑧ 杆上变压器安装不包括变压器调试、抽芯，干燥工作。

2．工程量计算规则

（1）工地运输是指定额内未计价材料从集中材料堆放点或工地仓库运至杆位上的工程运输、分为人力运输和汽车运输，以"t·km"为计量单位。

运输量计算公式如下：

工程运输量＝施工图用量×（1＋损耗率）

预算运输重量＝工程运输量＋包装物重量（不需要包装的可不计算包装物重量）

运输重量可按表3.4.8的规定进行计算。

表 3.4.8　主要材料运输重量表

材料名称		单位	运输重量（kg）	备注
混凝土制品	人工浇制	m³	2600	包括钢筋
	离心浇制	m³	2860	包括钢筋
线材	导线	kg	W×1.15	有线盘
	避雷线、拉线	kg	W×1.07	无线盘
木杆材料		m³	500	包括木横担
金具、绝缘子		kg	W×1.07	—
螺栓		kg	W×1.01	—

注：① W 为理论重量。
　　② 未列入者均按净重计算。

（2）无底盘、卡盘的电杆坑，其挖方体积：

$$V=0.8 \times 0.8 \times h$$

式中：h——坑深（m）。

（3）电杆坑的马道土、石方量按每坑0.2m³计算。

（4）施工操作裕度按底拉盘底宽每边增加0.1m。

（5）各类土质的放坡系数按表3.4.9计算。

表3.4.9　各类土质的放坡系数表

土质	普通土	坚土	松砂土	泥水、流砂、岩石
放坡系数	1：0.30	1：0.25	1：0.20	不放坡

（6）土方量计算公式：

$$V = h \times \frac{\left[ab + (a+a_1) \times (b+b_1) + a_1 \times b_1 \right]}{6}$$

式中：V——土（石）方体积（m³）；

　　　h——坑深（m）；

　　　a（b）——坑底宽（m），a（b）=底拉盘底宽＋2×每边操作裕度；

　　　a_1（b_1）——坑口宽（m），a_1（b_1）=a（b）＋2×h×边坡系数。

（7）杆坑土质按一个坑的主要土质而定，如一个坑大部分为普通土，少量为坚土，则该坑应全部按普通土计算。

（8）带卡盘的电杆坑，如原计算的尺寸不能满足卡盘安装时，因卡盘超长而增加的土（石）方量另计。

（9）底盘、卡盘、拉线盘按设计用量以"块"为计量单位。

（10）电杆组立分别按电杆形式和高度按设计数量以"根"为计量单位。

（11）拉线制作、安装按施工图设计规定，分不同形式以"根"为计量单位。

（12）拉线安装按施工图设计规定，分不同形式和截面以"根"为计量单位，定额按单根拉线考虑，若安装V形、Y形或双拼型拉线时，按2根计算，拉线长度按设计全根长度计算，设计无规定时可按表3.4.10计算。

表3.4.10 拉线长度计算表（m/根）

项目		普通拉线	V（Y）形拉线	弓形拉线
杆高（m）	8	11.47	22.94	9.33
	9	12.61	25.22	10.1
	10	13.74	27.48	10.92
	11	15.1	30.2	11.82
	12	16.14	32.28	12.62
	13	18.69	37.38	13.42
	14	19.68	39.36	15.12
水平拉线		26.47	—	—

（13）导线架设（不分塑包绝缘线或裸露线）分别按导线类型和不同截面以"m/单线"为计量单位。导线预留长度按表3.4.11规定计算。

表3.4.11 导线预留长度表（m/根）

项目名称		长度
高压	转角	2.5
	分支、终端	2.0
低压	分支、终端	0.5
	交叉跳线转角	1.5
与设备连线		0.5
进户线		2.5

导线长度按线路总长度和预留长度之和计算。计算主材费时应另增加规定的损耗率。

（14）杆上变配电设备安装以"台"或"组"为计量单位，定额内包括杆上钢支架及设备的安装工作，但钢支架主材、连引线，线夹、金具等应按设计规定另行计算，其接地安装和调试应按本册相应定额另行计算。

3.4.3.11 配管工程

1. 定额章说明

（1）本章内容包括套接紧定式镀锌钢导管（JDG）敷设，镀锌钢管敷设，焊接钢管敷设，防爆钢管敷设，可挠金属套管敷设，塑料管敷设，金属软管敷设，金属线槽敷设，塑料线槽敷设，接线箱、接线盒安装，沟槽恢复等内容。

（2）有关说明：

① 配管定额不包括支架的制作与安装。支架的制作与安装执行本定额第十三册《通用项目和措施项目工程》相应定额。

② 镀锌电线管安装执行镀锌钢管安装定额。

③ 扣压式薄壁钢导管（KBG）执行套接紧定式镀锌钢导管（JDG）定额。

④ 可挠金属套管定额是指普利卡金属管（PULLKA），主要应用于砖、混凝土结构暗配及吊顶内的敷设，可挠金属套管规格见表3.4.12。

表3.4.12　可挠金属套管规格表

规格	10#	12#	15#	17#	24#	30#	38#	50#	63#	76#	83#	101#
内径（mm）	9.2	11.4	14.1	16.6	23.8	29.3	37.1	49.1	62.6	76.0	81.0	100.2
外径（mm）	13.3	16.1	19.0	21.5	28.8	34.9	42.9	54.9	69.1	82.9	88.1	107.3

⑤ 金属软管敷设定额适用于顶板内接线盒至吊顶上安装的灯具等之间的保护管，电机与配管之间的金属软管已经包含在电机检查接线定额内。

⑥ 凡在吊平顶安装前采用支架、管卡、螺栓固定管子方式的配管，执行"砖、混凝土结构明配"相应定额；其他方式（如在上层楼板内预埋，吊平顶内用铁丝绑扎，电焊固定管子等）的配管，执行"砖、混凝土结构暗配"相应定额。

⑦ 沟槽恢复定额仅适用于二次精装修工程。

⑧ 配管刷油漆、防火漆或涂防火涂料、管外壁防腐保护执行本定额第十二册《刷油、防腐蚀、绝热工程》相应定额。

2. 工程量计算规则

（1）配管敷设根据配管材质与直径，区别敷设位置、敷设方式，按照设计图示安装数量以"m"为计量单位。计算长度时，不扣除管路中间的接线箱、接线盒、灯头盒、开关盒、插座盒、管件等所占长度。

（2）金属软管敷设根据金属管直径及每根长度，按照设计图示安装数量以"m"为计量单位。

（3）线槽敷设根据线槽材质与规格，按照设计图示安装数量以"m"为计量单位。计算长度时，不扣除管路中间的接线箱、接线盒、灯头盒、开关盒、插座盒、管件等所占长度。

3.4.3.12　配线工程

1. 定额章说明

（1）本章内容包括管内穿线，绝缘子配线，线槽配线，塑料护套线明敷设，车间配线，盘、柜、箱、板配线内容。

（2）有关说明：

① 管内穿线定额包括扫管、穿引线、穿线、焊接包头，绝缘子配线定额包括埋螺钉、钉木楞、埋穿墙管、安装绝缘子、配线、焊接包头，线槽配线定额包括清扫线槽、布线、焊接包头，塑料护套线明敷设定额包括埋穿墙管、上卡子、配线、焊接包头等内容。

② 照明线路中导线截面面积大于$6mm^2$时，执行"穿动力线"相应的定额。

③ 车间配线定额包括支架安装、绝缘子安装、母线平直与连接及架设、刷分相漆。定额不包括母线伸缩器制作与安装。

④ 多芯软导线线槽配线按芯数不同，套用本章"管内穿多芯软导线"相应定额乘以系数1.2。

2. 工程量计算规则

（1）管内穿线根据导线材质与截面面积，区别照明线与动力线，按照设计图示安装数量以"m"为计量单位；管内穿多芯导线根据软导线芯数与单芯软导线截面面积，按照设计图示安装数量以"m"为计量单位。管内穿线的线路分支接头线长度已综合考虑在定额中，不得另行计算。

（2）绝缘子配线根据导线截面面积，区别绝缘子形式（针式、鼓形、碟式）、绝缘子配线位置（沿屋架、梁、柱、墙，跨屋架、梁、柱、木结构、顶棚内、砖、混凝土结构，沿钢支架及钢索），按照设计图示安装数量以"m"为计量单位。当绝缘子暗配时，计算引下线工程量，其长度从线路支持点计算至天棚下缘距离。

（3）线槽配线根据导线截面面积，按照设计图示安装数量以"m"为计量单位。

（4）塑料护套线明敷设根据导线芯数与单芯导线截面面积，区别导线敷设位置（木结构、砖混凝土结构、沿钢索），按照设计图示安装数量以"m"为计量单位。

（5）车间带型母线安装根据母线材质与截面面积，区别母线安装位置（沿屋架、梁、柱、墙，跨屋架、梁、柱），按照设计图示安装数量以单相"m"为计量单位。

（6）车间配线钢索架设区别圆钢、钢索直径，按照设计图示墙（柱）内缘距离以"m"为计量单位，不扣除拉紧装置所占长度。

（7）车间配线母线与钢索拉紧装置制作与安装，根据母线截面面积、索具螺栓直径，按照设计图示安装数量以"套"为计量单位。

（8）盘、柜、箱、板配线根据导线截面面积，按照设计图示配线数量以"m"为计量单位。配线进入盘、柜、箱、板时每根线的预留长度按照设计规定计算，设计无规定时按照表3.4.13规定计算。

表 3.4.13　配线进入盘、柜、箱、板的预留线长度表

序号	项目	预留长度	说明
1	各种开关箱、柜、板	宽＋高	盘面尺寸
2	单独安装（无箱、盘）的铁壳开关、闸刀开关、启动器、母线槽进出线盒	0.3m	从安装对象中心算起
3	由地面管子出口引至动力接线箱	1.0m	从管口计算
4	电源与管内导线连接（管内穿线与软、硬母线接头）	1.5m	从管口计算
5	出户线	1.5m	从管口计算

注：配电箱预留"高＋宽"。

（9）灯具、开关、插座、按钮等预留线，已分别综合在相应项目内，不另行计算。

3.4.3.13　照明器具安装工程

1. 定额章说明

（1）本章内容包括普通灯具安装，装饰灯具安装，荧光灯具安装，嵌入式地灯安装，工厂灯安装，医院灯具安装，霓虹灯安装，路灯安装，景观灯安装，太阳光导入照明系统，开关、按钮安装，插座安装，艺术喷泉照明系统安装等内容。

（2）有关说明：

① 灯具引导线是指灯具吸盘到灯头的连线，除注明者外，均按照灯具自备考虑。如引导线需要另行配置时，其安装费不变，主材费另行计算。

② 小区路灯、投光灯、氙气灯、烟囱或水塔指示灯的安装定额，考虑了超高安装（操作超高）因素。

③ 吊式艺术装饰灯具的灯体直径为装饰灯具的最大外缘直径，灯体垂吊长度为灯座底部到灯梢之间的总长度。

④ 吸顶式艺术装饰灯具的灯体直径为吸盘最大外缘直径，灯体半周长为矩形吸盘的半周长，灯体垂吊长度为吸盘到灯梢之间的总长度。

⑤ 照明灯具安装除特殊说明外，均不包括支架制作、安装。工程实际发生时，执行本定额第十三册《通用项目和措施项目工程》相应定额。

⑥ 定额包括灯具组装、安装、利用摇表测量绝缘及一般灯具的试亮工作。

⑦ 普通灯具安装定额适用范围见表3.4.14。

表 3.4.14　普通灯具安装定额适用范围表

定额名称	灯具种类
圆球吸顶灯	半圆球吸顶灯，扁圆罩吸顶灯、平圆形吸顶灯
方形吸顶灯	矩形罩吸顶灯、方形罩吸顶灯、大口方罩吸顶灯
软线吊灯	利用软线为垂吊材料、独立的，形状如碗伞，平盘灯罩组成的各式软线吊灯
吊链灯	利用吊链作辅助悬吊材料、独立的各式吊链灯
防水吊灯	一般防水吊灯
一般弯脖灯	圆球弯脖灯、风雨壁灯
一般墙壁灯	各种材质的一般壁灯，镜前灯
软线吊灯头	一般吊灯头
声光控座灯头	一般声控、光控座灯头
座头灯	一般塑料，瓷质座灯头

⑧ 航空障碍灯根据安装高度不同执行本章"烟囱、水塔、独立式塔架标志灯"相应定额。

⑨ 装饰灯具安装定额适用范围见表3.4.15。

表 3.4.15　装饰灯具安装定额适用范围表

定额名称	灯具种类（形式）
吊式艺术装饰灯具	不同材质、不同灯体垂吊长度、不同灯体直径的蜡烛灯、挂片灯、串珠（穗）、串棒灯、吊杆式组合灯、玻璃罩（带装饰）灯
吸顶式艺术装饰灯具	不同材质、不同灯体垂吊长度、不同灯体几何形状的串珠（穗）串棒灯、挂片、挂碗、挂吊碟灯、玻璃（带装饰）灯
荧光艺术装饰灯具	不同安装形式、不同灯管数量的组合荧光灯，带不同几何组合形式的内藏组合式灯，不同几何尺寸、不同灯具形式的发光棚，不同形式的立体广告灯箱、荧光灯光沿
几何形状组合艺术灯具	不同固定形式、不同灯具形式的繁星灯、钻石星灯、礼花灯、玻璃罩钢架组合灯、凸片灯、反射挂灯、筒形钢架灯、U形组合灯、弧形管组合灯
标志、诱导装饰灯具	不同安装形式的标志灯、诱导灯
水下艺术装饰灯具	简易型彩灯、密封型彩灯、喷水池灯、幻光型灯
点光源艺术装饰灯具	不同安装形式、不同灯体直径的筒灯、牛眼灯、射灯、轨道射灯
草坪灯具	各种立柱式、墙壁式的草坪灯
歌舞厅灯具	各种安装形式的变色转盘灯、雷达射灯、幻影转彩灯、维纳斯旋转灯、卫星旋转效果灯、飞碟旋转效果灯、多头转灯、滚筒灯、频闪灯、太阳灯、雨灯、歌星灯、边界灯、射灯、泡泡发生器、迷你满天星彩灯、迷你单立（盘彩灯）、多头宇宙灯、镜面球灯、蛇光灯

⑩ 荧光灯具安装定额按照成套型荧光灯考虑，工程实际采用组合式荧光灯时，执行相应的成套型荧光灯安装定额乘以系数1.1。荧光灯具安装定额适用范围见表3.4.16。

表 3.4.16　荧光灯具安装定额适用范围表

定额名称	灯具种类
成套型荧光灯	单管、双管、三管、四管、吊链式、吊管式、吸顶式、嵌入式、成套独立荧光灯

⑪ 工厂灯及防水防尘灯安装定额适用范围见表3.4.17。

表 3.4.17　工厂灯及防水防尘灯安装定额适用范围表

定额名称	灯具种类
直杆工厂吊灯	配照（GCI—A）、广照（GC3 – A）、深照（GC5 – A）、圆球（GC17 – A）、双照（GC19 – A）
吊链式工厂灯	配照（GCI – B）、深照（GC3 – A）、斜照（GC5 – C）、圆球（GC7 – A）、双照（GC19 – A）
吸顶灯	配照（GC1 – A）、广照（GC3 – A）、深照（GC5 – A）、斜照（GC7 – C）、圆球双照（GC19 – A)
弯杆式工厂灯	配照（GC1—D/E）、广照（GC3 – D/E）、深照（GC5 – D/E）、斜照（GC7 – D/E）、双照（GC19 – C）、局部深照（GC26 – F/H）
悬挂式工厂灯	配照（GC21 – 2）、深照（GC23 – 2）
防水防尘灯	广照（GC9 – A、B、C）、广照保护网（GC11 – A、B、C）、散照（GC15 – A、B、C、D、E、）

⑫ 工厂其他灯具安装定额适用范围见表3.4.18。

表 3.4.18　工厂其他灯具安装定额适用范围表

定额名称	灯具种类
防潮灯	扁形防潮灯（GC – 31）、防潮灯（GC – 33）
腰形舱顶灯	腰形舱顶灯 CCD – 1
管形氙气灯	自然冷却式 220V / 380V 功率≤ 20kW
投光灯	TG 型室外投光灯

⑬ 医院灯具安装定额适用范围见表3.4.19。

表 3.4.19　医院灯具安装定额适用范围表

定额名称	灯具种类
病房指示灯	病房指示灯
病房暗角灯	病房暗角灯
无影灯	3–12 孔管式无影灯

⑭ LED灯安装根据其结构、形式、安装地点,执行相应的灯具安装定额。

⑮ 并列安装一套光源双罩吸顶灯时,按照两个单罩周长或半周长之和执行相应的定额;并列安装两套光源双罩吸顶灯时,按照两套灯具各自灯罩周长或半周长执行相应的定额。

2. 工程量计算规则

(1)普通灯具安装根据灯具种类、规格,按照设计图示安装数量以"套"为计量单位。

(2)吊式艺术装饰灯具安装根据装饰灯具示意图所示,区别不同装饰物以及灯体直径和灯体垂吊长度,按照设计图示安装数量以"套"为计量单位。

(3)吸顶式艺术装饰灯具安装根据装饰灯具示意图所示,区别不同装饰物、吸盘几何形状、灯体直径、灯体周长和灯体垂吊长度,按照设计图示安装数量以"套"为计量单位。

(4)荧光艺术装饰灯具安装根据装饰灯具示意图所示,区别不同安装形式和计量单位计算。灯具主材根据实际安装数量加损耗量以"套"另行计算。

① 组合荧光灯带安装根据灯管数量,按照设计图示安装数量以灯带"m"为计量单位。

② 内藏组合式灯安装根据灯具组合形式,按照设计图示安装数量以"m"为计量单位。

③ 发光棚荧光灯安装按照设计图示发光棚数量以"m²"为计量单位

④ 立体广告灯箱、天棚荧光灯带安装按照设计图示安装数量以"m"为计量单位。

(5)几何形状组合艺术灯具安装根据装饰灯具示意图所示,区别不同安装形式及灯具形式,按照设计图示安装数量以"套"为计量单位。

(6)标志、诱导装饰灯具安装根据装饰灯具示意图所示,区别不同的安装形式,按照设计图示安装数量以"套"为计量单位。

(7)水下艺术装饰灯具安装根据装饰灯具示意图所示,区别不同安装形式,按照设计图示安装数量以"套"为计量单位。

(8)点光源艺术装饰灯具安装根据装饰灯具示意图所示,区别不同安装形式、不同灯具直径,按照设计图示安装数量以"套"为计量单位

(9)草坪灯具安装根据装饰灯具示意图所示,区别不同安装形式,按照设计图示安装数量以"套"为计量单位。

(10)歌舞厅灯具安装根据装饰灯具示意图所示,区别不同安装形式,按照设计图示安装数量以"套"或"m"或"台"为计量单位。

(11)荧光灯具安装根据灯具安装形式、灯具种类、灯管数量,按照设计图示安装数量以"套"为计量单位。

(12)嵌入式地灯安装根据灯具安装形式,按照设计图示安装数量以"套"为计量单位。

（13）工厂灯及防水防尘灯安装根据灯具安装形式，按照设计图示安装数量以"套"为计量单位。

（14）工厂其他灯具安装根据灯具类型、安装形式、安装高度，按照设计图示安装数量以"套"为计量单位。

（15）医院灯具安装根据灯具类型，按照设计图示安装数量以"套"为计量单位。

（16）霓虹灯具安装根据灯管直径，按照设计图示延长米数量以"m"为计量单位。

（17）霓虹灯变压器、控制器、继电器安装根据用途与容量及变化回路，按照设计图示安装数量以"台"为计量单位。

（18）小区路灯安装根据灯杆形式、臂长、灯数，按照设计图示安装数量以"套"为计量单位。

（19）楼宇亮化灯安装根据光源特点与安装形式，按照设计图示安装数量以"套"或"m"为计量单位。

（20）开关、按钮安装根据安装形式与种类、开关极数及单控与双控，按照设计图示安装数量以"套"为计量单位。

（21）空调温控开关、请勿打扰灯安装，按照设计图示安装数量以"套"为计量单位。

（22）声控（红外线感应）延时开关、柜门触动开关安装，按照设计图示安装数量以"套"为计量单位。

（23）插座安装根据电源相数、额定电流、插座安装形式，按照设计图示安装数量以"套"为计量单位。

（24）艺术喷泉照明系统程序控制箱、音乐喷泉控制设备、喷泉特技效果控制设备安装根据安装位置方式及规格，按照设计图示安装数量以"台"为计量单位。

（25）艺术喷泉照明系统喷泉水下管灯安装根据灯管直径，按照设计图示安装数量以"m"为计量单位。

3.4.3.14　电气设备调试工程

1. 定额章说明

（1）本章内容包括电气设备的本体试验和主要设备的分系统调试。成套设备的整套起动调试按专业定额另行计算。主要设备的分系统内所含的电气设备元件的本体试验已包括在该分系统调试定额之内，如变压器的系统调试中已包括该系统中的变压器、互感器、开关、仪表和继电器等一、二次设备的本体调试和回路试验。绝缘子和电缆等单体试验，只在单独试验时使用，不得重复计算。

（2）有关说明：

① 送配电设备调试中的1kV以下定额适用于从变电所低压配电装置输出的供电回路，送配电设备系统调试包括系统内的电缆试验、瓷瓶耐压等全套调试工作。

② 起重机电气装置、空调电气装置、各种机械设备的电气装置，如堆取料机、装料车、推煤车等成套设备的电气调试应分别按相应的分项调试定额执行。

③ 定额不包括设备的烘干处理和设备本身缺陷造成的元件更换修理和修改，亦未考虑因设备元件质量低劣对调试工作造成的影响。定额按新的合格设备考虑的，如遇以上情况时，应另行计算，经修配改或拆迁的旧设备调试，定额乘以系数1.1。

④ 本定额只限电气设备自身系统的调整试验。未包括电气设备带动机械设备的试运工作，发生时应按专业定额另行计算。

⑤ 低压双电源自动切换装置调试参照本章"备用电源自动投入装置"定额，基价乘以系数0.2。

⑥ 凡用自动空气开关输出的动力电源（如由变电所动力柜自动空气开关输出的电源，经过就地动力配电箱控制一台电动机），均包括在电动机调试之中，不能再另计交流供电系统调试费用。

⑦ 应急电源装置（EPS）切换调试套用"事故照明切换"定额。

⑧ 调试定额不包括试验设备、仪器仪表的场外转移费用。

⑨ 本调试定额系按现行施工技术验收规范编制的，凡现行规范（指定额编制时的规范）未包括的新调试项目和调试内容均应另行计算。

⑩ 调试定额已包括熟悉资料、核对设备、填写试验记录、保护整定值的整定和调试报告的整理工作。

⑪ 电力变压器如有"带负荷调压装置"，调试定额乘以系数1.12。三卷变压器、整流变压器、电炉变压器调试按同容量的电力变压器调试定额乘以系数1.2。3～10kV母线系统调试含一组电压互感器，1kV以下母线系统调试定额不含电压互感器，适用于低压配电装置的各种母线（包括软母线）的调试。

⑫ 干式变压器调试，执行相应容量变压器调试定额乘以系数0.8。

2. 工程量计算规则

（1）电气调试系统的划分以电气原理系统图为依据，工程量以提供的调试报告为依据。电气设备元件和本体试验均包括在相应定额的系统调试之内，不得重复计算。绝缘子和电缆等单体试验，只在单独试验时使用。

（2）电气调试所需的电力消耗已包括在定额内，一般不另行计算。但10kW以上电机及发电机的起动调试用的蒸汽、电力和其他动力能源消耗及变压器空载试运转的电力消耗需另行计算。

（3）变压器系统调试，以每个电压侧有一台断路器为准。多于一个断路器的按相应电压等级送配电设备系统调试的相应定额另行计算。

（4）特殊保护装置，均以构成一个保护回路为一套，需要调试，并实际已做，则以调试报告为依据才能计算工程量。其工程量计算规定如下（特殊保护装置未包括在各系统调试定额之内应另行计算）：

① 发电机转子接地保护，按全厂发电机共用一套考虑。

② 距离保护，按设计规定所保护的送电线路断路器台数计算。

③ 高频保护，按设计规定所保护的送电线路断路器台数计算。

④ 零序保护，按发电机、变压器、电动机的台数或送电线路断路器的台数计算。

⑤ 故障录波器的调试，以一块屏为一套系统计算。

⑥ 失灵保护，按设置该保护的断路器台数计算。

⑦ 失磁保护，按所保护的电机台数计算。

⑧ 变流器的断线保护，按变流器台数计算。

⑨ 小电流接地保护，按装设该保护的供电回路断路器台数计算。

⑩ 保护检查及打印机调试，按构成该系统的完整回路为一套计算。

（5）自动装置及信号系统调试，均包括继电器、仪表等元件本身和二次回路的调整试验，具体规定如下：

① 备用电源自动投入装置，按连锁机构的个数确定备用电源自投装置系统数。一个备用厂用变压器。作为三段厂用工作母线备用的厂用电源，计算备用电源自动投入装置调试时，应为三个系统。装设自动投入装置的两条互为备用的高压线路或两台变压器，计算备用电源自动投入装置调试时，应为两个系统。

② 备用电动机自动投入装置调试及低压双电源自动切换装置调试工程量按照自动切换装置的数量计算。

③ 线路自动重合闸调试系统，按采用自动重合闸装置的线路自动断路器的台数计算系统数。

④ 自动调频装置调试，以一台发电机为一个系统。

⑤ 同期装置调试，按设计构成一套能完成同期并车行为的装置为一个系统计算。

⑥ 蓄电池及直流监视系统调试，一组蓄电池按一个系统计算。

⑦ 事故照明切换装置调试，按设计能完成交直流切换的一套装置为一个调试系统计算。

⑧ 周波减负荷装置调试，凡有一个周率继电器，不论带几个回路，均按一个调试系统计算。

⑨ 变送器屏以屏的个数计算。

⑩ 中央信号装置调试，按每一个变电所或配电室为一个调试系统计算工程量。

⑪ 不间断电源装置调试，按容量以"套"为计量单位。

（6）接地网的调试规定如下：

① 接地网接地电阻的测定。一般的发电机或变电站连为一体的母网，按一个系统计算；自成母网不与厂区母网相连的独立接地网，另按一个系统计算。大型建筑群各有自己的接地网（接地电阻值设计有要求），虽然在最后也将各接地网联在一起，但应按各自的接地网计算，不能作为一个网，具体应按接地网的接地情况，按接地断接卡数量套用独立接地装置定额。

② 避雷针接地电阻的测定。每一避雷针均有单独接地网（包括独立的避雷针、烟囱避雷针等）时，均按一组计算。

③ 独立的接地装置按组计算。如一台柱上变压器有一个独立的接地装置，即按一组计算。

（7）避雷器、电容器的调试，按每三相为一组计算；单个装设的亦按一组计算，上述设备如设置在发电机、变压器、输、配电线路的系统或回路内，仍应按相应定额另外计算调试费用。

（8）高压电气除尘系统调试，按一台升压变压器、一台机械整流器及附属设备为一个系统计算，分别按除尘器平方米范围执行定额。

（9）硅整流装置调试，按一套硅整流装置为一个系统计算。

（10）普通电动机的调试，分别按电机的控制方式、功率、电压等级，以"台"为计量单位。

（11）可控硅调速直流电动机调试以"系统"为计量单位，其调试内容包括可控硅整流装置系统和直流电动机控制回路系统两个部分的调试。

（12）交流变频调速电动机调试以"系统"为计量单位，其调试内容包括变频装置系统和交流电动机控制回路系统两个部分的调试。

（13）微型电机系指功率在0.75kW以下的电机，不分类别，一律执行微电机综合调试定额，以"台"为计量单位。电机功率在0.75kW以上的电机调试应按电机类别和功率分别执行相应的调试定额。

（14）一般的住宅、学校、医院、办公楼、旅馆、商店、文体设施等民用电气工程的供电调试应按下列规定：

① 只有从变电所低压配电装置输出的供电回路才能计算1kV以下交流供电系统调试。

② 每个用户房间的配电箱（板）上虽装有电磁开关等调试元件，但生产厂家已按固定的常规参数调整好，不需要安装单位进行调试就可直接投入使用，不得计取调试费用。简而言之，户内配电箱不得计取调试费。

③ 民用电度表的调整检验属于供电部门的专业管理，一般皆由用户向供电局订购

调试完毕的电度表，不得另外计算费用。

（15）高标准的高层建筑、高级宾馆、大会堂、体育馆等具有较高控制技术的电气工程（包括照明工程中有程控调光控制的装饰灯具），必须经过调试才能使用的，应按控制方式执行相应的电气调试定额。

3.5 电气设备安装工程工程量计算

按照招标控制价编制任务的需要，项目组在识读、分析过图纸之后，又了解了工程量计算的依据和规则就可以进行工程量计算了。

如3.4.1节所述，工程量分为国标清单工程量和定额清单工程量，二者的主要区别在项目名称、计量单位、工程内容和工程量计算规则中均有体现，一般而言国标清单工程量会等同或包含定额清单工程量内容，所以通常同步计算国标清单工程量和定额清单工程量，便于后续编制工程量清单；也可以首先计算定额清单工程量，并保证其项目齐全，后续再根据《通用安装工程工程量计算规范》（GB50856-2013）的附录编制国标工程量清单。这里需说明针对有系数的定额计量单位，工程量计算时可不加系数，但是套用定额时必须用带系数的定额计量单位。

本招标项目电气工程中各个分部工程的工程量计算分别介绍如下。

3.5.1 公寓楼照明和插座系统工程量计算

本书选择公寓楼标准层一间C类套型的住宅照明、插座工程量进行计算，C类套型外的工程量暂不考虑，其相关平面图及系统图如图3.5.1 ～ 图3.5.3所示。

1. 配管配线的计算

由平面图可知，C套型内设有AL1照明配电箱，由该类配电箱的配电系统图3.5.1可知，每个箱体有照明回路2路和各类插座回路6路，预留和备用回路3路（不做工程量计算）。按照图示尺寸，我们以照明配电箱AL1照明回路WL1和插座回路WL5为例，详细说明配管配线的工程量计算过程，计算过程图文讲解请扫描视频二维码3-2和3-3观看，本案例的配管配线计算过程和计算结果如表3.5.1所示。

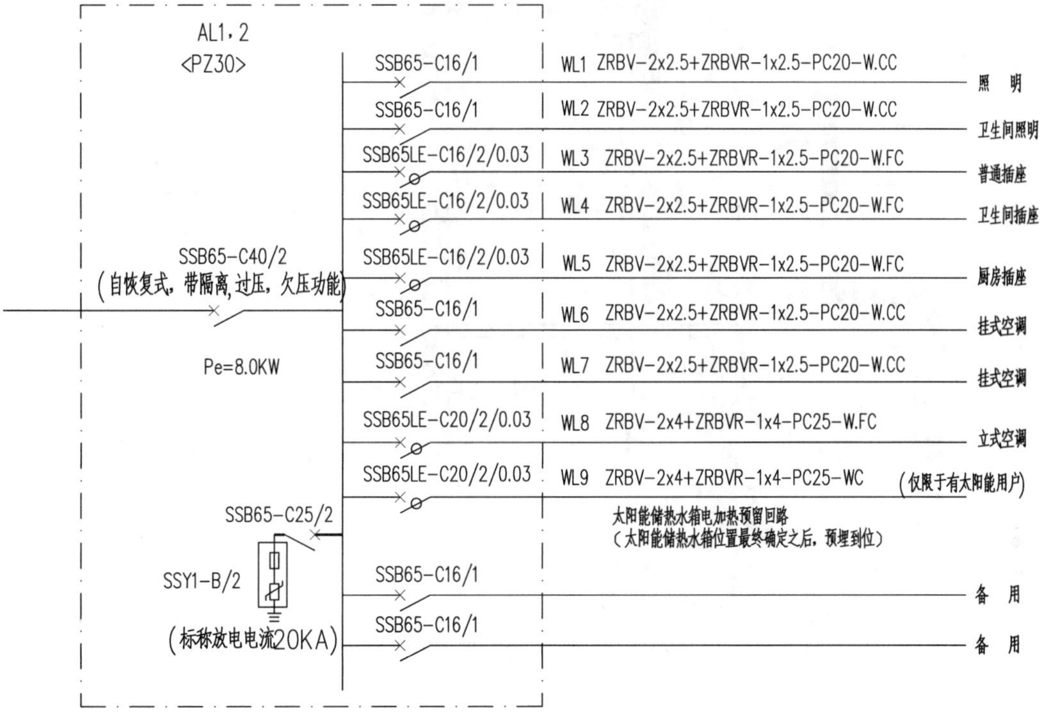

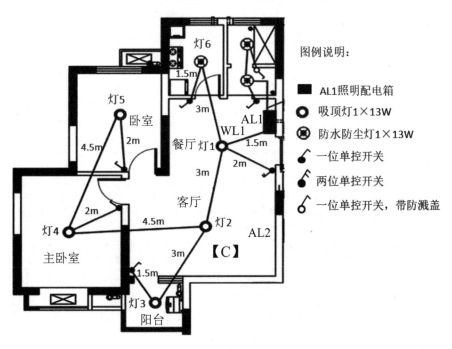

图3.5.1 公寓楼C类套型照明、插座系统图

图3.5.2 公寓楼C类套型照明平面图

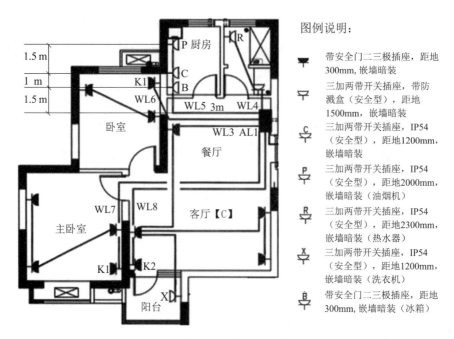

图例说明:

带安全门二三极插座,距地300mm,嵌墙暗装

三加两带开关插座,带防溅盒(安全型),距地1500mm,嵌墙暗装

三加两带开关插座,IP54(安全型),距地1200mm,嵌墙暗装

三加两带开关插座,IP54(安全型),距地2000mm,嵌墙暗装(油烟机)

三加两带开关插座,IP54(安全型),距地2300mm,嵌墙暗装(热水器)

三加两带开关插座,IP54(安全型),距地1200mm,嵌墙暗装(洗衣机)

带安全门二三极插座,距地300mm,嵌墙暗装(冰箱)

图3.5.3　公寓楼C类套型插座平面图

表 3.5.1　照明回路 WL1 和插座回路 WL5 配管配线工程量计算过程

序号	工程量名称	单位	工程量计算式	数量
1	PC20	m	WL1：出配电箱垂直:(2.95-1.5-0.23+0.1)+ 配电箱 – 灯1:1.5+ 灯1– 两位单控开关: 2+ 双联开关垂直:(2.95-1.3+0.1)+ 灯1-2-3-4-5水平:3+3+4.5+4.5+ 灯1到灯6:3+WL5出配电箱垂直:1.5+0.1+ 水平:3+1.5+1+1.5+ 插座垂直[(0.3+0.1)×2+(1.2+0.1)×2+(2+0.1)]	38.67
2	PC16	m	WL1：灯3到开关水平1.5+ 灯4到开关水平2+ 灯5到开关水平2+ 灯6到开关水平1.5+4个单联开关垂直(2.95-1.3+0.1)×4	14
3	ZRBV-2.5	m	WL1：出配电箱垂直(2.95-1.5-0.23+0.1)×2+ 配电箱 – 灯1:1.5×2+(灯1– 两位单控开关)2×3+ 垂直(2.95-1.3+0.1)×3+ 灯1-2水平:3×3+ 灯2-3水平:3×2+ 灯3到开关水平1.5×2+4个单联开关垂直(2.95-1.3+0.1)×4×2+ 灯2-4水平:4.5×2+ 灯4到开关水平:2×2+ 灯4-5水平:4.5×2+ 灯5到开关水平:2×2+ 灯1到灯6:3×2+ 灯6到开关水平:1.5×2 + 配电箱预留(0.23+0.24)×2+{WL5 出配电箱垂直:1.5+ 水平:3+1.5+1+1.5+ 插座垂直[(0.3+0.1)×2+(1.2+0.1)×2+(2+0.1)]+ 配电箱预留(0.23+0.24)}×2	113.77
4	ZRBVR-2.5	m	WL1：出配电箱垂直(2.95-1.5-0.23+0.1)+ 配电箱 – 灯1:1.5+ 灯1-2-3-4-5水平:3+3+4.5+4.5+ 灯1到灯6:3+ 配电箱预留(0.23+0.24)+WL5配电箱出垂直:1.5+ 水平:3+1.5+1+1.5+ 插座垂直(0.3+0.1)×2+(1.2+0.1)×2+(2+0.1)+ 配电箱预留(0.23+0.24)	35.76

视频二维码 3-2：照明回路配管配线工程量计算

视频二维码 3-3：插座回路配管配线工程量计算

视频二维码 3-4：控制设备及低压电器、照明器具工程量计算

2. 其他工程量的计算

根据"电气设备安装工程"定额所规定的工程量计算规则，本项目配电箱、灯具、开关、插座及各种可计价安装工程项目的工程量均需要计算。以照明配电箱AL1照明回路WL1和插座回路WL5为例，说明配电箱、灯具、开关、插座及各种可计价安装工程项目的工程量计算过程，计算过程可扫描视频二维码3-4观看。

（1）照明配电箱：按照图示以"台"为计量单位，本项目所计算的1户C户型配电箱AL1数量为1台，规格为PZ30-8，高×宽×深为230mm×240mm×90mm。

（2）照明灯具：

结合平面图和附录一附图的图例计数结果如下：

① 吸顶灯1×13W，吸顶安装，5套；配灯头盒5个。

② 防水防尘灯1×13W，吸顶安装，1套；配灯头盒1个。

（3）照明开关：

① 一位单控开关86K11-6，嵌墙暗装，4套；配开关盒4个。

② 两位单控开关86K21-6，嵌墙暗装，1套；配开关盒1个。

（4）插座：

① 带安全门二、三极插座86Z223A10A，嵌墙暗装，1套；配插座底盒1个。

② 三加两带开关插座（C、P）86Z223K10A，IP54（安全型），嵌墙暗装，2套；配插座底盒2个。

另外，根据本书3.4.3.14节定额清单工程量计算规则（14）条说明，户内配电箱不计取调试费用。

其他回路的计算过程与WL1和WL5相似，此处不再赘述。C户型照明配电箱AL1及其所有照明和插座回路的配管配线及设备工程量汇总表如表3.5.2所示。

表3.5.2　1户C户型AL1配电箱各个照明和插座回路的工程量汇总表

序号	定额工程量名称	单位	工程量计算式	数量
1	照明配电箱AL1规格为PZ30-8：高230×宽240×深90	台	AL1	1
2	管内穿线ZRBV2.5	米	113.77+……	256.98
3	管内穿线ZRBVR2.5	米	35.76+……	103.54
4	管内穿线ZRBV4	米	24.23	24.23
5	管内穿线ZRBVR4	米	12.12	12.12
6	电线管PC20	米	38.67+……	119.38
7	电线管PC25	米	11.27	11.27
8	吸顶灯 1X13W	套		5
9	防水防尘灯 1X13W	套		3
10	一位单控开关86K11-6，嵌墙暗装	套		5
11	一位单控开关86K11-6，带防溅盖，嵌墙暗装	套		1
12	二位单控开关86K21-6，嵌墙暗装	套		1
13	带安全门二、三极插座86Z223A10A，嵌墙暗装	套		10
14	三加两带开关插座（C、P、X）86Z223K10A，IP54（安全型），嵌墙暗装	套		3
15	三加两带开关插座（R）86Z223K16A，IP54（安全型），嵌墙暗装	套		2
16	三眼带开关插座86Z13K16A，嵌墙暗装，	套		1
17	三眼带开关插座86Z13K20A（安全型），嵌墙暗装	套		1
18	暗装接线盒（灯头盒）	个	5+3	8
19	开关盒	个	5+1+1	7
20	插座盒	个	10+3+2+1+1	17

说明：PC16的线管严格应按照书中表3.5.1根据设计说明计算，本书为计算方便，汇总表已将PC16的管子长度包含在了PC20中。

3.5.2　冷冻泵房电气工程量计算

如附图1.2.4所示的冷冻泵房电气平面图，冷冻泵房电气工程量计算详细描述和汇总表如表3.5.3所示。工程量计算过程的图文讲解可扫描视频二维码3-5观看。

视频二维码3-5：电缆及保护管工程量计算

表3.5.3　冷冻泵房电气工程量计算

序号	名称	单位	计算式	结果
1	低压交流异步电机 30kW	台	3[D1，D2，D3]	3
2	低压交流异步电机 10kW	台	3[D4，D5，D6]	3
3	动力配电柜	台	3[P1，P2，P3]	3
4	基础槽钢 10# 安装	10m	柜底周长 (1 + 0.6)×2×3	0.96
	基础槽钢 10# 制作	100kg	9.6× 理论重量 10kg/m	0.96
5	照明配电箱	台	1[M]	1
6	送配电系统调试	系统	1	1
7	电力电缆 VV-4×70 1) 国标清单工程量	m	D1：(P2-D1)1 + 4 + 箱底距地坪 0.1 + 电缆引入支架 0.3 + 电缆引上至保护管 0.2 + 电缆出地坪引上 (0.1 + 0.2)=5.9，5.9×(1 + 附加长度 2.5%) + 柜预留 2 + 电缆沟内预留 1.5 + 电动机预留 1.5=11.05； D2：(P2-D2)4 + 5.9 + 4.5 + 箱底距地坪 0.1 + 电缆引入支架 0.3 + 电缆引上至保护管 0.2 + 电缆出地坪引上 (0.1 + 0.2)=15.3，15.3×(1 + 附加长度 2.5%) + 柜预留 2 + 电缆沟内预留 1.5 + 电动机预留 1.5=20.7； D3：(P2-D3)4 + 11 + 4.5 + 箱底距地坪 0.1 + 电缆引入支架 0.3 + 电缆引上至保护管 0.2 + 电缆出地坪引上 (0.1 + 0.2)=20.4，20.4×(1 + 附加长度 2.5%) + 柜预留 2 + 电缆沟内预留 1.5 + 电动机预留 1.5=25.9	57.7
	2) 定额清单工程量	100m	同上	0.577

续表

序号	名称	单位	计算式	结果
8	电力电缆 VV–4×16 1) 国标清单工程量	m	D4：(P3–D4)2 + 18 + 2.7 + 箱底距地坪 0.1 + 电缆引入支架 0.5 + 电缆引上至保护管 0.4 + 电缆出地坪引上 (0.1 + 0.2) =24，24×(1 + 附加长度 2.5%) + 柜预留 2 + 电缆沟内预留 1.5 + 电动机预留 1.5=29.6； D5：(P3–D5)2 + 20 + 2.7 + 箱底距地坪 0.1 + 电缆引入支架 0.5 + 电缆引上至保护管 0.4 + 电缆出地坪引上 (0.1 + 0.2)=26，26×(1 + 附加长度 2.5%) + 柜预留 2 + 电缆沟内预留 1.5 + 电动机预留 1.5=31.6； D6：(P3–D6)2 + 22 + 2.7 + 箱底距地坪 0.1 + 电缆引入支架 0.5 + 电缆引上至保护管 0.4 + 电缆出地坪引上 (0.1 + 0.2)=28，28×(1 + 附加长度 2.5%) + 柜预留 2 + 电缆沟内预留 1.5 + 电动机预留 1.5=33.7	94.9
	2) 定额清单工程量	100m	同上	0.949
9	电缆头 –4×70	个	2× 电缆根数 3	6
10	电缆头 –4×16	个	2× 电缆根数 3	6
11	电缆保护管 DN70 1) 国标清单工程量	m	(电缆沟—D1)4 + (电缆沟—D2)4.5 + (电缆沟—D3)4.5 + [(管子埋深)0.1 + (管子出地坪)0.2]×3	13.9
	2) 定额清单工程量	100m	同上	0.139
12	电缆保护管 DN50 1) 清单工程量	m	(电缆沟—D4)2.7 + (电缆沟—D5)2.7 + (电缆沟—D6)2.7 + [(管子埋深)0.1 + (管子出地坪)0.2]×3	9
	2) 定额清单工程量	100m	同上	0.09
13	电缆支架	t	单个延长米(0.35×3 + 0.5)×20× 理论重量 25.27kg/m	0.075
14	UPVC 塑料电线管暗配 DN20 1) 国标清单工程量	m	水平长度 5 + 7.5 + 5 + 7.5 + 5 + 7×4 + (顶板高 8– 配电箱标高 1.4– 配电箱高度 0.4)=64.2	64.2
	2) 定额清单工程量	100m	水平长度 5 + 7.5 + 5 + 7.5 + 5 + 7×4 + (顶板高 8– 配电箱标高 1.4– 配电箱高度 0.4)=64.2	0.642
15	塑料铜芯线 BV2.5 1) 国标清单工程量	m	[管子长度 64.2 + (箱体预留 0.5 + 0.4)]× 穿线根数 2=130.2	130.2
	2) 定额清单工程量	100m	[管子长度 64.2 + (箱体预留 0.5 + 0.4)]× 穿线根数 2=130.2	1.302
16	接线盒	10 个	4	0.4
17	灯头盒	10 个	4	0.4
18	工矿灯 GC3–B–2	套	4	4

3.5.3 防雷接地工程量计算

根据《电气设备安装工程》定额第九章所描述的防雷接地工程量项目，结合如附图
1.2.6和1.2.7所示的报告厅的防雷接地平面图，防雷接地工程量计算详细描述及汇总如表
3.5.4所示。工程量计算过程的讲解可扫描视频二维码3–6观看。

视频二维码3–6：防雷接地工程量计算

表3.5.4 防雷接地过程量计算表

序号	项目名称	项目特征	计算式	计量单位	工程量
1	接闪带（暗敷）	Φ12 热镀锌圆钢	6 + 40.537×2 + 21×4 + 5 + 0.218 + 3.308	m	179.6
2	接闪带（明敷）	Φ12 热镀锌圆钢	13.14×2 + 6 + 13.64×2 + 5 + 4×（1.101 + 1.479）×4 + 21×2 + 40.407×2	m	228.654
3	防雷引下线	柱内主筋 2根 Φ16	20×10.6	m	212
4	接地断接卡子制作安装	距室外地坪上方 0.5m 作接地测试点	4 处	套	4
5	均压环	地梁底部主筋 Φ12	21（6–D 轴至 6–G 轴距离）×9 + 37.6（6–1 轴到 6–9 轴距离）×4 + 13.14（6–G 轴到 6–K 轴距离）×2 + 6（6–3 轴到 6–4 轴距离）×3 + 5（6–6 轴到 6–7 轴距离）×2 + 13.64（6–A 轴到 6–D 轴距离）×2	m	420.96
6	柱主筋与圈梁焊接		防雷引下线与圈梁焊接	处	20
7	接地母线	–40×4 不锈钢导体	有三处，每处 1 米做增设接地极用	m	3
8	总等电位端子箱 MEB		1	个	1
9	测试点	距室外地坪上方 0.5 米	4	组	4

3.6 电气设备安装工程工程量清单编制

3.6.1 国标工程量清单编制有关规定

《通用安装工程工程量计算规范》（GB50856-2013）（以后简称《规范》）第4节对工程量清单编制做出了以下规定，造价人员工作中应严格遵守，其中黑体字为强制条文。规定内容如下：

规范4.1 一般规定

规范4.1.1 编制工程量清单应依据：

1.本规范和现行国家标准《建设工程工程量清单计价规范》GB50500；

2.国家或省级、行业建设主管部门颁发的计价依据和办法；

3.建设工程设计文件；

4.与建设工程项目有关的标准、规范、技术资料；

5.拟定的招标文件；

6.施工现场情况、工程特点及常规施工方案；

7.其他相关资料。

规范4.1.2 其他项目、规费和税金项目请单应按照现行国家标准《建设工程工程量清单计价规范》GB50500的相关规定编制。

规范4.1.3 编制工程量清单出现附录中未包括的项目，编制人应做补充，并报省级或行业工程造价管理机构备案，省级或行业工程造价管理机构应汇总报住房和城乡建设部标准定额研究所。

补充项目的编码由本规范的代码03与B和三位阿拉伯数字组成，并应从03B001起顺序编制，同一招标工程的项目不得重码。

补充的工程量清单需附有补充项目的名称、项目特征、计量单位、工程量计算规则、工程内容。不能计量的措施项目，需附有补充的项目的名称、工作内容及包含范围。

规范4.2 分部分项工程

规范4.2.1 **工程量清单应根据附录规定的项目编码、项目名称、项目特征、计量单位和工程量计算规则进行编制。（强制条文）**

规范4.2.2 **工程量清单的项目编码，应采用十二位阿拉伯数字表示，一至九位应按附录的规定设置，十至十二位应根据拟建工程的工程量清单项目名称和项目特征设置，同一招标工程的项目编码不得有重码。（强制条文）**

规范4.2.3　工程清单的项目名称应按附录的项目名称结合拟建工程的实际确定。（强制条文）

规范4.2.4　工程量清单项目特征应按附录中规定的项目特征，结合拟建工程项目的实际予以描述。（强制条文）

规范4.2.5　分部分项工程清单中所列工程量应按附录中规定的工程量计算规则计算。（强制条文）

规范4.2.6　分部分项工程清单的计量单位应按附录中规定的计量单位确定。（强制条文）

规范4.2.7　项目安装高度若超过基本高度时，应在"项目特征"中描述。本规范安装工程各附录基本安装高度为：附录A机械设备安装工程10m；附录D电气设备安装工程5m；附录E建筑智能化工程5m；附录G通风空调工程6m；附录J消防工程5m；附录K给排水、采暖、燃气工程3.6m；附录M刷油、防腐蚀、绝热工程6m。

规范4.3　措施项目

规范4.3.1　措施项目中列出了项目编码、项目名称、项目特征、计量单位、工程量计算规则，编制工程量清单时，应按照本规范4.2分部分项工程的规定执行。（强制条文）

规范4.3.2　措施项目仅列出项目编码、项目名称，未列出项目特征、计量单位和工程量计算规则的项目，编制工程量清单时，应按本规范附录N措施项目规定的项目编码、项目名称确定。

3.6.2　电气设备安装工程工程量清单编制实例

在工程量计算的基础上，查阅《通用安装工程工程量计算规范》（GB50856-2013）（以后简称《规范》），分别编制本书招标项目公寓楼C户型1户照明插座工程量、冷冻泵房电气工程量和防雷接地工程量的清单如表3.6.1至3.6.3，并以公寓楼C户型1户照明插座工程量清单为例，阐述国标工程量清单的编制过程和方法。编制过程请扫描视频二维码3-7观看。

视频二维码3-7：电气工程工程量清单编制

表3.6.1　公寓楼 C 户型 1 户照明和插座工程的分部分项工程量清单

工程名称：某建筑电气工程

序号	项目编码	项目名称	项目特征	计量单位	工程量
1	030404017001	配电箱	成套嵌入式照明配电箱 AL1 规格为 PZ30-8：230×240×90	台	1
2	030411004001	配线	管内穿线 ZRBV2.5	m	256.98
3	030411004002	配线	管内穿线 ZRBVR2.5	m	103.54
4	030411004003	配线	管内穿线 ZRBV4	m	24.23
5	030411004004	配线	管内穿线 ZRBVR4	m	12.12
6	030411001001	配管	电线管 PC20	m	119.38
7	030411001002	配管	电线管 PC25	m	11.27
8	030412001001	普通灯具	吸顶灯 1X13W	套	5
9	030412002001	工厂灯	吸顶式防水防尘灯 1X13W	套	3
10	030404034001	照明开关	一位单控开关 86K11-6，嵌墙暗装	个	5
11	030404034002	照明开关	一位单控开关 86K11-6，带防溅盖，嵌墙暗装	个	1
12	030404034003	照明开关	二位单控开关 86K21-6，嵌墙暗装	个	1
13	030404035001	插座	带安全门二、三极插座 86Z223A10A，嵌墙暗装	个	10
14	030404035002	插座	三加两带开关插座（C、P、X）86Z223K10A，IP54（安全型），嵌墙暗装	个	3
15	030404035003	插座	三加两带开关插座（R）86Z223K16A，IP54（安全型），嵌墙暗装	个	2
16	030404035004	插座	三眼带开关插座 86Z13K16A，嵌墙暗装	个	1
17	030404035005	插座	三眼带开关插座 86Z13K20A（安全型），嵌墙暗装	个	1
18	030411006001	接线盒	暗装接线盒	个	8
19	030411006002	接线盒	暗装开关盒	个	7
20	030411006003	接线盒	暗装插座盒	个	17

　　针对表3.6.1中的第一项配电箱清单，编制清单时，首先查阅《规范》D.4 "控制设备及低压电器安装"，D.4中给出照明配电箱等项目的清单编制规定如表3.6.4所示。根据表3.6.4得到表3.6.1中第一项照明配电箱的清单编码前9位是030404017。根据3.6.1节中所示《规范》的工程量清单编制规定，工程量清单的项目编码应采用十二位阿拉伯数字表示，一至九位应按附录的规定设置，十至十二位是顺序码，应根据拟建工程的工程量清单项目名称和项目特征设置，确保同一招标工程的项目编码不得有重码。针对首次出

现的配电箱项目，十至十二位编码编为001，如果尚有其他项目特征不同的配电箱，则一至九位编码均相同，十至十二位编码可依次编为002、003……因此，本项目照明配电箱的清单编码为030404017001，如表3.6.1所示第一项。本公寓楼C户型1户照明插座工程项目所涉及配管、配线、接线盒、灯具等项目的清单编制规定分别如表3.6.5、表3.6.6所示，通过表3.6.1和表3.6.5可以看出项目特征不同的多个配线项目的编码规律，一至九位相同时，十至十二位从001开始顺序编码。本招标项目其他项目清单编码请自行查阅《规范》，深入理解编码规则。

表3.6.2　冷冻泵房电气工程的分部分项工程量清单

工程名称：某建筑电气工程（冷冻泵房）

序号	项目编码	项目名称	项目特征	计量单位	工程量
1	030406006001	低压交流异步电动机	30kW 检查接线，电磁控制调试	台	3
2	030406006002	低压交流异步电动机	10kW 检查接线，电磁控制调试	台	3
3	030404017001	配电箱	动力配电柜 P1\P2\P3（1000×2000×600），10# 基础槽钢制作安装、柜体安装	台	3
4	030404017002	配电箱	悬挂式照明配电箱 M（500×400×220）；箱体安装	台	1
5	030414002001	送配电装置系统	1KV 以下交流送配电系统调试（综合）	系统	1
6	030408001001	电力电缆	电力电缆 VV-4×70	m	57.7
7	030408001002	电力电缆	电力电缆 VV-4×16	m	94.9
8	030408006001	电力电缆头	电缆头 VV-4×70	个	6
9	030408006002	电力电缆头	电缆头 VV-4×16	个	6
10	030408003001	电缆保护管	电缆保护管 DN70	m	9.9
11	030408003002	电缆保护管	电缆保护管 DN50	m	6.90
12	030413001001	铁构件	电缆支架制作安装，角钢∠40×40×4	kg	75
13	030411001001	配管	UPVC 塑料电线管暗配 DN15	m	64.2
14	030411004001	配线	塑料铜芯线 BV2.5	m	130.2
15	030411006001	接线盒	接线盒	个	4
16	030411006002	接线盒	灯头盒	个	4
17	030412002001	工厂灯	工矿灯 GC3-B-2，吊链式，安装高度 5m	套	4

表 3.6.3 报告厅防雷接地工程的分部分项工程量清单

工程名称：某建筑电气工程（报告厅防雷接地）

序号	项目编码	项目名称	项目特征	计量单位	工程量
1	030409005001	避雷网	Φ12 热镀锌圆钢（暗敷）	m	179.6
2	030409005002	避雷网	Φ12 热镀锌圆钢（明敷）	m	228.654
3	030409003001	避雷引下线	柱内主筋 2 根 Φ16，接地断接卡子制作安装 4 套	m	212
4	030409004001	均压环	地梁底部主筋，柱主筋与圈梁焊接 20 处	m	420.96
5	030409002001	接地母线	−40×4，不锈钢导体，含箱内等电位接线	m	3
6	030411005001	接线箱	总等电位端子箱 MEB	个	1
7	030414011001	接地装置	距室外地坪上方 0.5 米做接地电阻测试点	组	4

表 3.6.4 D.4 控制设备及低压电器安装（编码：030404，部分节选）

项目编码	项目名称	项目特征	计量单位	工程量计算规则	工作内容
030404016	控制箱	1. 名称 2. 型号 3. 规格 4. 基础形式、材质、规格 5. 接线端子材质、规格 6. 端子板外部接线材质规格 7. 安装方式	台	按设计图示数量计算	1. 本体安装 2. 基础型钢制作、安装 3. 焊、压接线端子 4. 补刷（喷）油漆 5. 接地
030404017	配电箱				
030404032	端子箱	1. 名称 2. 型号 3. 规格 4. 安装部位	台		1. 本体安装 2. 接线
030404034	照明开关	1. 名称 2. 型号 3. 规格 4. 安装方式	个		1. 本体安装 2. 接线
030404035	插座				

注：1. 控制开关包括：自动空气开关、刀型开关、铁壳开关、胶盖刀闸开关、组合控制开关、万能转换开关、风机盘管三速开关、漏电保护开关等。

　　2. 小电器包括：按钮、电笛、电铃、水位电气信号装置、测量表计、继电器、电磁锁、屏上辅助设备、辅助电压互感器、小型安全变压器等。

　　3. 其他电器安装指：本节未列的电器项目。

　　4. 其他电器必须根据电器实际名称确定项目名称，明确描述工作内容、项目特征、计量单位、计算规则。

　　5. 盘、箱、柜的外部进出电线预留长度见表 D.15.7−3，如本书表 3.4.3。

表 3.6.5　D.11 配管、配线（编码：030411，部分节选）

项目编码	项目名称	项目特征	计量单位	工程量计算规则	工作内容
030411001	配管	1. 名称 2. 材质 3. 规格 4. 配置形式 5. 接线要求 6. 钢索材质、规格	m	按设计图示尺寸以长度计算	1. 电线管路敷设 2. 钢索架设（拉紧装置安装） 3. 预留沟槽 4. 接地
030411002	线槽	1. 名称 2. 材质 3. 规格	m	按设计图示尺寸以长度计算	1. 本体安装 2. 补刷（喷）油漆
030411004	配线	1. 名称 2. 配线形式 3. 型号 4. 规格 5. 材质 6. 配线部位 7. 配线线制 8. 钢索材质、规格	m	按设计图示尺寸以单线长度计算（含预留长度）	1. 配线 2. 钢索架设（拉紧装置安装） 3. 支持体（夹板、绝缘子、槽板等）安装
030411005	接线箱	1. 名称 2. 材质 3. 规格 4. 安装形式	个	按设计图示数量计算	本体安装
030411006	接线盒				

注：1. 配管、线槽安装不扣除管路中间的接线箱（盒）、灯头盒、开关盒所占长度。
　　2. 配管名称指电线管、钢管、防爆管、塑料管、软管、波纹管等。
　　3. 配管配置形式指明配、暗配、吊顶内、钢结构支架、钢索配管、埋地敷设、水下敷设、砌筑沟内敷设等。
　　4. 配线名称指管内穿线、瓷夹板配线、塑料夹板配线、绝缘子配线、槽板配线、塑料护套配线、线槽配线、车间带形母线等；配线形式指照明线路、动力线路、木结构、顶棚内、砖、混凝土结构、沿支架、钢索、屋架、梁、柱墙，以及跨屋架、梁、柱。
　　5. 配线保护管遇到下列情况之一时，应增设管路接线盒和拉线盒：
　　　（1）管长度每超过 30m，无弯曲；（2）管长度每超过 20m，有 1 个弯曲；（3）管长度每超过 15m，有 2 个弯曲；（4）管长度每超过 8m，有 3 个弯曲。
　　　垂直敷设的电线保护管遇到下列情况之一时，应增设固定导线用的拉线盒：
　　　（1）管内导线截面为 50mm² 及以下，长度每超过 30m；（2）管内导线截面为 70～95mm²，长度每超过 20m；（3）管内导线截面为 120~240mm²，长度每超过 18m。
　　　在配管清单项目计量时，设计无要求时上述规定可以作为计量接线盒、拉线盒的依据。
　　6. 配管安装中不包括凿槽、刨沟，应按本附录 D.13 相关项目编码列项。
　　7. 配线进入箱、柜、板的预留长度见表 D.15.7-8，如本书表 3.4.13。

表3.6.6 D.12 照明灯具安装（编码：030412，部分节选）

项目编码	项目名称	项目特征	计量单位	工程量计算规则	工作内容
030412001	普通灯具	1. 名称 2. 型号 3. 规格 4. 类型	套	按设计图示数量计算	本体安装
030412002	工厂灯	1. 名称 2. 型号 3. 规格 4. 安装形式			
030412004	装饰灯	1. 名称 2. 型号 3. 规格 4. 安装形式			
030412005	荧光灯				

注: 1. 普通灯具包括圆球吸顶灯、半圆球吸顶灯、方形吸顶灯、软线吊灯、座灯头、吊链灯、防水吊灯、壁灯等。
2. 工厂灯包括工厂罩灯、防水灯、防尘灯、碘钨灯、投光灯、泛光灯、混光灯、密闭灯等。
3. 高度标志（障碍）灯包括烟囱标志灯、高塔标志灯、高层建筑屋顶障碍指示灯等。
4. 装饰灯包括吊式艺术装饰灯、吸顶式艺术装饰灯、荧光艺术装饰灯、几何型组合艺术装饰灯、标志灯、诱导装饰灯、水下（上）艺术装饰灯、点光源艺术灯、歌舞厅灯具、草坪灯具等。
5. 医疗专用灯包括病房指示灯、病房暗脚灯、紫外线杀菌灯、无影灯等。
6. 中杆灯是指安装在高度小于或等于 19m 的灯杆上的照明器具。
7. 高杆灯是指安装在高度大于 19m 的灯杆上的照明器具。

3.7 电气设备安装工程综合单价及分部分项工程费计算

国标工程量清单编制完成之后，即可开始各个清单项目的综合单价计算。综合单价计算是完成招标项目计价的重要环节，是完成造价编制的核心工作。本书招标项目计价采用一般计税方法计税，企业管理费和利润按照《浙江省建设工程计价规则》（2018版）规定的费率区间中值计取，企业管理费费率取21.72%，利润费率取10.4%，风险费不计。以公寓楼C户型1户照明和插座工程量清单为例，查阅《浙江省通用安装工程预算定额》（2018版），查阅主材"市场信息价"或进行主材市场价格的询价，计算综合单价并编制综合单价计算表，计算结果如表3.7.1所示。并以冷冻泵房电气工程中配电箱（动力配电柜）为例讲解综合单价的计算过程，请扫描视频二维码3-8观看。

视频二维码 3-8：电气工程综合单价与分部分项工程费计算

表 3.7.1 公寓楼 C 户型 1 户照明和插座分部分项工程项目综合单价计算表

工程名称：某建筑电气工程   标段：   第　页　共　页

| 清单序号 | 项目编码（定额编码） | 清单（定额）项目名称 | 计量单位 | 数量 | 综合单价（元） | | | | | | 合计（元） |
					人工费	材料（设备）费	机械费	管理费	利润	小计	
		公寓楼照明和插座工程									
1	030404017001	配电箱，嵌入式照明配电箱 AL1，规格为 PZ30-8，230×240×90	台	1	126.85	819.87		27.55	13.19	987.46	987
	4-4-14 换 *1.2	嵌入式成套配电箱安装 悬挂式半周长 0.5m	台	1	126.85	819.87		27.55	13.19	987.46	987
	主材	PZ30-8 嵌入式成套配电箱	台	1.00		800.00				800.00	800.00
2	030411004001	配线，管内穿线 铜芯导线截面（mm² 以内）ZRBV2.5	m	256.98	0.61	1.75		0.13	0.06	2.55	655
	4-12-5	管内穿线 铜芯导线截面（mm² 以内）ZRBV2.5	100m	2.5698	61.02	175.18		13.25	6.35	255.80	657
	主材	ZRBV2.5 铜芯导线	m	116.00		1.74				1.74	201.84
3	030411004002	配线，管内穿线 铜芯导线截面（mm² 以内）ZRBVR2.5	m	103.54	0.61	1.87		0.13	0.06	2.67	276
	4-12-5	管内穿线 铜芯导线截面（mm² 以内）ZRBVR2.5	100m	1.0354	61.02	186.78		13.25	6.35	267.40	276
	主材	ZRBVR2.5 铜芯导线	m	116.00		1.86				1.86	215.76

续表

| 清单序号 | 项目编码（定额编码） | 清单（定额）项目名称 | 计量单位 | 数量 | 综合单价（元） | | | | | | 合计（元） |
					人工费	材料（设备）费	机械费	管理费	利润	小计	
4	030411004003	配线，管内穿线 铜芯导线截面(mm² 以内)ZRBV4	m	24.23	0.56	2.21		0.12	0.06	2.95	71
	4-12-6	穿照明线 铜芯导线截面(mm²以内)ZRBV4	100m	0.2423	56.30	221.09		12.23	5.86	295.48	71
	主材	ZRBV4 铜芯导线	m	110.00		2.20				2.20	242.00
5	030411004004	配线，管内穿线 铜芯导线截面(mm²以内)ZRBVR4	m	12.12	0.56	2.43		0.12	0.06	3.17	38
	4-12-6	穿照明线 铜芯导线截面(mm²以内)ZRBVR4	100m	0.1212	56.30	243.09		12.23	5.86	317.48	38
	主材	ZRBVR4 铜芯导线	m	110.00		2.42				2.42	266.20
6	030411001001	配管，砖、混凝土结构暗配 公称直径(mm)PC20	m	119.38	3.91	1.93		0.85	0.41	7.10	848
	4-11-144	砖、混凝土结构暗配 公称直径(mm)PC20	100m	1.1938	391.23	193.36		84.98	40.69	710.26	848
	主材	电线管 PC20	m	106.00		1.59				1.59	168.54
7	030411001002	配管，砖、混凝土结构暗配 公称直径(mm)PC25	m	11.27	4.17	2.70		0.91	0.43	8.21	93
	4-11-145	砖、混凝土结构暗配 公称直径(mm)25	100m	0.1127	417.29	270.26		90.64	43.40	821.59	93
	主材	电线管 PC25	m	106.00		2.12				2.12	224.72
8	030412001001	普通灯具，吸顶灯安装 1X13W灯罩直径250以内	套	5	16.20	52.21		3.52	1.69	73.62	368

续表

清单序号	项目编码（定额编码）	清单（定额）项目名称	计量单位	数量	综合单价（元）						合计（元）
					人工费	材料（设备）费	机械费	管理费	利润	小计	
	4-13-1	吸顶灯安装 1X13W 灯罩直径 250 以内	10 套	0.5	162.00	522.09		35.19	16.85	736.20	368
	主材	吸顶灯 1X13W	套	10.1		50.50				50.50	510.05
9	030412 002001	工厂灯，吸顶式防水防尘灯安装 1X13W	套	3	20.51	73.08		4.54	2.13	100.17	301
	4-13-220	吸顶式防水防尘灯安装 1X13W	10 套	0.3	205.07	730.8		44.54	21.33	1001.74	301
	主材	吸顶灯 1X13W，防水防尘	套	10.1		70.70				70.70	714.07
10	030404034001	照明开关，一位单控开关 86K11-6，嵌墙暗装	个	5	6.62	10.80		1.44	0.69	19.55	98
	4-13-301	跷板暗开关单控≤3 联	10 套	0.5	66.15	108.02		14.37	6.88	195.42	98
	主材	一位单控开关 86K11-6	套	10.2		10.20				10.20	104.04
11	030404 034002	照明开关，一位单控开关 86K11-6，带防溅盖，嵌墙暗装	个	1	6.62	18.96		1.44	0.69	27.71	28
	4-13-301	跷板暗开关单控≤3 联	10 套	0.1	66.15	189.62		14.37	6.88	277.02	28
	主材	一位单控开关 86K11-6，带防溅盖	套	10.2		18.36				18.36	187.27
12	030404 034003	照明开关，二位单控开关 86K21-6，嵌墙暗装	个	1	6.62	15.90		1.44	0.69	24.65	25
	4-13-301	跷板暗开关单控≤3 联	10 套	0.1	66.15	159.02		14.37	6.88	246.42	25
	主材	二位单控开关 86K21-6	套	10.2		15.30				15.30	156.06

续表

清单序号	项目编码（定额编码）	清单（定额）项目名称	计量单位	数量	人工费	材料（设备）费	机械费	管理费	利润	小计	合计（元）
13	030404035001	插座,带安全门二、三极插座86Z223A10A,嵌墙暗装	个	10	7.80	15.70		1.70	0.81	26.01	260
	4-13-323	单相暗插座电流（A）≤16	10套	1	78.03	157.00		16.95	8.12	260.10	260
	主材	带安全门二、三极插座86Z223A10A	套	10.2		15.30				15.30	156.06
14	030404035002	插座,带安全门二、三极插座86Z223A10A,嵌墙暗装	个	3	17.39	17.04		3.78	1.81	40.01	120
	4-13-339	多联组合开关插座安装 暗装	10套	0.3	173.88	170.40		37.77	18.08	400.13	120
	主材	三加两带开关插座（C、P、X）86Z223K10A,IP54(安全型)	套	10		15.00				15.00	150.00
	主材	开关盒,暗装	个	10		2.04				2.04	20.40
15	030404035003	插座,三加两带开关插座(R)86Z223K16A,IP54(安全型),嵌墙暗装	个	1	17.39	17.04		3.78	1.81	40.01	40
	4-13-339	多联组合开关插座安装 暗装	10套	0.1	173.88	170.40		37.77	18.08	400.13	40
	主材	三加两带开关插座（R）86Z223K16A,IP54(安全型)	套	10		15.00				15.00	150.00
	主材	开关盒,暗装	个	10		2.04				2.04	20.40
16	030404035004	插座,三眼带开关插座86Z13K16A,嵌墙暗装	个	1	7.80	15.70		1.70	0.81	26.01	26
	4-13-323	单相暗插座电流（A）≤16	10套	0.1	78.03	157.00		16.95	8.12	260.10	26

续表

清单序号	项目编码（定额编码）	清单（定额）项目名称	计量单位	数量	综合单价（元）						合计（元）
					人工费	材料（设备）费	机械费	管理费	利润	小计	
	主材	三眼带开关插座 86Z13K16A	套	10.2		15.30				15.30	156.06
17	030404035005	插座，三眼带开关插座 86Z13K20A（安全型），嵌墙暗装	个	1	7.80	26.09		1.70	0.81	36.40	36
	4-13-324	单相暗插座电流（A）≤ 30	10套	0.1	78.03	260.90		16.95	8.12	364.00	36
	主材	三眼带开关插座 86Z13K20A（安全型）	套	10.2		25.50				25.50	260.10
18	030411006001	接线盒，暗装接线盒	个	8	2.78	2.97		0.60	0.29	6.64	53
	4-11-212	暗装接线盒	10个	0.8	27.81	29.72		6.04	2.89	66.46	53
	主材	86 接线盒	个	10.2		2.04				2.04	20.81
19	030411006002	接线盒，暗装开关盒	个	7	2.93	2.50		0.64	0.31	6.38	45
	4-11-211	开关盒、插座盒安装	10个	0.7	29.30	25.02		6.36	3.05	63.73	45
	主材	86 开关盒	个	10.2		2.04				2.04	20.81
20	030411006003	接线盒，暗装插座盒	个	17	2.93	2.50		0.64	0.31	6.38	107
	4-11-211	开关盒、插座盒安装	10个	1.7	29.30	25.02		6.36	3.05	63.73	107
	主材	86 插座盒	个	10.2		2.04				2.04	20.81
合 计											4475

根据视频所介绍的综合单价计算方法，计算表3.6.1中公寓楼C户型1户照明插座的工程量清单综合单价，得到综合单价计算表3.7.1，并将各项综合单价代入表3.6.1所列清单中，得到如表3.7.2所示的招标项目公寓楼C户型1户照明插座电气工程的分部分项工程项目清单与计价表。视频3-8"电气工程综合单价与分部分项工程费计算"以冷冻泵房电气工程为例展示分部分项工程费的汇总计算过程，请扫描二维码观看。冷冻泵房电气工程的分部分项工程费的计算结果如表3.7.3所

示，分部分项工程费47615元，其中人工费4890元，机械费686元，该数据作为后续计算的基础数据。

表 3.7.2 招标项目公寓楼 C 户型 1 户照明插座电气工程的分部分项工程项目清单与计价表

工程名称：某建筑电气工程

序号	项目编码	项目名称	项目特征	计量单位	工程量	综合单价	合价	人工费	机械费	暂估价	备注
						金额（元）		**其中**			
	公寓楼照明和插座工程						4526	1361	0	0	
1	030404 017001	配电箱	照明配电箱 AL1 规格 为 PZ30- 823×24×9	台	1	1037.89	1038	162.00	0.00	0.00	
2	030411 004001	配线	管内穿线 铜芯导线截面（mm² 以内）ZRBV2.5	m	256.98	2.55	655	156.76	0.00	0.00	
3	030411 004002	配线	管内穿线 铜芯导线截面（mm² 以内）ZRBVR2.5	m	103.54	2.67	276	63.16	0.00	0.00	
4	030411 004003	配线	管内穿线 铜芯导线截面（mm² 以内）ZRBV4	m	24.23	2.95	71	13.57	0.00	0.00	
5	030411 004004	配线	管内穿线 铜芯导线截面（mm² 以内）ZRBVR4	m	12.12	3.17	38	6.79	0.00	0.00	
6	030411 001001	配管	砖、混凝土结构暗配 公称直径（mm）PC20	m	119.38	7.10	848	466.78	0.00	0.00	
7	030411 001002	配管	砖、混凝土结构暗配 公称直径（mm）PC25	m	11.27	8.21	93	47.00	0.00	0.00	
8	030412 001001	普通灯具	吸顶灯 安装 1X13W	套	5	73.62	368	81.00	0.00	0.00	
9	030412 002001	工厂灯	吸顶防水防尘灯安装 1X13W	套	3	100.17	301	61.53	0.00	0.00	
10	030404 034001	照明开关	一位单控开关 86K11-6，嵌墙暗装	个	5	19.55	98	33.10	0.00	0.00	
11	030404 034002	照明开关	一位单控开关 86K11-6，带防溅盖，嵌墙暗装	个	1	27.71	28	6.62	0.00	0.00	
12	030404 034003	照明开关	一位单控开关 86K21-6，嵌墙暗装	个	1	24.65	25	6.62	0.00	0.00	

序号	项目编码	项目名称	项目特征	计量单位	工程量	金额（元）					备注
						综合单价	合价	其中			
								人工费	机械费	暂估价	
13	030404 035001	插座	带安全门二、三极插座86Z223A10A，嵌墙暗装	个	10	26.01	260	78.00	0.00	0.00	
14	030404 035002	插座	带安全门二、三极插座86Z223A10A，嵌墙暗装	个	3	40.01	120	52.17	0.00	0.00	
15	030404 035003	插座	三加两带开关插座（C、P、X）86Z223K10A，IP54（安全型），嵌墙暗装	个	1	40.01	40	17.39	0.00	0.00	
16	030404 035004	插座	三眼带开关插座86Z13K16A，嵌墙暗装	个	1	26.01	26	7.80	0.00	0.00	
17	030404 035005	插座	三眼带开关插座86Z13K20A（安全型），嵌墙暗装	个	1	36.40	36	7.80	0.00	0.00	
18	030411 006004	接线盒	暗装接线盒	个	8	6.64	53	22.24	0.00	0.00	
19	030411 006001	接线盒	暗装开关盒	个	7	6.38	45	20.51	0.00	0.00	
20	030411 006002	接线盒	暗装插座盒	个	17	6.38	107	49.81	0.00	0.00	
合 计							4526	1361	0	0	

表3.7.3　冷冻泵房电气工程的分部分项工程项目清单与计价表（部分数据）

序号	项目编码	项目名称	项目特征	计量单位	工程量	金额（元）					备注
						综合单价	合价	其中			
								人工费	机械费	暂估价	
电气设备安装工程							47615	4890	686	0	
1	030406 006001	低压交流异步电动机	小型交流异步电动机检查接线 功率30kW，低压笼型电动机（控制保护类型）电磁控制	台	3	371.44	1114	597.39	140.85	0.00	

续表

序号	项目编码	项目名称	项目特征	计量单位	工程量	金额（元）					备注
						综合单价	合价	其中			
								人工费	机械费	暂估价	
3	030404017002	配电箱	动力配电柜安装P1/P2/P3（箱体1000*2000*600）落地式，10#基础槽钢制	台	3	9124.66	27374	1389.15	266.01	0.00	
…	…	…	…	…	…	…	…	…	…	…	
14	030411001003	配管	UPVC塑料电线管暗配 公称直径（mm）15	m	64.20	6.44	413	231.12	0.00	0.00	
15	030411004005	配线	穿照明线 铜芯导线截面（mm² 以内）BV2.5	m	130.20	2.32	302	79.42	0.00	0.00	
16	030411006006	接线盒	灯头盒	个	4	6.64	27	11.12	0.00	0.00	
17	030412002001	工厂灯	工矿灯 GC3-B-2安装，吊链式，安装高度5m	套	4	406.96	1628	57.08	0.00	0.00	
合 计							47615	4890	686	0	

3.8　电气设备安装工程措施项目费计算

　　工程造价尚应包括施工技术措施项目费、施工组织措施项目费等各类措施项目费的计取，本节以冷冻泵房电气工程为例，根据上述计算结果展示措施项目费的计算。

　　根据《浙江省通用安装工程预算定额》（2018版）第十三册《通用项目和措施项目工程》定额规定，施工技术措施项目费包括：脚手架搭拆费、建筑物超高增加费、操作高度超高增加费、现场组装平台铺设与拆除费等四类。因此，计算施工技术措施项目费，应参照定额十三册规定。

　　根据《浙江省建设工程计价规则》（2018版）规定，施工组织措施项目费包括：安全文明施工基本费、标化工地增加费、提前竣工增加费、二次搬运费、冬雨季施工增加费等5类。其中安全文明施工基本费是必取费用，其他根据工程实际计取。针对标化工地增加费需要特别说明：该项目在《计价规则》中作为施工组织措施项目费给出费率，但是在招标控制价编制时，由于尚不能确定是否计取，所以在汇总表中作为暂列金额放在其他项目费中计取，但该项目费用仍按照施工组织措施项目费的费率计算，而在竣工结算时则应作为施工组织措施项目费计取。

现在，通过冷冻泵房的电气工程项目说明措施项目费的计算过程，可扫描视频二维码3-9观看。

视频二维码3-9：电气工程措施项目费计算

措施项目费计算过程：

第一步，确定本项目措施项目费计取项目内容。

根据招标文件的规定及项目实际情况，确定本项目措施项目费计取内容如下：

施工技术措施项目费包括：① 脚手架搭拆费；② 操作高度增加费，因冷冻泵房顶板高为8m，工矿灯安装高为5m，所以照明灯具配管配线工程应计取操作高度增加费；

施工组织措施项目费则包括：① 必须计取的安全文明施工基本费；② 根据招标文件要求计取的省标化工地增加费（招标控制报价编制阶段属于暂列金额）。

第二步，计算施工技术措施项目费。

施工技术措施项目费属于依据定额计价的计算过程，与分部分项工程费的计算相同，先编制清单，再计算综合单价，最后汇总得到技术措施项目费。计算过程如下文1～3所述。

1. 编制清单

根据《通用安装工程工程量计算规范》（GB50856-2013），编制本项目的两项施工技术措施项目清单编码分别为031301017001和031301018001。技术措施清单项目计量单位均为项，数量均为1。因此本项目施工技术措施项目清单编制如表3.8.1所示。

表3.8.1　电气工程施工技术措施项目清单

序号	项目编码	项目名称	项目特征	计量单位	数量
1	031301017001	脚手架搭拆费	脚手架搭拆费，第四册	项	1
2	031301018001	操作高度增加费	操作高度增加费，第四册	项	1

2. 计算施工技术措施项目综合单价

施工技术措施项目综合单价计算方法和分部分项工程项目的综合单价计算方法相

同，计算结果如表3.8.2所示，此处不再赘述。结合表3.8.2所示，这里重点说明施工技术措施项目综合单价计算时定额工程量的确定方法。

针对脚手架搭拆费，它属于综合取费，其工程量的工日数按照表3.7.3分部分项工程项目与计价表中得到的人工费汇总4890元除以现有定额采用的二类人工单价135元得到362个工日，因定额计量单位为100工日，折合为0.362个100工日。

针对操作高度增加费，它属于子项取费，应根据符合操作高度条件的项目计算其取费。本项目中电气工程5米以上（不含5米）项目才计算操作高度增加费，因此只有照明配管配线两项安装高度在顶板8米情况下符合取费条件，所以在表3.7.3分部分项工程量清单与计价表中找到该两项的人工费231.12 和79.42，求和后除以现有定额采用的二类人工单价135元得到2.3个工日，因定额计量单位为100工日，折合为0.023个100工日。

表 3.8.2 施工技术措施项目清单综合单价计算表

单位及专业工程名称：冷冻泵房动力电气工程　　　　　　　标段：　　　　　　第1页 共1页

清单序号	项目编码（定额编码）	清单（定额项目名称）	计量单位	数量	综合单价（元）						合计（元）
					人工费	材料（设备）费	机械费	管理费	利润	小计	
		0313 措施项目									
1	031301 017001	脚手架搭拆费，第四册	项	1	48.57	137.81	0.00	10.61	5.08	202.37	202.4
	13-2-4	脚手架搭拆费，第四册	100工日	0.362	135	380.7	0	29.32	14.04	559.06	202.4
2	031301 018001	操作高度增加费，第四册	项	1	102.48	0	0	22.26	10.66	135.39	135.4
	13-2-78	操作高度增加费，第四册	100工日	0.023	4455	0	0	967.63	463.32	5885.95	135.4
合　计											338

说明：严格意义上，只有在5米以上的配管和配线部分才能计算超高增加费，本书为计算简便，未区分5米以上和以内工程量，因此按配管与配线总的人工费计算。

3. 编制施工技术措施项目清单与计价表

施工技术措施项目清单与计价表编制方法和分部分项工程相同，此处不再赘述，编制结果如表3.8.3所示。

与分部分项工程项目清单与计价表相似，这里依然要汇总出如表中所示的施工技术措施项目费总价338元及其中的人工费151元和机械费0元，作为后续计算施工组织措施项目费和规费等费用的依据。

表 3.8.3 施工技术措施项目清单与计价表

序号	项目编码	项目名称	项目特征	计量单位	工程量	金额（元）					备注
						综合单价	合价	其中			
								人工费	机械费	暂估价	
	0313 措施项目						338	151	0	0	
1	313010 17001	脚手架搭拆	脚手架搭拆费，第四册	项	1	202.50	203	48.90	0.00	0.00	
2	313010 18001	操作高度增加费	操作高度增加费，第四册	项	1	135.39	135	102.48	0.00	0.00	
本页小计							338	151	0	0	
合 计							338	151	0	0	

第三步，计算施工组织措施项目费。

如表3.8.4所示，根据确定的两项取费项目安全文明施工基本费和省标化工地增加费，查阅《浙江省建设工程计价规则》（2018版）4.2节"通用安装工程施工取费费率表4.2.3（本书表3.8.5）"，依据本项目为市区工程，可以得到安全文明施工基本费的费率为7.10%，省标化工地增加费的费率为2.03%。

两项取费的取费基数均为：定额人工费＋定额机械费（包括分部分项工程中的"人工费＋机械费"和技术措施费中的"人工费＋机械费"），根据前面的计算可得两项人工费与机械费之和为：（4890＋686）＋（151＋0）=5727（元），分别乘以以上两项费率得到两项施工组织措施项目费分别为407元和116元。

表 3.8.4 施工组织措施项目清单与计价表

单位及专业工程名称：冷冻泵房动力配电系统　　　　　　　　标段：　　　　　　第1页 共1页

序号	项目名称	计算基础	费率（%）	金额（元）	备注
1	安全文明施工费			407	
1.1	安全文明施工基本费	定额人工费＋定额机械费	7.1	407	
2	省标化工地增加费	定额人工费＋定额机械费	2.03	116	
3	提前竣工增加费	定额人工费＋定额机械费			
4	二次搬运费	定额人工费＋定额机械费			
5	冬雨季施工增加费	定额人工费＋定额机械费			
合 计				523	

表 3.8.5 《浙江省建设工程计价规则》（2018版）通用安装工程施工取费费率表 4.2.3

定额编号	项目名称		计算基数	费率（%）					
				一般计税			简易计税		
				下限	中值	上限	下限	中值	上限
B3	施工组织措施项目费								
B3-1	安全文明施工费								
B3-1-1	其中	非市区工程	人工费+机械费	5.33	5.92	6.51	5.60	6.22	6.84
B3-1-2		市区工程		6.39	7.10	7.81	6.72	7.47	8.22
B3-2	标化工地增加费								
B3-2-1	其中	非市区工程	人工费+机械费	1.43	1.68	2.02	1.50	1.77	2.12
B3-2-2		市区工程		1.73	2.03	2.44	1.82	2.14	2.57
B3-3	提前竣工增加费								
B3-3-1	其中	缩短工期10%以内	人工费+机械费	0.01	0.83	1.65	0.01	0.88	1.75
B3-3-2		缩短工期20%以内		1.65	2.06	2.47	1.75	2.16	2.57
B3-3-3		缩短工期30%以内		2.47	2.97	3.47	2.57	3.12	3.67
B3-4	二次搬运费		人工费+机械费	0.08	0.26	0.44	0.09	0.27	0.45
B3-5	冬雨季施工增加费		人工费+机械费	0.06	0.13	0.20	0.07	0.14	0.21

注：施工组织措施项目费费率使用说明：
1. 通用安装工程的安全文明施工基本费费率是按照与建（构）筑物同步交叉配合施工的建筑设备安装工程进行测算，工业设备安装工程及不与建（构）筑物同步交叉配合施工（即单独进场施工）的建筑设备安装工程，其安全文明施工基本费费率乘以系数1.4。
2. 标化工地增加费费率的下限、中值、上限分别对应设区市级、省级、国家级标化工地，县市区级标化工地的费率按费率中值乘以系数0.7。

3.9 电气设备安装工程造价汇总及编制说明

3.9.1 电气设备安装工程招标控制价汇总计算

基于3.7、3.8节的计算，进行招标项目的电气工程造价汇总，并同步计算造价所应包含的其他项目费、规费和税金等费用。其他项目费根据招标文件规定计取，规费和税金根据项目实际情况，按照《浙江省建设工程计价规则》（2018版）的规定计取。以冷冻泵房电气工程为例，计算得到招标项目电气工程造价汇总表如表3.9.1所示。汇总计算过程可扫描视频二维码3-10观看。

视频二维码 3-10：电气工程其他项目费、规费和税金计算及造价汇总

表 3.9.1　招标项目电气工程造价汇总表（有其他项目费）

序号	费用名称	计算公式	金额（元）
1	分部分项工程费	∑（分部分项工程数量 × 综合单价）	47615
1.1	其中人工费 + 机械费	∑分部分项（人工费 + 机械费）	5576
2	措施项目费	2.1+2.2	745
2.1	施工技术措施项目	∑（技术措施工程数量 × 综合单价）	338
2.1.1	其中人工费 + 机械费	∑技措项目（人工费 + 机械费）	151
2.2	施工组织措施项目	按实际发生项之和进行计算	407
2.2.1	其中安全文明施工基本费	∑计费基数 × 费率	407
3	其他项目费	3.1 + 3.2 + 3.3 + 3.4 + 3.5	957
3.1	暂列金额	3.1.1 + 3.1.2 + 3.1.3	116
3.1.1	标化工地增加费	（人工费 + 机械费）× 2.03%	116
3.1.2	优质工程增加费	按招标文件规定额度列计	0
3.1.3	其他暂列金额	按招标文件规定额度列计	0
3.2	暂估价	3.2.1 + 3.2.2 + 3.2.3	0
3.2.1	材料（工程设备）暂估价	按招标文件规定额度列计（或计入综合单价）	0
3.2.2	专业工程暂估价	按招标文件规定额度列计	0
3.2.3	专项技术措施暂估价	按招标文件规定额度列计	0
3.3	计日工	∑计日工（暂估数量 × 综合单价）	0
3.4	施工总承包服务费	3.4.1 + 3.4.2	841
3.4.1	专业发包工程管理费	按招标范围内的中标价的 1.5% 计取总承包管理、协调费	841
3.4.2	甲供材料设备管理费	甲供材料暂估金额 × 费率 + 甲供设备暂估金额	0

续表

序号	费用名称	计算公式	金额（元）
3.5	建筑渣土处置费	按招标文件规定额度列计	0
4	规费	计算基数 × 费率 =5727×30.63%	1754
5	税前总造价	1 + 2 + 3 + 4	51071
6	税金	计算基数 × 费率 =50039×10%	5107
招标控制价合计		1 + 2 + 3 + 4 + 6	56178

　　本次计算案例中含有其他项目费"施工总承包服务费"，而实际上，也有许多项目不含有其他项目费，如果不含有其他项目费，只要把分部分项工程费计算和措施费计算两部分的计算结果填入招标控制价汇总表，算出规费和税金，就可以汇总得到招标控制价。请扫描视频二维码3-11观看，为大家展示冷冻泵房电气工程不含其他项目费时的造价汇总计算过程，计算结果如表3.9.2所示。

视频二维码3-11：无其他项目费的造价汇总计算

表 3.9.2　招标项目电气工程造价汇总表（无其他项目费）

序号	费用名称	计算公式	金额（元）
1	分部分项工程费	∑（分部分项工程数量 × 综合单价）	47615
1.1	其中人工费 + 机械费	∑分部分项（人工费 + 机械费）	5576
2	措施项目费	2.1 + 2.2	745
2.1	施工技术措施项目	∑（技术措施工程数量 × 综合单价）	338
2.1.1	其中人工费 + 机械费	∑技措项目（人工费 + 机械费）	151
2.2	施工组织措施项目	按实际发生项之和进行计算	407
2.2.1	其中安全文明施工基本费	∑计费基数 × 费率	407
3	其他项目费	3.1 + 3.2 + 3.3 + 3.4 + 3.5	0
3.1	暂列金额	3.1.1 + 3.1.2 + 3.1.3	0
3.1.1	标化工地增加费	（人工费 + 机械费）×2.03%	0
3.1.2	优质工程增加费	按招标文件规定额度列计	0
3.1.3	其他暂列金额	按招标文件规定额度列计	0

续表

序号	费用名称	计算公式	金额（元）
3.2	暂估价	3.2.1 + 3.2.2 + 3.2.3	0
3.2.1	材料（工程设备）暂估价	按招标文件规定额度列计（或计入综合单价）	0
3.2.2	专业工程暂估价	按招标文件规定额度列计	0
3.2.3	专项技术措施暂估价	按招标文件规定额度列计	0
3.3	计日工	$\sum$计日工（暂估数量 × 综合单价）	0
3.4	施工总承包服务费	3.4.1 + 3.4.2	0
3.4.1	专业发包工程管理费	按招标范围内的中标价的 1.5% 计取总承包管理、协调费	0
3.4.2	甲供材料设备管理费	甲供材料暂估金额 × 费率 + 甲供设备暂估金额	0
3.5	建筑渣土处置费	按招标文件规定额度列计	0
4	规费	计算基数 × 费率 =5727×30.63%	1754
5	税前总造价	1 + 2 + 3 + 4	50114
6	税金	计算基数 × 费率 =50114×10%	5011
招标控制价合计		1 + 2 + 3 + 4 + 6	55125

3.9.2　电气设备安装工程造价编制说明的编写

单位工程造价完成时，应对实际计价过程进行详细全面的说明，包括计价依据、费用计取的费率取值、工程类别的划分等，造价编制说明样例如表3.9.3所示。

表 3.9.3　编制说明

工程名称：某建筑电气工程（非本项目，以其他案例为例，供读者参考）

造价编制说明

一、预算编制依据

1、建设单位提供的由XXX有限公司设计的《XXX项目主楼、附楼一、附楼二》的2016.07版施工图纸及其他相关资料等。

2、《浙江省安装工程预算定额》（201X版）、《浙江省建设工程计价规则》（201X版）、《浙江省建设工程施工取费定额》（201X版）、《建设工程工程量清单计价规范》（GB50500-2013）、《浙江省建设工程工程量清单计价指引》其他有关补充定额及建设工程造价管理部门发布的现行规定等。

二、预算编制原则及办法

1、工程量：根据建设单位提供的施工图纸计算。

2、材料信息价：材料价格参照顺序2016年第8期《××市建设工程造价信息（综合版）》市区栏，2016年第8期《浙江造价信息》；人工市场信息价及机械费调整系数按照2016年第8期《××市建设工程造价信息（综合版）》计入。

3、取费标准：①企业管理费费率、利润费率按水、电、暖、通风及自控安装工程二类；其中弹性区间费率按中值计取；②安全文明施工费按市区一般工程中值（费率×0.7系数）计取；③民工工伤保险费费率按甬发改投资[2014]540号执行；④二次搬运费、提前竣工增加费、工程定位复测费、特殊地区增加费、创标化工地增加费不予计取。

4、本项目已执行《关于建筑业实施营改增后浙江省建设工程计价规则调整的通知》（建建发〔2016〕144号）文件，采用一般计税法，同时执行《转发浙江省建设工程造价管理总站关于发布营改增后浙江省建设工程施工取费费率等文件的通知》（××市建价【2016】23号），税金执行××市建价[2016]24号。

三、有关事项说明

1、本次预算范围为某商铺照明系统。

2、依总包合同要求：××专业工程总承包服务费按中标价款的0.5%，不计入本招标控制价。

四、其他

附表一：建议定牌材料表。

思考与启示

本章按照编制招标控制价的要求完成了造价编制任务。但正如第1章的工作任务所述，安装工程造价在招投标阶段分为招标控制价和投标报价两类，投标报价是投标人进行竞标的重要文件和关键要素，那么投标报价如何编制呢？请扫描视频二维码3-12和3-13观看，了解本案例电气工程投标报价的编制过程。

视频二维码 3-12：电气设备安装工程投标报价的计算（上）

视频二维码 3-13：电气设备安装工程投标报价的计算（下）

习 题

1. 跟随二维码视频学习，完成学习过程测试。

2. 完成本书配套作业案例中电气工程练习项目的工程量计算、清单编制、定额套用取费、招标控制价或投标报价编制。扫描下方二维码下载作业案例电子资料。

 文件下载二维码：作业案例电子资料（包含后面几章习题电子资料）

3. 请总结电气设备安装工程计价包括哪些分部工程。

第4章 通风空调安装工程造价

工作任务

▶ **工程概况说明**

本项目的通风空调安装工程为多功能报告厅的通风空调系统。其主要设备材料图例说明如本书附录一附表1.2.2所示,安装平面图和剖面图分别如本书附录一附图1.2.8-1.2.10所示。

▶ **造价任务**

请以造价从业人员的身份,结合第1章招标要求和本章所提供的学习内容,依据《浙江省通用安装工程预算定额》(2018版)和国家现行有关计价依据,完成以下工作任务:

(1)完成本多功能报告厅的通风空调风系统的工程量计算;

(2)完成招标清单的编制;

(3)完成招标控制价的编制;

(4)尝试投标报价的编制(注意:实际工作中,根据《浙江省建设工程计价规则》(2018版)7.3节规定,工程造价咨询人接受招标人委托编制招标控制价,不得再就同一工程接受投标人委托编制投标报价)。

4.1 通风空调基础知识

4.1.1 通风空调系统的基本概念及组成

通风空调系统由通风系统和空调系统组成。

1. 通风系统

通风是将室内的污浊空气和有害烟、尘直接或经过处理后排出室外,将新鲜空气直接或净化处理后送入室内的过程。因此,通风工程由排风和送风两部分内容构成。

通风方式有局部通风和全面通风。按照空气流动动力不同,可分为机械通风和自然通风。

（1）局部通风。局部通风系统分为局部送风和局部排风，它们都是利用局部气流，使局部工作地点不受有害物的污染，创造良好的空气环境。

（2）全面通风。全面通风也称稀释通风，是利用清洁空气稀释室内空气中的有害物浓度，同时不断把污染空气排至室外，使室内空气中有害物浓度不超过卫生标准规定的最高允许浓度。

（3）自然通风。是指利用自然风压、空气温差、空气密度差等对室内区域进行通风换气的方式。换句话说，自然通风是依靠室外风力造成的风压和室内外空气温度差造成的热压，促使空气流动，使得建筑室内外空气交换。

（4）机械通风。依靠风机提供的风压、风量，通过管道和送、排风口系统可以有效地将室外新鲜空气或经过处理的空气送到建筑物的任何工作场所；还可以将建筑物内受到污染的空气及时排至室外，或者送至净化装置处理合格后再予排放。这类通风方法称为机械通风。如（1）、（2）所述，机械通风可分为全面通风和局部通风两种形式，图4.1.1是全面机械送风、自然排风的系统示意图。

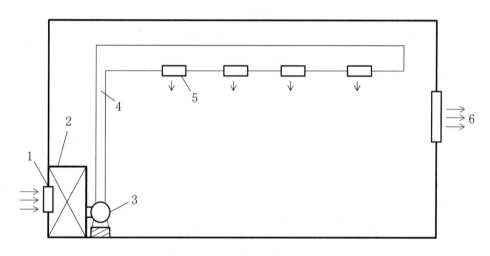

图4.1.1　全面机械送风、自然排风的系统示意图
1-进风口；2-空气处理设备；3-风机；4-风道；5-送风口；6-排风口

2. 空调系统

空调工程就是空气调节工程，采用技术手段把某种特定空间内部的空气环境控制在一定状态下，使其满足人体舒适性或生产工艺的要求。调节控制参数包括空气的温度、湿度、流速、压力、洁净度、成分、噪声等，图4.1.2是空调系统原理图。

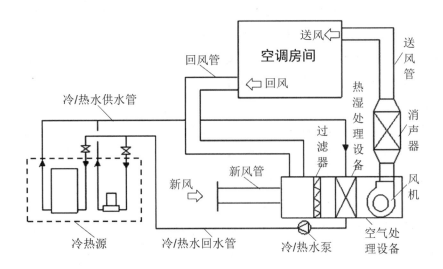

图4.1.2 空调系统原理图

如图4.1.2所示，空调房间的空气经回风管回到空气处理设备，与室外新风汇合后，经过空气过滤器、热湿处理设备后，温度、湿度和洁净度等参数被调节到送风设定值，经送风管送入空调房间，如此周而复始的空气调节循环，保持空调房间空气的参数在合适的设定值。图中冷热源及冷热水泵通过冷热源制备的冷热水负责把空气的热量或冷量带走；风机是输送空气的设备；新风视空气调节需要而设定。

空调系统根据空气处理设备设置的集中程度分三类：

（1）集中式空调系统：处理空气的空气调节器集中安装在专用机房内，空气降温、加热用的冷源和热源，由专用的冷冻站或锅炉房供给，图4.1.2所示的空调部分是典型的集中式空调系统。

（2）半集中式空调系统：这种系统除了设有集中在空调机房的空气处理设备可以处理一部分空气外，还有分散在被调房间内的空气处理设备，其中多数为冷热盘管，以便对室内空气进行就地处理或对来自集中处理设备的空气再进行补充处理，以满足不同房间对送风状态的不同要求。诱导器系统、风机盘管系统等均属此类。。

（3）分散式空调系统：分散式空调系统又称局部空调系统。这种系统的特点是将空气处理设备全分散在被调房间内或邻室内。空调房间使用分体空调机组者属此类。

4.1.2 通风空调工程管道及部件

通风管道是工业与民用建筑的通风与空调工程中空气的流动通道，并可通过各种管件、部件和附件对空气流动进行调控和分配。

1. 通风管道

（1）通风管道形状及规格。通风管道有圆形和矩形两种，《通风与空调工程施工质量验收规范》（GB50243–2016）规定：金属风管规格应以外径或外边长为准，非金属风管和风道规格应以内径或内边长为准。圆形风管规格宜符合表4.1.1的规定，矩形风管规格宜符合表4.1.2的规定。圆形风管应优先采用基本系列，非规则椭圆形风管应参照矩形风管，并应以平面边长及短径径长为准。另外，风管还可以做成均匀渐缩的，即均匀送风管道。

（2）通风管道材料。通风管道的材料常采用普通薄钢板、镀锌薄钢板、塑料复合钢板、不锈钢板和铝板等。各种材料的选用根据材料特点和实际使用需求，根据相关规范要求，在设计时选定材料种类、厚度等规格参数。造价过程中应根据各种风管的材质、厚度规格不同分别计算工程量。几种主要材料的板材厚度规定如表4.1.3–4.1.5所示，更多规定请参照《通风与空调工程施工质量验收规范》（GB50243–2016）。

表4.1.1　圆形风管规格

风管直径 D（mm）			
基本系列	辅助系列	基本系列	辅助系列
100	80	500	480
	90	560	530
120	110	630	600
140	130	700	670
160	150	800	750
180	170	900	850
200	190	1000	950
220	210	1120	1060
250	240	1250	1180
280	260	1400	1320
320	300	1600	1500
360	340	1800	1700
400	380	2000	1900
450	420	–	–

表4.1.2　矩形风管规格

风管边长（mm）				
120	320	800	2000	4000
160	400	1000	2500	–
200	500	1250	3000	–
250	630	1600	3500	–

表4.1.3　钢板风管板材厚度（mm）

类别	板材厚度（mm）				
风管直径或长边尺寸 b（mm）	微压、低压系统风管	中压系统风管		高压系统风管	除尘系统风管
		圆形	矩形		
b ≤ 320	0.5	0.5	0.5	0.75	2.0
320<b ≤ 450	0.5	0.5	0.5	0.75	2.0
450<b ≤ 630	0.6	0.75	0.75	1.0	3.0
630<b ≤ 1000	0.75	0.75	0.75	1.0	4.0
1000<b ≤ 1500	1.0	1.0	1.0	1.2	5.0
1500<b ≤ 2000	1.0	1.2	1.2	1.5	按设计要求
2000<b ≤ 4000	1.2	按设计要求	1.2	按设计要求	按设计要求

注：1. 螺旋风管的钢板厚度可按圆形风管减少10%~15%。
　　2. 排烟系统风管钢板厚度可按高压系统。
　　3. 不适用于地下人防与防火隔墙的预埋管。

表4.1.4　不锈钢板风管板材厚度（mm）

风管直径或长边尺寸 b（mm）	微压、低压、中压	高压
b ≤ 450	0.5	0.75
450<b ≤ 1120	0.75	1.0
1120<b ≤ 2000	1.0	1.2
2000<b ≤ 4000	1.2	按设计要求

表4.1.5　铝板风管板材厚度（mm）

风管直径或长边尺寸 b（mm）	微压、低压、中压
b ≤ 320	1.0
320<b ≤ 630	1.5
630<b ≤ 2000	2.0
2000<b ≤ 4000	按设计要求

2.通风管道管件

通风管道管件有弯头、三通、四通、变径管、天圆地方等。如图4.1.3所示。

3. 通风及空调部件

通风空调系统部件，包括各类风口、调节阀、消声装置、系统末端装置等。

（1）风口。包括送风口和排风口，常见的送风、排风口形式很多，如插板式风口、活动百叶式风口、散流器等。

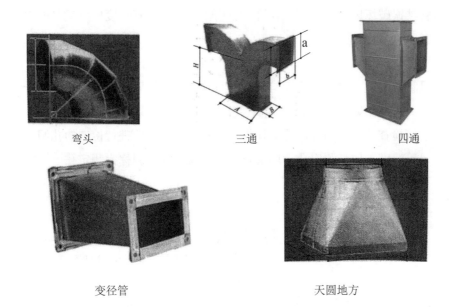

弯头　　　　　　　　　三通　　　　　　　　　四通

变径管　　　　　　　　　　　　　天圆地方

图4.1.3　通风管道管件

（2）调节阀。在通风空调系统中，调节阀起调节风量和开关作用，按照驱动方式的不同，可分为电动式和手动式，常用的有：

① 蝶阀。蝶阀主要设在分支管道或散流器前端，用来调节风量。

② 插板阀。插板阀主要用在除尘和气力输送的管道上，作为开关用。

③ 防火阀。防火阀的作用是当火灾发生时，它能自动关闭管道，隔断气流，防止火势蔓延。

④ 止回阀。止回阀的作用是风机停转时防止气体倒流。为使阀板启闭灵活，防止产生火花，板材选用重量轻的板材。

（3）消声装置。包括各类消声器和消声弯头，一般安装在风机出口水平总风管上，用以降低风机产生的空气动力噪声，也有将消音器安装在各个送风口前的弯头内，用来阻止或降低由风管内向空调房间传播噪声。常用的消声器主要有微穿孔板消声器、阻抗式消声器、管式消声器、片式消声器等。

（4）系统末端装置：常指排风系统的风帽、风罩等末端设备，设于排风系统吸排风口处。详细介绍请参阅相关资料，本书不做详述。

4. 通风管道其他附件

（1）风管导流叶片。作用是按照一定的流速，将一定数量的空气送进风管，风管导流叶片按叶片面积计算。

（2）软管（软性接头）。在通风机的入口和出口处，应用软管与风管连接，以防止风机与风管共振破坏风管保温等，软管一般用帆布制作，其长度应有适当的伸缩量，不得拉得过紧，也不宜过松。

（3）柔性软风管。在不易设置刚性风管位置的情况下，设置柔性软风管（挠性风管）属通风管道系统，常见于风管与风口之间的连接，材质有金属、涂塑化纤织物、聚酯、聚乙烯、聚氯乙烯膜、铝箔等多种。

（4）风管检查孔。可揭开风管的外层某个断面，用仪器进行检查的孔洞。

（5）风管温度、风量测定孔。用来安装测定仪表的孔洞称为测定孔。

4.2　通风空调工程施工图识读

根据第1章招标工程案例介绍和本章的工作任务描述，本章主要完成多功能报告厅的通风空调工程风系统的计价。与电气安装工程造价过程一样，作为工程造价人员，无论那种单位工程的造价，首先都应结合设计说明和图纸，认真识读图纸，分析出和造价有关的信息。本项目通风空调工程案例的识图简介请扫描视频二维码4-1观看。

视频二维码 4-1：通风空调工程识图

4.2.1　通风空调工程造价识图的必要知识

识读通风空调工程图纸需要特别了解的相关基础知识简要介绍如下：

1. 施工图分类

（1）基本图。包括：设计与施工说明、主要设备及部件明细表、图例、平面图、剖面图、系统轴测图。

（2）详图。包括：设备与部件制作与安装图、节点大样图。

2. 施工图的表示方法

（1）比例。通风空调施工图风管与设备的实际尺寸一般都按比例绘制。

（2）标高。风管、设备都以相对标高来表示，单位为m。相对标高一般以建筑底层室内地坪为 ±0.00，圆形风管指地坪至风管中心，矩形风管指风管管底。

（3）尺寸标注。圆形风管以"Φ"表示直径（mm），如Φ300，矩形风管以边长A（长边mm）×B（短边mm）表示，如600×300，表示矩形风管截面的长边长（宽）为600mm，短边长（高）为300mm。

3. 相关图纸表示方法

（1）主要设备材料表。主要设备材料表标明设计中采用的主要设备、部件的参数、数量等，是造价的重要信息。如本书附录一附表1.2.2所示。

（2）平面图。平面图上主要标明风机、通风管道、风口、阀门等设备和部件在平面上的布置、主要尺寸及它们与建筑物墙面、柱的关系等，同时还用符号标出进出风口的气流流动方向等。如本书附录一附图1.2.8、附图1.2.9。

（3）剖面图。识读剖面图确定风管、设备在垂直面的位置、相互之间的关系、标高尺寸。如本书附录一附图1.2.10。

（4）系统轴测图。轴测图完整而形象地把整个通风空调系统的风管、部件及设备之间的相对位置及空间关系标示出来。

4. 通风空调专业识图顺序

（1）读图时，先看目录，再看施工说明与设备材料表，平面图、剖面图、轴测图对应识读，按进风口—风管（回风管或新风管）—动力设备（风机）—送风管或排风管—送风口的顺序读图，沿着空气流动的路程了解风管的走向、风管及部件、配件等规格和确切位置等信息。

（2）按照先略后详的原则，先了解整个系统的大概情况，然后按照系统的气流方向确定设备、风机的安装位置、风管的尺寸及走向等。

4.2.2　通风空调工程图的识读

根据招标项目空调通风系统相关设计说明和图纸，可以读出以下信息：

1. 工程概况

本工程位于××市，建筑高度11.2m，空调面积1492m^2，夏季最大冷负荷1622kW，冬季最大热负荷1321kW。

2. 设计依据

（1）《民用建筑供暖通风与空气调节设计规范》GB50736-2012；

（2）《建筑设计防火规范》GB50016-2006；

（3）《公共建筑节能设计标准》DB33/1036-2007；

（4）《公共建筑节能设计标准》GB50189-2005；

（5）《多联机空调系统工程技术规范》JGJ174-2010；

（6）《中小学校设计规范》GB50099-2011；

（7）《通风与空调工程施工质量验收规范》GB50243-2002；

（8）功能布置依据：建筑专业条件图及建设方对本工程的设计要求。

3. 空调通风系统图例说明

空调通风系统图例说明如下：

4. 根据图纸读到的其他造价相关重要信息

根据第1章招标工程案例介绍和本章工作任务布置描述，由通风空调工程的设计说明（本书不单独提供设计说明，读者可参照以下读图内容）、平面图及剖面图，可以读出以下和工程造价相关的信息：

（1）报告厅多联机室外机放置于高年段教学楼屋顶，其余各子项目室外机均放置于其自身屋面（或设备平台）。

（2）所有室内空调机、风机及消声静压箱均采用弹簧减震吊架，并应根据设备重量选择吊架型号，本项目室内空调机、风机及静压箱的支吊架按照15kg/个设备计算工程量。管道与设备的连接应采用柔性连接。防火阀设独立的支吊架，本项目防火阀的支吊架按照2kg/个防火阀计算工程量。

（3）风口选用：图中未作说明时，送风口距地面高度小于3.0m时采用铝合金散流器，大于或等于3.0m时采用双层百叶风口；二层空调机组回风口采用带过滤网的铝合金单层格栅风口；新风进风口采用铝合金防雨百叶风口，自带调节阀；一层报告厅3个1000×160带调节阀的铝合金百叶回风口。

（4）空调新风段采用镀锌薄钢板法兰风管，钢板厚0.75mm。ZKW-180风冷直澎式空调室内机出口至防火阀的空调风管采用镀锌薄钢板（钢板厚1.2mm）加30mm厚玻璃纤维棉毡保温，其他空调风管采用不燃纤维增强镁质风管，绝热层热阻大于0.81m² · K/W。严格按照产品供应商施工要求施工。与土建风道相连的风道，需保证连接口的强度，防止变形。人防风管选用详见人防说明，其余通风风管采用不燃玻璃钢风管。

（5）普通通风和空调风管的法兰之间采用厚3～5mm的闭孔海绵橡胶板作密封垫圈，防火阀及排烟风管的法兰垫圈采用厚3～5mm的石棉橡胶板。

（6）连接：一般风管法兰间用5mm厚橡胶板做衬垫，风管与风机、通风空调设备之间以柔性短管相连接。柔性短管采用硅玻钛金不燃软接头，长度为200mm，规格如图示风管尺寸。

（7）风管支、吊架的形式及尺寸，按国标03K132制作。所有支吊架应刷红丹防锈漆和银粉漆各两遍。管道支、吊、托架必须设置于保温层的外部，在穿过支、吊、托架处，应镶以热浸垫木。

（8）未注明定位尺寸的风管位置参照平面图配合装修现场确定。吊平顶上安装圆形或方形散流器时，空调风管分支向下的竖直管道长度0.7m，采用同风口规格的铝箔保温软管安装。

（9）管道井与房间、走道等相连通的孔洞，其间隙应采用不燃材料填塞密实。

（10）下列情况之一的通风、空气调节系统的风管道应设置防火阀（70℃）：管道穿越防火分区处；穿越通风、空气调节机房及重要的或火灾危险性大的房间隔墙和楼板处；垂直风管与每层水平风管交接处的水平管段上；穿越变形缝处的两侧。

（11）所有送回风口、电动调节阀、多叶调节阀除特别说明外，均采用铝合金制作；防火阀为碳钢阀门。

（12）当风管高度≤200mm时，可用单叶调节阀；＞200mm时，均采用多叶调节阀。

（13）风管穿越防火墙、楼板、竖井壁所装的防火阀应尽量贴墙、贴楼板或贴竖井壁安装，且距墙、楼板和竖井壁的距离不大于200mm。

（14）穿越不同防火分区时，按气流方向，加压、补风风管上游段及排烟风管的下游段；防火阀与防火墙、竖井壁及楼板之间的风管（一般下游取2m长度）需作如下加强处理：用厚30mm玻璃纤维棉毡做隔热层，经钢丝网捆扎后，再抹15mm保温水泥保护壳。

★说明：此处涉及"厚30mm玻璃纤维棉毡、钢丝网保护层和15mm保温水泥保护层"3项工程量计算，但是在本书举例中不涉及跨越防火分区情况，因此不计算此内容，实际工作中需按实计算。

（15）在风管穿越防火墙或楼板时，应预埋防护套管，防护套管板厚不应小于1.6mm，风管与防护套管之间需用玻璃棉毡等不燃柔性材料封堵。

（16）风系统所有无风口的进风入口、排风出口以及风机进、出风口自由端均应装设直径2mm、网孔为20mm的镀锌铁丝网。

4.3 通风空调工程预算定额基本规定

本节以《浙江省通用安装工程预算定额》（2018版）的相关内容说明通风空调工程造价定额基本规定，如第3章所述，我国全统定额和各省、直辖市、自治区的定额规定基本相似，学习者在某地域从事安装工程造价行业时，应注意查阅当地实施定额的相关规定，并根据这些规定查阅相关的计价依据。

《浙江省通用安装工程预算定额》（2018版）中第七册《通风空调工程》定额册说明规定了以下内容：

1. 适用性规定

第七册《通风空调工程》定额（以下简称本册定额）适用于新建、扩建、改建项目中的通风、空调工程。

2. 工作内容规定

下列内容执行其他册相应定额：

（1）通风设备、除尘设备为专供通风工程配套的各种风机及除尘设备。其他工业用风机（如热力设备用风机）及除尘设备安装应执行《浙江省通用安装工程预算定额》（2018版）中第一册《机械设备安装工程》、第二册《热力设备安装工程》相应定额。

（2）空调系统中管道配管执行《浙江省通用安装工程预算定额》（2018版）中第十册《给排水、采暖、燃气工程》相应定额，制冷机机房、锅炉房管道配管执行《浙江省通用安装工程预算定额》（2018版）中第八册《工业管道工程》相应定额。

（3）刷油、防腐蚀、绝热工程，执行《浙江省通用安装工程预算定额》（2018版）中第十二册《刷油、防腐蚀、绝热工程》相应定额。

① 薄钢板风管刷油按其工程量执行相应定额，仅外（或内）面刷油定额乘以系数1.20，内外均刷油定额乘以系数1.10（其法兰加固框、吊托支架已包括在此系数内）。

② 薄钢板部件刷油按其工程量执行金属结构刷油项目，定额乘以系数1.15。

③ 薄钢板风管、部件以及单独列项的支架，其除锈不分锈蚀程度，均按其第一遍刷油的工程量，执行《浙江省通用安装工程预算定额》（2018版）中第十二册《刷油、防腐蚀、绝热工程》中除轻锈的项目。

（4）安装在支架上的木衬垫或非金属垫料，发生时按实计入成品材料价格。

（5）定额中未包括风管穿墙、穿楼板的孔洞修补，发生时参照《浙江省房屋建筑与装饰工程预算定额》（2018版）的相应定额。

（6）设备支架的制作安装、减振器、隔振垫的安装，执行《浙江省通用安装工程预算定额》（2018版）中第十三册《通用项目和措施项目工程》的相应定额。

3. 制作安装费用比例划分

本册定额中大部分定额子目中基价包含了制作安装费用，各分部工程制作和安装的人工、材料、机械费用划分比例见表4.3.1。

表 4.3.1 空调管道及部件制作和安装的人工、材料、机械费用划分比例表

序号	项目名称	制作（%）			安装（%）		
		人工	材料	机械	人工	材料	机械
1	空调部件及设备支架制作、安装	86	98	95	14	2	5
2	镀锌薄钢板法兰通风管道制作、安装	60	95	95	40	5	5
3	镀锌薄钢板共板法兰通风管道制作、安装	40	95	95	60	5	5
4	薄钢板法兰通风管道制作、安装	60	95	95	40	5	5
5	净化通风管道及部件制作、安装	40	85	95	60	15	5
6	不锈钢板通风管道及部件制作、安装	72	95	95	28	5	5
7	铝板通风管道及部件制作、安装	68	95	95	32	5	5
8	塑料通风管道及部件制作、安装	85	95	95	15	5	5
9	复合型风管制作、安装	60	–	99	40	100	1
10	风帽制作、安装	75	80	99	25	20	1
11	罩类制作、安装	78	98	95	22	2	5

4.4 通风空调工程工程量计算依据及规则

本节结合项目任务，学习并练习如何根据各种计价依据进行通风空调风系统工程量计算，并依据计价要求编制出合理的工程量清单。

4.4.1 通风空调工程工程量计算依据

通风空调安装工程的工程量分为国标清单工程量和定额清单工程量。国标清单工程量应根据《通用安装工程工程量计算规范》（GB50856-2013）进行计算，定额清单工程量应参照《通风空调安装工程》定额进行计算。另外，工程量计算依据还包括设计图纸、施工组织设计或施工方案及其他该工程有关技术经济文件。

4.4.2 国标清单工程量计算规则

国标清单工程量应根据《通用安装工程工程量计算规范》（GB50856-2013）进行，工程量计算原则参照第3章3.4.2节所述，本章不再赘述。

4.4.3 定额清单工程量计算规则

定额清单工程量应参照"通风空调工程"相关定额的定额说明及工程量计算规则进行计算，本书的通风空调安装工程造价选择《浙江省通用安装工程预算定额》（2018版）为计价依据，其中第七册《通风空调工程》定额说明及工程量计算规则阐述如下。

4.4.3.1 通风空调设备及部件制作、安装

1.定额章说明

（1）本章内容包括空气加热器（冷却器）、除尘设备、空调器、多联体空调机室外机、风机盘管、空气幕、VAV变风量末端装置、净化工作台、洁净室、风淋室、通风机、钢板密闭门、钢板挡水板安装以及滤水器、溢水盘、过滤器及框架等的制作安装。

（2）通风机安装子目内包括电动机安装，其安装形式包括A、B、C、D等型，适用于碳钢、不锈钢、塑料通风机安装。

（3）有关说明：

①诱导器安装执行风机盘管安装子目。

②多联式空调系统的室内机按安装方式执行风机盘管子目。

③玻璃钢和PVC挡水板执行钢板挡水板安装子目。

④低效过滤器包括：M–A型、WL型、LWP型等系列。

⑤中效过滤器包括：ZKL型、YB型、M型、ZX–1型等系列。

⑥高效过滤器包括：GB型、CS型、JX–20型等系列。

⑦净化工作台包括：XHK型、BZK型、SXP型、SZP型、SZX型、SW型、SZ型、SXZ型、TJ型、CJ型等系列。

⑧卫生间通风器执行本定额第四册《电气设备安装工程》中换气扇安装的相应定额。

⑨轴流式通风机如果安装在墙体里，参照轴流式通风机吊式安装的相应定额子目，人工材料乘以系数0.7。箱体式风机安装执行通风机安装的相应子目，基价乘以系数1.2。

⑩成套分体空调器安装定额包含室内机、室外机安装，以及长度在5m以内的冷媒管及其保温、保护层的安装、电气接线工作，未计价主材包含设备本体、冷媒管、保温及保护层材料、电线。

2.工程量计算规则

（1）空气加热器（冷却器）安装，按设计图示数量计算，以"台"为计量单位。

（2）除尘设备安装，按设计图示数量计算，以"台"为计量单位。

（3）整体式空调机组、分体式空调器安装按设计图示数量计算，分别以"台""套"为计量单位。

（4）组合式空调机组安装依据设计风量，按设计图示数量计算，以"台"为计量单位。

（5）多联体空调机室外机安装依据制冷量，按设计图示数量计算，以"台"为计量单位。

（6）风机盘管安装按设计图示数量计算，以"台"为计量单位。

（7）空气幕按设计图示数量计算，以"台"为计量单位。

（8）VAV变风量末端装置安装按设计图示数量计算，以"台"为计量单位。

（9）钢板密闭门安装按设计图示数量计算，以"个"为计量单位。

（10）钢板挡水板安装按设计图示尺寸以空调器断面面积计算，以"m²"为计量单位。

（11）滤水器、溢水盘制作安装按设计图示尺寸以质量计算，以"kg"为计量单位。非标准部件制作安装按成品质量计算。

（12）高、中、低效过滤器安装、净化工作台、风淋室安装按设计图示数量计算，以"台"为计量单位。

（13）过滤器框架制作按设计图示尺寸以质量计算，以"kg"为计量单位。

（14）通风机安装依据不同形式、规格按设计图示数量计算，以"台"为计量单位。

4.4.3.2　通风管道制作安装

1.定额章说明

（1）本章内容包括镀锌薄钢板法兰通风管道制作、安装；镀锌薄钢板共板法兰通风管道制作、安装；薄钢板法兰通风管道制作、安装；镀锌薄钢板矩形净化通风管道制作、安装；不锈钢板通风管道制作、安装；铝板风管制作、安装；塑料风管制作、安装；玻璃钢通风管道安装；复合型风管制作、安装；柔性软风管安装；固定式挡烟垂壁安装；弯头导流叶片及其他等。

（2）下列费用可按系数分别计取：

① 薄钢板风管整个通风系统设计采用渐缩管均匀送风者，圆形风管按平均直径、矩形风管按平均长边长参照相应规格子目，其人工乘以系数2.5。

② 如制作空气幕送风管时，按矩形风管平均长边长执行相应风管规格子目，其人工乘以系数3.0。

③ 圆弧形风管制作安装参照相应规格子目，人工、机械乘以系数1.4。

2.有关说明

（1）风管导流叶片不分单叶片和香蕉形双叶片均执行同一子目。

（2）薄钢板通风管道、净化通风管道、玻璃钢通风管道、复合型风管制作安装子目中，包括弯头、三通、变径管、天圆地方等管件及法兰、加固框和吊托支架的制作安装，但不包括过跨风管落地支架，落地支架制作安装执行本定额第十三册《通用项目和措施项目工程》的相应定额。

（3）净化圆形风管制作安装执行本章净化矩形风管制作安装子目。（说明：用圆形风管直径作为长边长套用定额。）

（4）净化风管涂密封胶按全部口缝外表面涂抹考虑。如设计要求口缝不涂抹而只在法兰处涂抹时，每10m²风管应减去密封胶1.5kg和0.37工日。

（5）净化风管及部件制作安装子目中，型钢未包括镀锌费，如设计要求镀锌时，应另加镀锌费。

（6）净化通风管道子目按空气洁净度100000级编制。

（7）不锈钢板风管、铝板风管制作安装子目中包括管件，但不包括法兰和吊托支架；法兰和吊托支架应单独列项计算，执行相应子目。

（8）不锈钢板风管咬口连接制作安装参照本章镀锌薄钢板法兰风管制作安装子目，其中材料乘以系数3.5，不锈钢法兰和吊托支架不再另外计算。

（9）风管制作安装子目规格所表示的直径为内径，边长为内边长。

（10）塑料风管制作安装子目中包括管件、法兰、加固框，但不包括吊托支架制作安装，吊托支架执行本定额第十三册《通用项目和措施项目工程》的相应定额。

（11）塑料风管制作安装子目中的法兰垫料如与设计要求使用品种不同时可以换算，但人工消耗量不变。

（12）塑料通风管道胎具材料摊销费的计算方法：塑料风管管件制作的胎具摊销材料费，未包括在内，按以下规定另行计算。

① 风管工程量在30m²以上的，每10m²风管的胎具摊销木材为0.06m³，按材料价格计算胎具材料摊销费。

② 风管工程量在30m²及以下的，每10m²风管的胎具摊销木材为0.09m³，按材料价格计算胎具材料摊销费。

（13）玻璃钢风管定额中未计价主材在组价时应包括同质法兰和加固框，其重量暂按风管全重的15%计。风管修补应由加工单位负责。

（14）软管接头如使用人造革而不使用帆布时可以换算。

（15）子目中的法兰垫料按橡胶板编制，如与设计要求使用的材料品种不同时可以换算，但人工消耗量不变。使用泡沫塑料者每1kg橡胶板换算为泡沫塑料0.125kg；使用闭孔乳胶海绵者每1kg橡胶板换算为闭孔乳胶海绵0.5kg。

（16）柔性软风管适用于由金属、涂塑化纤织物、聚酯、聚乙烯、聚氯乙烯薄膜、铝箔等材料制成的软风管。

（17）固定式挡烟垂壁适用于防火玻璃型和挡烟布型等材料制成的固定式挡烟垂壁。

2.工程量计算规则

（1）风管制作、安装按设计图示内径尺寸以展开面积计算，以"m²"为计量单位。不扣除检查孔、测定孔、送风口、吸风口等所占面积。

圆形风管 $F = \pi \times D \times L$

式中：F—圆形风管展开面积（以"m²"为单位）；

　　　D—圆形风管直径；

　　　L—管道中心线长度。

矩形风管按图示内周长乘以管道中心线长度计算。

（2）风管长度计算时均以设计图示中心线长度（主管与支管以其中心线交点划分）计算，包括弯头、变径管、天圆地方等管件的长度，不包括部件所占长度。部件扣除的长度如表4.4.1和表4.4.2所示。

表4.4.1　部分通风部件长度表（单位mm）

项目	蝶阀	止回阀	密闭式对开多叶调节阀	圆形风管防火阀	矩形风管防火阀
长度（L）	150	300	210	一般为 300~380	一般为 300~380

表4.4.2　密闭式斜插板阀长度表（单位mm）

项目	密闭式斜插板阀															
直径（D）	80	85	90	95	100	105	110	115	120	125	130	135	140	145	150	155
长度（L）	280	285	290	300	305	310	315	320	325	330	335	340	345	350	355	360
直径（D）	160	165	170	175	180	185	190	195	200	205	210	215	220	225	230	235
长度（L）	365	365	370	375	380	385	390	395	400	405	410	415	420	425	430	435
直径（D）	240	245	250	255	260	265	270	275	280	285	290	300	310	320	330	340
长度（L）	440	445	450	455	460	465	470	475	480	485	490	500	510	520	530	540

（3）柔性软风管安装按设计图示中心线长度计算，以"m"为计量单位。

（4）弯头导流叶片制作、安装按设计图示叶片的面积计算，以"m²"为计量单位。如图4.1.1，每单片导流叶片的参考面积见表4.4.3，不同规格风管的导流叶片数量见表4.4.4。

表4.4.3　矩形弯管内每单片导流片面积表

风管B边长（mm）	200	250	320	400	500	630	800	1000	1250	1600	2000
面积（m²）	0.075	0.091	0.114	0.14	0.17	0.216	0.273	0.425	0.502	0.623	0.755

说明：B边为与A边垂直的边，A边如图4.4.1所示。

表4.4.4 矩形弯管内导流片数量的配置表

A边长（mm）	500	630	800	1000	1250	1600	2000
导流片片数	4	4	6	7	8	10	12

或者，如图4.4.1所示，按照下式计算。

单叶片面积$F_{单}=0.017453r\theta h+$折边面积。

双叶片面积$F_{双}=0.017453h（r_1\theta_1+r_2\theta_2）+$折边面积。

式中：h—导流叶片宽度；

θ—中心线夹角（角度）；

R—弯曲半径。

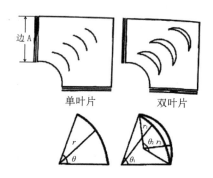

图4.4.1 风管导流叶片

（5）软管（帆布）接口制作、安装按设计图示尺寸，以展开面积计算，以"m^2"为计量单位。

（6）风管检查孔制作、安装按设计图示尺寸质量计算，以"kg"为计量单位。

（7）温度、风量测定孔制作、安装依据其型号，按设计图示数量计算，以"个"为计量单位。

（8）固定式挡烟垂壁按设计图示长度计算，以"m"为计量单位。

4.4.3.3 通风管道部件制作安装

1.本定额章说明

（1）本章内容包括通风管道各种调节阀、风口、散流器、消声器的安装及静压箱、风帽、罩类的制作与安装等。

（2）有关说明：

① 碳钢阀门安装定额适用于玻璃钢阀门安装，铝及铝合金阀门安装执行本章碳钢阀门安装的相应定额，人工乘以系数0.8。

② 蝶阀安装子目适用于圆形保温蝶阀，方、矩形保温蝶阀，圆形蝶阀，方、矩形

蝶阀；风管止回阀安装子目适用于圆形风管止回阀、方形风管止回阀。

③ 对开多叶调节阀安装定额适用于密闭式对开多叶调节阀与手动式对开多叶调节阀安装。

④ 木风口、碳钢风口、玻璃钢风口安装，执行铝合金风口的相应定额，人工乘以系数1.2。

⑤ 送吸风口安装定额适用于铝合金单面送吸风口、双面送吸风口。

⑥ 风口的宽与长之比小于或等于0.125为条缝形风口，执行百叶风口的相关定额，人工乘以系数1.1。

⑦ 铝制孔板风口如需电化处理时，电化费另行计算。

⑧ 风机防虫网罩安装执行风口安装相应定额，基价乘以系数0.8。

⑨ 带调节阀（过滤器）百叶风口安装、带调节阀散流器安装，执行铝合金风口安装的相应定额，基价乘以系数1.5。

2.工程量计算规则

（1）碳钢调节阀安装依据其类型、直径（圆形）或周长（方形）按设计图示数量计算，以"个"为计量单位。

（2）柔性软风管阀门安装按设计图示数量计算，以"个"为计量单位。

（3）铝合金风口、散流器的安装依据类型、规格尺寸按设计图示数量计算，以"个"为计量单位。

（4）百叶窗及活动金属百叶风口安装依据规格尺寸按设计图示数量计算，以"个"为计量单位。

（5）塑料通风管道柔性接口及伸缩节制作与安装应依连接方式按设计图示尺寸以展开面积计算，以"m^2"为计量单位。

（6）塑料通风管道分布器、散流器的安装按其成品质量，以"kg"为计量单位。

（7）不锈钢风口安装、圆形法兰制作与安装、不锈钢板风管吊托支架制作与安装按设计图示尺寸以质量计算，以"kg"为计量单位。

（8）铝板圆伞形风帽、铝板风管圆、矩形法兰制作按设计图示尺寸以质量计算，以"kg"为计量单位。

（9）碳钢风帽的制作安装均按其质量以"kg"为计量单位；非标准风帽制作与安装按成品质量以"kg"为计量单位。风帽为成品安装时制作不再计算。

（10）碳钢风帽筝绳制作与安装按设计图示规格长度以质量计算，以"kg"为计量单位。

（11）碳钢风帽泛水制作与安装按设计图示尺寸以展开面积计算，以"m^2"为计量单位。

（12）碳钢风帽滴水盘制作与安装按设计图示尺寸以质量计算，以"kg"为计量单位。

（13）玻璃钢风帽安装依据成品质量按设计图示数量计算，以"kg"为计量单位。

（14）罩类的制作与安装均按其质量以"kg"为计量单位；罩类为成品安装时制作不再计算。

（15）微穿孔板消声器、管式消声器、阻抗式消声器成品安装按设计图示数量计算，以"个"为计量单位。

（16）消声弯头安装按设计图示数量计算，以"个"为计量单位。

（17）静压箱安装按设计图示数量计算，以"个"为计量单位。

（18）静压箱制作按设计图示尺寸以展开面积计算，以"m²"为计量单位。

（19）厨房油烟过滤排气罩以"个"为计量单位。

4.4.3.4 人防通风设备及部件制作、安装

1.定额章说明

（1）本章内容包括人防设备工程中通风及空调设备安装，通风管道部件制作安装，防护设备、设施安装。

（2）有关说明：

①电动密闭阀安装执行手动密闭阀安装子目，人工乘以系数1.05。

②手动密闭阀安装子目包括一副法兰，两副法兰螺栓及橡胶石棉垫圈。如为一侧接管时，人工乘以系数0.6，材料、机械乘以系数0.5。不包括吊托支架制作与安装，如发生执行《浙江省通用安装工程预算定额》（2018版）第十三册《通用项目和措施项目工程》的相应定额。

③滤尘器、过滤吸收器安装子目不包括支架制作安装，其支架制作安装执行《浙江省通用安装工程预算定额》（2018版）第十三册《通用项目和措施项目工程》的相应定额。

④探头式含磷毒气报警器安装包括探头固定板和三角支架制作、安装。

⑤γ射线报警器定额已包含探头安装孔孔底电缆套管的制作与安装，但不包括电缆敷设。如设计电缆穿管长度大于0.5m，超过部分另外执行相应子目。地脚螺栓（M12×200，6个）按与设备配套编制。

⑥密闭穿墙管填塞定额按油麻丝、黄油封堵考虑，如填料不同，不做调整。

⑦密闭穿墙管制作安装分类：Ⅰ型为薄钢板风管直接浇入混凝土墙内的密闭穿墙管；Ⅱ型为取样管用密闭穿墙管；Ⅲ型为薄钢板风管通过套管穿墙的密闭穿墙管。

⑧密闭穿墙管按墙厚0.3m编制，如与设计墙厚不同，管材可以换算，其余不变；

Ⅲ型穿墙管项目不包括风管本身。

⑨ 密闭穿墙套管为成品安装时，按密闭穿墙套管制作安装定额乘以系数0.3，穿墙管主材另计。

2.工程量计算规则

（1）人防通风机安装按设计图示数量计算，以"台"为计量单位。

（2）人防各种调节阀制作、安装按设计图示数量计算，以"个"为计量单位。

（3）LWP型滤尘器安装按设计图示尺寸以面积计算，以"m²"为计量单位。

（4）探头式含磷毒气及γ射线报警器安装按设计图示数量计算，以"台"为计量单位。

（5）过滤吸收器、预滤器、除湿器等安装按设计图示数量计算，以"台"为计量单位。

（6）密闭穿墙管制作、安装按设计图示数量计算，以"个"为计量单位。密闭穿墙管填塞按设计图示数量计算，以"个"为计量单位。

（7）测压装置安装按设计图示数量计算，以"套"为计量单位。

（8）换气堵头安装按设计图示数量计算，以"个"为计量单位。

（9）波导窗安装按设计图示数量计算，以"个"为计量单位。

4.4.3.5　通风空调工程系统调试

1.定额章说明

（1）本章定额为通风空调工程系统调试项目。

（2）变风量空调风系统调试仅适用于变风量空调风系统，不得再重复计算通风空调系统调试项目。

2.工程量计算规则

（1）通风空调工程系统调试费按通风空调系统工程人工总工日数，以"100工日"为计量单位。

（2）变风量空调风系统调试费按变风量空调风系统工程人工总工日数，以"100工日"为计量单位。

4.5 通风空调工程工程量计算

根据完成招标控制价编制任务的需要,项目组在识读、分析过图纸之后,进行工程量计算。

如4.4.1节所述,工程量分为国标清单工程量和定额清单工程量,二者的主要区别在项目名称、计量单位、工程内容和工程量计算规则中均有体现,一般而言国标清单工程量会等同或包含定额清单工程量内容,所以通常同步计算国标清单工程量和定额清单工程量,便于后续编制工程量清单;或者首先计算定额清单工程量,保证定额清单工程量计算齐全,后续再根据《通用安装工程工程量计算规范》(GB50856-2013)的附录编制国标工程量清单。这里说明一下,针对有系数的定额计量单位,工程量计算时可不加系数,但是套用定额时必须用带系数的定额计量单位。

如本书附录一附图1.2.8至1.2.10和附表1.2.2,本书案例通风空调工程量计算包括通风空调风管、空调设备、阀门、风口、保温、支架刷油及调试等内容,可扫描视频二维码4-2,了解通风空调工程量计算任务。工程量的计算过程讲解请扫描视频二维码4-3至4-5观看。

视频二维码 4-2:通风空调工程量计算任务

视频二维码 4-3:通风空调风管工程量计

视频二维码 4-4:空调设备、阀门、风口等工程量计算

视频二维码 4-5:保温、支架刷油及调试工程量计算

本书截取招标项目报告厅二层空调风管的平面图和剖面图如图4.5.1和图4.5.2所示,以此作为案例进行通风空调系统的工程量计算,计算结果见表4.5.1,汇总表见表4.5.2。

结合本章4.2.2节的识图内容和本次计算内容,为后续计算方便做相关说明如下:

(1)空调新风段采用镀锌薄钢板法兰风管,钢板厚0.75mm。设备间空调机组出口的消声静压箱(不燃纤维增强镁板材质)至防火阀的空调风管采用镀锌薄钢板法兰风管(厚1.2mm),30mm厚玻璃纤维棉毡保温,其他空调风管采用不燃纤维增强镁质风管,绝热层热阻大于$0.81m^2 \cdot K/W$。

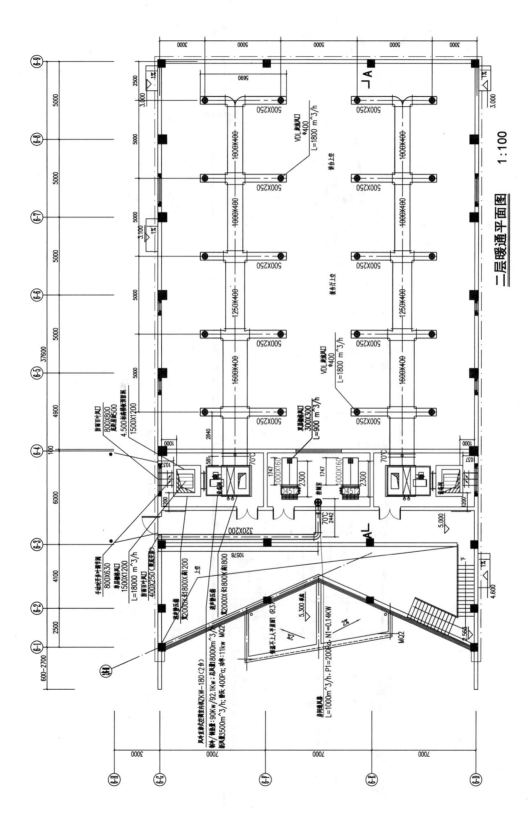

二层暖通平面图   1:100

图4.5.1 报告厅二层空调风管平面图

193

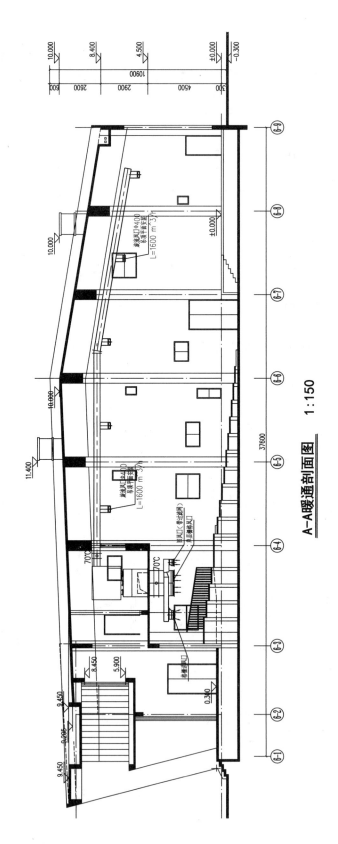

A-A暖通剖面图 1:150

图4.5.2 报告厅空调风管剖面图

（2）风管支、吊架的形式及尺寸，按国标03K132制作。管道支、吊、托架必须设置于保温层的外部，在穿过支、吊、托架处，应镶以热浸垫木。所有室内空调机及风机安装均采用弹簧减震吊支架，并应根据设备重量选择吊架型号，本项目室内空调机、风机及消声静压箱的支吊架按照15kg/个设备计算工程量。

（3）防火阀为碳钢阀门，设独立的支吊架，本项目防火阀的支吊架按照2kg/个防火阀计算工程量。防火阀采用30mm厚玻璃纤维棉毡保温。

（4）所有管道支吊架应刷红丹防锈漆和银粉漆各两遍，其他支架刷油本次计算案例不计（实际工作需计取）。

（5）吊顶上安装圆形散流器，如剖面图所示的竖直管道长度0.7m，采用同风口规格的铝箔保温软管安装。

现在我们根据平面图和剖面图，用国标工程量清单计价，以浙江省现行2018版定额及相关规定为计价依据，计算两套风冷直澎式空调室内机空调风系统的新风段、送风段的风管及部件、设备的所有工程量，以及一层2个1500×1200带调节阀的铝合金单层格栅风口的工程量，其中空调风管支吊架只计算送风段，静压箱、风管制作安装和支架刷油工程量列式计算。其余工程量暂不考虑。

表 4.5.1　通风空调工程量计算表

序号	项目名称	项目特征	计算式	计量单位	工程量
1	铝合金防雨百叶风口	800×800	2	个	2
2	铝合金手动对开多叶调节阀	800×630	2	个	2
3	铝合金单层格栅风口	1500×1200	2	个	2
4	消声静压箱安装	宽2000×长1800×高1200	2	个	2
5	消声静压箱制作	不燃纤维增强镁板，宽2000X长1800X高1200	（2×1.8×2+2×1.2×2+1.8×1.2×2）×2	m²	32.64
6	粘贴吸音材料	消声静压箱宽2000×长1800×高1200	（2×1.8×2+2×1.2×2+1.8×1.2×2）×2	m²	32.64
7	消声静压箱吊支架		15kg/个设备×2	kg	30

续表

序号	项目名称	项目特征	计算式	计量单位	工程量
8	消声静压箱安装	宽2000×长1800×高1800	2	个	2
9	消声静压箱制作	不燃纤维增强镁板	（2×1.8×4+1.8×1.8×2）×2	m²	41.76
10	粘贴吸音材料		（2×1.8×4+1.8×1.8×2）×2	m²	41.76
11	消声静压箱吊支架		15kg/个设备×2	kg	30
12	风冷直澎式空调室内机	ZKW-180 制冷制热量 90kW,92.1kW	2	台	2
13	空调机组设备支架		15kg/个设备×2	kg	30
14	减震器		4×2	个	8
15	新风段镀锌薄钢板空调风管长度	800×630，钢板厚0.75mm	（1.037-0.21）×2	m	1.654
	新风段镀锌薄钢板空调风管面积		（1.037-0.21）×2×2×（0.8+0.63）	m²	4.73
16	镀锌钢板空调管道长度	1600×400	0.581	m	0.581
	镀锌钢板通风管道面积	钢板厚度1.2mm	0.581×2×（1.6+0.4）	m²	2.32
17	30mm厚玻璃纤维棉毡保温	风管1600×400（含防火阀）	V=[（A+δ）+（B+δ）]×2×L×δ=[（1.6+0.03）+（0.4+0.03）]×2×（0.581+0.3（防火阀长度））×0.03=1.57m3	m³	0.11
18	不燃纤维增强镁质空调风管长度	1600×400	L=（5+2.84-0.3（防火阀长度））×2=15.08m	m²	60.32
	不燃纤维增强镁板风管面积		15.08×2×（1.6+0.4）		
19	不燃纤维增强镁质空调风管长度	1250×400	L=5×2=10m	m²	33
	不燃纤维增强镁板风管面积		5×2×2×（1.25+0.4）		
20	不燃纤维增强镁质空调风管长度	1000×400	L=10×2=20m	m²	56
	不燃纤维增强镁板风管面积		10×2×2×（1+0.4）		

续表

序号	项目名称	项目特征	计算式	计量单位	工程量
21	不燃纤维增强镁质空调风管长度	500×250	L=5.69×5×2=56.9m	m²	85.35
	不燃纤维增强镁板风管面积		56.9×2×（0.5+0.25）		
22	铝箔保温软管	Φ400	0.7×20=14m	m	14
23	铝合金VDL旋流风口	Φ400	20	个	20
24	70℃防火阀（碳钢）安装	1600×400	成品	个	2
25	防火阀吊支架制作安装		2kg/个防火阀×2	kg	4
26	硅玻钛金不燃软接头	800×630，长度200mm	（0.8+0.63）×2×0.2	m²	0.572
27	硅玻钛金不燃软接头	1500×1200，长度200mm	（1.5+1.2）×2×0.2	m²	1.08
28	管道支、吊、托架除锈、刷红丹防锈漆和银粉漆各两遍		（1）边长不大于630的风管85.35m²：（5.982+3.245）×85.35/10=78.75 （2）边长不大于1000的风管56m2：（6.903+1.962）×56/10=49.64 （3）边长不大于2000的复合风管60.32+33=93.32m²：（9.2+3.33+0.888）×93.32/10=125.22 （4）边长不大于2000的镀锌薄钢板风管2.32m²：（33.93+8.343+4.518）×2.32/10=10.86 以上四项项之和。	kg	264.47

表 4.5.2　通风空调工程量汇总表

序号	项目名称	项目特征	计算式	计量单位	工程量
1	铝合金防雨百叶风口	800×800	2	个	2
2	铝合金手动对开多叶调节阀	800×630	2	个	2
3	铝合金单层格栅风口	1500×1200	2	个	2
4	铝合金VDL旋流风口	Φ400	20	个	20
5	消声静压箱安装	宽2000×长1800×高1200	2	个	2

续表

序号	项目名称	项目特征	计算式	计量单位	工程量
6	消声静压箱制作	不燃纤维增强镁板，宽2000×长1800×高1200	（2×1.8×2+2×1.2×2+1.8×1.2×2）×2	m²	32.64
	粘贴吸音材料	消声静压箱宽2000×长1800×高1200	（2×1.8×2+2×1.2×2+1.8×1.2×2）×2	m²	32.64
	消声静压箱吊支架		15kg/个设备×2	kg	30
7	消声静压箱安装	宽2000×长1800×高1800	2	个	2
	消声静压箱制作	不燃纤维增强镁板	（2×1.8×4+1.8×1.8×2）×2	m²	41.76
	粘贴吸音材料		（2×1.8×4+1.8×1.8×2）×2	m²	41.76
	消声静压箱吊支架		15kg/个设备×2	kg	30
8	风冷直澎式空调室内机	ZKW-180 制冷制热量90kW,92.1kW	2	台	2
	空调机组设备支架		15kg/个设备×2	kg	30
	减震器		4×2	个	8
9	新风段镀锌薄钢板空调风管长边长1000内	新风段镀锌薄钢板法兰风管800×630，钢板厚0.75mm	（1.037-0.21）×2	m²	4.73
10	镀锌钢板矩形法兰风管，长边2000内	法兰风管，1600×400钢板厚1.2mm	2.32m²	m²	2.32
11	不燃纤维增强镁质空调风管制作安装，长边1000内	1000×400	56m²	m²	56
12	不燃纤维增强镁质空调风管制作安装，长边2000内	1600×400/1250×400	（60.32+33）m²	m²	93.32
13	不燃纤维增强镁质空调风管制作安装，长边630内	500×250	85.35m²	m²	85.35

续表

序号	项目名称	项目特征	计算式	计量单位	工程量
14	70℃防火阀安装	1600×400，支架4kg。	2	个	2
15	铝箔保温软管	Φ400	0.7×20	m	14
16	支架除锈	除轻锈		kg	264.47
17	风管支架刷红丹防锈漆第一遍			kg	264.47
	风管支架刷红丹防锈漆第二遍			kg	264.47
	风管支架刷银粉漆第一遍			kg	264.47
	风管支架刷银粉漆第二遍			kg	264.47
18	玻璃纤维棉毡保温	风管1600×400（含防火阀）	0.11	m³	0.11

4.6 通风空调工程工程量清单编制

本书所选用的招标案例要求采用国标工程量清单计价，因此，完成工程量计算后，就可以根据《通用安装工程工程量计算规范》（GB50856-2013）（以下简称《规范》）编制国标工程量清单了。《规范》第4节对国标工程量清单的编制做出了规定，主要内容参照第3章中3.6.1节介绍，本节不再赘述。

查阅《规范》"附录G通风空调工程"内容，在表4.5.2的基础上，编制本书招标项目通风空调工程的国标工程量清单，编制过程请扫描视频二维码4-6观看，清单编制结果如表4.6.1所示。

视频二维码4-6：通风空调工程量清单编制

表4.6.1　通风空调工程量清单

序号	项目编码	项目名称	项目特征	计量单位	工程量
1	030703011001	铝及铝合金风口、散流器	铝合金单层栅格风口，1500×1200	个	2
2	030703011002	铝及铝合金风口、散流器	铝合金VDL旋流风口，Φ400	个	20
3	030703011003	铝及铝合金风口、散流器	铝合金防雨百叶风口800×800	个	2
4	030702001001	碳钢通风管道	镀锌钢板通风管道面积，800×630,0.75mm	m²	4.73
5	030702001002	碳钢通风管道	镀锌钢板通风管道面积1600×400，钢板厚度1.2mm	m²	2.32
6	030702007001	复合型风管	不燃纤维增强镁质空调风管长边1000内	m²	56
7	030702007002	复合型风管	不燃纤维增强镁质空调风管面积长边2000内	m²	93.32
8	030702007003	复合型风管	不燃纤维增强镁质空调风管面积长边630内	m²	85.35
9	030701003001	空调器	风冷直澎式空调室内机ZKW-180制冷制热量90kW,92.1kW，支架30kg，减震器8个。	台	2
10	030703001001	碳钢阀门	铝合金手动对开多叶调节阀800×630	个	2
11	030703001002	碳钢阀门	70℃防火阀，1600×400，支架4kg	个	2
12	030703021001	静压箱	消声静压箱（宽2000×长1800×高1200）安装（小于20m²），不燃纤维增强镁板消声静压箱制作、粘贴吸音材料各32.64m²，支架30kg。	个	2
13	030703021002	静压箱	消声静压箱（宽2000×长1800×高1800）安装（大于20m²），不燃纤维增强镁板消声静压箱制作、粘贴吸音材料各41.76m²，支架30kg。	个	2
14	030702008001	柔性软风管	铝箔保温软管Φ400	m	14
15	031201003001	金属结构刷油	支架除轻锈，刷红丹防锈漆两遍、刷银粉漆两遍	kg	264.47
16	031208003001	通风管道绝热	风管1600×400（含防火阀）	m³	0.11
17	030704001001	通风工程检测、调试	通风空调工程检测、调试。	系统	1

说明：铝合金手动对开多叶调节阀因无单独清单编码，借用碳钢阀门清单，不再设置补充清单。

4.7 通风空调工程综合单价及分部分项工程费计算

　　根据造价步骤，清单编制结束，需要计算每个清单项目的综合单价。本书招标项目计价采用一般计税方法计税，企业管理费和利润按照《浙江省建设工程计价规则》（2018版）规定计取，取费基数为"定额人工费"和"定额机械费"之和。根据规定，编制招标控制价时，企业管理费和利润按照费率区间中值取费，企业管理费费率为"人工费＋机械费"的21.72%，利润费率按照"人工费＋机械费"的10.4%计取。查阅《浙江省通用安装工程预算定额》（2018版），并通过查阅主材"市场信息价"等相关资料或进行主材市场价格的询价，编制通风空调工程的综合单价计算表，部分计算表节选如表4.7.1所示，计算过程请扫描视频二维码4-7观看。

　　计算投标报价时，综合单价所含人工费、材料费、机械费可按照企业定额或参照预算"专业定额"中的人工、材料、施工机械（仪器仪表）台班消耗量乘以当时当地相应市场价格，由企业自主确定。企业管理费、利润费率可参考相应施工取费费率由企业自主确定。即按照《浙江省建设工程计价规则》（2018版）费率区间的任意值计取，企业管理费为"人工费＋机械费"的16.29%～27.15%，利润按照"人工费＋机械费"的7.8%～13.00%计取，风险费用不计。本书不再进行投标报价综合单价计算表的具体计算，读者可根据具体情况自主确定费率后自行计算。

视频二维码4-7：通风空调综合单价与分部分项工程费计算

表 4.7.1 分部分项工程项目综合单价计算表

单位及专业工程名称：报告厅通风空调－安装工程　　　　　　标段：　　　　　　第　页　共　页

项目编码（定额编码）	清单（定额）项目名称	计量单位	数量	综合单价（元）						合计（元）
				人工费	材料(设备)费	机械费	管理费	利润	小计	
	0307 通风空调工程									
030703011001	铝及铝合金风口、散流器，带调节阀的铝合金单层栅格风口 1500×1200	个	2	74.33	744.15	0.18	16.18	7.75	842.58	1685

续表

清单序号	项目编码（定额编码）	清单（定额）项目名称	计量单位	数量	综合单价（元）						合计（元）
					人工费	材料(设备)费	机械费	管理费	利润	小计	
	7-3-48 换	铝合金百叶风口周长(mm)≤6000	个	2	74.33	744.15	0.18	16.18	7.75	842.58	1685
	B07110139	带调节阀的铝合金单层栅格风口 1500×1200	个	1		721.60				721.60	722
	……	……	…	…	…	…	…	…	…	…	…
8	030702007003	复合型风管，不燃纤维增强镁质空调风管长边 630 内	m²	85.35	20.13	85.89	0.55	4.49	2.15	113.21	9663
	7-2-126	复合型矩形风管长边长(mm)≤630	10m²	8.535	201.29	858.90	5.53	44.92	21.51	1132.15	9663
	主材	不燃纤维增强镁质空调风管	m²	11.6		66.05				66.05	766
11	030703001002	碳钢阀门，70℃防火阀 1600×400，支架制作安装	个	2	126.15	919.42	7.26	28.98	13.87	1095.68	219
	7-3-34	风管防火阀周长(mm)≤5400	个	2	120.83	911.72	6.51	27.66	13.24	1079.96	216
	主材	70℃防火阀	个	1		897.60				897.6	898
	13-1-39	设备支架制作 单件重量（kg）50 以下	100kg	0.04	266.09	385.08	37.29	65.89	31.55	785.9	31
	主材	型钢 综合	kg	105		3.52				3.52	370
12	030703021001	静压箱，不燃纤维增强镁板消声静压箱 2000×1800×1200 安装，贴吸音材料，支架制作安装 30kg	个	2	1459.72	5392.63	52.73	328.50	157.24	7390.57	1478
	7-3-208	消声静压箱安装展开面积（m2）≤20	个	2	267.17	332.9	6.86	59.52	28.50	694.95	139
	7-3-209	静压箱制作	10m²	3.264	566.33	2455.05	24.68	128.37	61.47	3235.9	1056
	主材	不燃纤维增强镁板	m²	11.49		203.2				203.2	2334.
	7-3-210	贴吸音材料	10m²	3.264	162.00	609.88	0	35.19	16.85	823.92	268
	主材	吸音材料	m²	11		50.00				50	550
	13-1-39	设备支架制作 单件重量（kg）50 以下	100kg	0.3	266.09	385.08	37.29	65.89	31.55	785.90	236
	主材	型钢 综合	kg	105		3.52				3.52	367

续表

清单序号	项目编码（定额编码）	清单（定额）项目名称	计量单位	数量	综合单价（元）						合计（元）
					人工费	材料(设备)费	机械费	管理费	利润	小计	
4	030702008001	柔性软风管，铝箔保温软管安装 Φ400	m	14	8.15	36.49		1.77	0.85	47.26	662
	7-2-160	柔性软风管安装 铝箔保温软管安装 公称直径（mm 以内）300	10m	1.4	81.54	364.87		17.71	8.48	472.60	662
	主材	铝箔保温软管	m	10.02		30.00				30	301
5	031201003001	金属结构刷油，一般支架除轻锈，红丹二道，银粉漆二道	kg	373.5	0.70	0.30	0.22	0.20	0.10	1.52	568
	12-1-5	一般钢结构轻锈	100kg	3.735	20.93	1.53	8.75	6.45	3.09	40.75	152
	12-2-53	红丹防锈漆第一遍	100kg	3.735	16.20	11.67	4.38	4.47	2.14	38.86	145
	主材	醇酸防锈漆	kg	1.16		8.66				8.66	10
	12-2-54	红丹防锈漆增一遍	100kg	3.735	15.66	9.63	4.38	4.35	2.08	36.10	135
	主材	醇酸防锈漆	kg	0.95		8.66				8.66	8
	12-2-58	一般钢结构 银粉漆第一遍	100kg	3.735	15.53	7.04	4.38	4.32	2.07	33.34	125
	主材	银粉漆	kg	0.33		12.82				12.82	4
	12-2-59	一般钢结构 银粉漆增一遍	100kg	0.33	15.53	6.26	4.38	4.32	2.07	32.56	11
	主材	银粉漆	kg	0.29		12.82				12.82	4
……	……	……	…	…	…	…	…	…	…	…	…
7	030704001001	通风工程检测、调试，通风系统调试费	系统	1	277.50	484.44		60.27	28.86	851.07	851
	7-5-1	通风空调系统调试费	100 工日	0.839	330.75	577.40		71.84	34.40	1014.39	851
合 计											268382

说明：1. 通风空调系统调试费的定额工程量以 100 工日为计量单位，其数量应根据通风空调工程中通风工程检测、调试之前所有通风空调工程清单项目计算得到的人工费之和，除以所采用的 2018 定额的二类人工费单价 135 元 / 工日得到，因此"通风工程检测、调试"作为最后一个清单项目计算综合单价。

2. 表中汇总价格为假设价格，如果读者自行算出总价不同，以实际计算为准。

　　根据所得的综合单价计算表，将各项综合单价带入表4.6.1所列清单中，该过程如视频"通风空调综合单价与分部分项费计算"中所述，得到如表4.7.2节选的招标项目通风空调工程的分部分项工程项目清单与计价表。

表 4.7.2 招标项目通风空调工程的分部分项工程项目清单与计价表（节选）

专业工程名称：报告厅通风空调－安装工程　　　　　　　　标段：　　　　　　　第 页 共 页

序号	项目编码	项目名称	项目特征	计量单位	工程量	金额（元）					备注
						综合单价	合价	其中			
								人工费	机械费	暂估价	
		0307 通风空调工程					268382	11607	445	0	
1	030703011001	铝及铝合金风口、散流器	铝合金单层栅格风口 1500×1200	个	2	802.26	1605	99.10	0.24	0.00	
	……	……	…	…	…	…	…	…	…	…	
8	030702007003	复合型风管	不燃纤维增强镁质空调风管长边 630 内	m²	85.35	113.21	9662	1718.10	46.94	0.00	
11	030703001002	碳钢阀门	70℃防火阀 1600×400，支架制作安装	个	4	1095.68	4383	504.60	29.04	0.00	
12	030703021002	静压箱	不燃纤维增强镁板消声静压箱 2000×1800×1200 安装，贴吸音材料，支架制作安装	个	2	7340.57	14781	2919.44	105.46	0.00	
14	030702008001	柔性软风管	铝箔保温软管安装 D400	m	14.00	47.26	662	114.10	0.00	0.00	
15	031201003001	金属结构刷油	一般支架除轻锈，红丹二道，银粉漆二道	kg	373.50	1.52	568	261.45	82.17	0.00	
	……	……	…	…	…	…	…	…	…	…	
17	030704001001	通风工程检测、调试	通风系统调试费	系统	1	851.07	851	277.50	0.00	0.00	
合　计							268382	11607	445	0	

说明：表中汇总价格为假设价格，如自行计算后总价不符，以实际计算结构为准。

4.8 通风空调工程措施项目费计算

完成了通风空调工程分部分项工程费计算，根据造价步骤，下一步进行通风空调工程的措施项目费计算，可以扫描视频二维码4-8观看。

措施项目费分为施工技术措施项目费和施工组织措施项目费。因施工组织措施项目费需要以施工技术措施项目费的人工费和机械费为基数，所以我们先计算技术措施项目费。

视频二维码4-8：通风空调措施项目费计算

4.8.1　通风空调工程施工技术措施项目费计算

施工技术措施项目费的计算过程：

第一步，根据招标文件的规定及项目实际情况，确定本项目通风空调工程施工技术措施项目费计取项目内容。本项目施工技术措施项目费应包括：①脚手架搭拆费；②操作高度增加费，因选定计算的空调风系统安装高度基本都在6米以上，所以应计取操作高度增加费；为便于计算，后续计算按照整个系统收取操作高度增加费计算，如电气工程算例，实际造价工作中应根据实际超高部分计算操作高度增加费。

第二步，计算施工技术措施项目费。施工技术措施项目费依据定额计价，与分部分项工程费的计算相同，先编制清单，再计算综合单价，最后汇总得到施工技术措施项目费。施工技术措施项目费计算过程如以下三个步骤所述。

1.编制施工技术措施项目清单

根据《通用安装工程工程量计算规范》（GB50856-2013），编制本项目的施工技术措施项目清单编码031301017001和031301018001，项目特征描述为第几册，本项目通风空调工程为第七册。

施工技术措施的清单项目计量单位均为"项"，数量均为"1"。本项目施工技术措施项目清单编制如表4.8.1所示。

表4.8.1　通风空调工程施工技术措施项目清单

序号	项目编码	项目名称	项目特征	计量单位	数量
1	031301017001	脚手架搭拆费	脚手架搭拆费，第七册	项	1
2	031301018001	操作高度增加费	操作高度增加费，第七册	项	1

2. 计算施工技术措施项目综合单价

施工技术措施项目综合单价计算方法和分部分项工程项目综合单价计算相同，计算结果如表4.8.2所示，此处不再赘述。这里重点说明通风空调工程施工技术措施项目综合单价计算时定额清单工程量的确定方法。

表4.8.2　通风空调工程施工技术措施项目综合单价计算表

单位及专业工程名称：报告厅通风空调－安装工程　　　　　　　标段：　　　　　　第1页　共1页

清单序号	项目编码（定额编码）	清单（定额）项目名称	计量单位	数量	综合单价（元）						合计（元）
					人工费	材料（设备）费	机械费	管理费	利润	小计	
		0313 措施项目									
1	031301 017001	脚手架搭拆 脚手架搭拆费，第七册	项	1	87.05	245.49	0.00	18.91	9.05	360.51	361
	13-2-7	脚手架搭拆费，第七册	100 工日	0.860	101.25	285.53	0.00	21.99	10.53	419.30	361
2	031301 018001	操作高度增加费，第七册	项	1	1741.05	0.00	0.00	378.16	181.07	2300.28	2300
	13-2-83	操作高度增加费，第七册	100 工日	0.860	2025.00	0.00	0.00	439.83	210.60	2675.43	2300
合　计											2661

脚手架搭拆费属于综合取费，其定额清单工程量的工日数按照分部分项工程量清单与计价表4.7.2中得到的人工费汇总11607元除以现有2018定额采用的二类人工单价135元得到86个工日，因定额计量单位为100工日，折合为0.86个100工日。

操作高度增加费尽管属于子项取费，本项目约定按照所有项目超高计算，依然按照分部分项工程量清单与计价表4.7.2中得到的人工费汇总11607元除以现有定额采用的二类人工单价135元得到86个工日，折合为0.86个100工日。两项施工技术措施项目综合单价的计算结果如施工技术措施项目综合单价计算表4.8.2所示，分别为361元和2300元。

3. 编制施工技术措施项目清单与计价表

施工技术措施项目清单与计价表编制方法和分部分项工程项目相同，此处不再赘述，编制结果如表4.8.3所示。与分部分项工程清单与计价表相似，这里依然要汇总出如表4.8.3中所示的施工技术措施项目费总价2661元和其中的人工费1828元、机械费0元，作为后续计算施工组织措施项目费和规费等费用的依据。

表 4.8.3　通风空调工程施工技术措施项目清单与计价表

专业工程名称：报告厅通风空调－安装工程　　　　　　标段：　　　　　第1页　共1页

序号	项目编码	项目名称	项目特征	计量单位	工程量	金额（元）					备注
						综合单价	合价	其中			
								人工费	机械费	暂估价	
		0313 措施项目					2661	1828	0	0	
1	031301 017001	脚手架搭拆	脚手架搭拆费，第七册	项	1	360.51	361	87.05	0.00	0.00	
2	031301 018001	操作高度增加费	操作高度增加费，第七册	项	1	2300.28	2300	1741.05	0.00	0.00	
本页小计							2661	1828	0	0	
合　计							2661	1828	0	0	

4.8.2　通风空调工程施工组织措施项目费计算

施工技术措施项目费计算完成，即可计算施工组织措施项目费。

针对本项目，根据招标文件说明，确定安全文明施工基本费和省标化工地增加费两项施工组织措施费项目

如表4.8.4所示，查阅《浙江省建设工程计价规则》（2018版）4.2节"通用安装工程施工取费费率表4.2.3"（本书表3.8.5），依据本项目为市区工程，可以得到安全文明施工基本费的费率为7.10%，省标化工地增加费的费率为2.03%。

两项取费的取费基数均为"定额人工费"与"定额机械费"之和，根据前面计算得到两项人工费与机械费之和为（11607＋445）＋（1828＋0）=13880，分别乘以上述两项费率7.10%和2.03%，得到两项施工组织措施项目费分别为985元和282元，其中省标化工地增加费应在招投标阶段计为暂列金额。

表 4.8.4　施工组织措施项目清单与计价表

单位及专业工程名称：报告厅通风空调－安装工程　　　　　标段：　　　　　第1页　共1页

序号	项目名称	计算基础	费率（%）	金额（元）	备注
1	安全文明施工费			985	
1.1	安全文明施工基本费	定额人工费＋定额机械费（13880）	7.1	985	
2	省标化工地增加费	定额人工费＋定额机械费（13880）	2.03	282	
3	提前竣工增加费	定额人工费＋定额机械费			
4	二次搬运费	定额人工费＋定额机械费			
5	冬雨季施工增加费	定额人工费＋定额机械费			
合　计				1267	

4.9 通风空调工程造价汇总及编制说明

4.9.1 通风空调工程招标控制价汇总计算

基于4.7、4.8节的计算，进行招标项目的通风空调工程造价汇总，并同步计算造价所应包含的其他项目费、规费和税金等费用。其他项目费根据招标文件规定计取，规费和税金根据项目实际情况，按照《浙江省建设工程计价规则》（2018版）的规定计取。计算得到招标项目通风空调工程造价汇总表如表4.9.1所示。汇总计算过程扫描视频二维码4-9观看。

表 4.9.1 招标项目通风空调工程造价汇总表（有其他项目费）

序号	费用名称	计算公式	金额（元）	备注
1	分部分项工程费	∑（分部分项工程数量 × 综合单价）	268382	
1.1	其中 人工费 + 机械费	∑分部分项（人工费 + 机械费）	12052	
2	措施项目费	2.1 + 2.2	3646	
2.1	施工技术措施项目	∑（技术措施工程数量 × 综合单价）	2661	
2.1.1	其中 人工费 + 机械费	∑技措项目（人工费 + 机械费）	1828	
2.2	施工组织措施项目	按实际发生项之和进行计算	985	
2.2.1	其中安全文明施工基本费	∑计费基数 × 费率	985	
3	其他项目费	3.1 + 3.2 + 3.3 + 3.4 + 3.5	4915	
3.1	暂列金额	3.1.1 + 3.1.2 + 3.1.3	282	
3.1.1	标化工地增加费	（人工费 + 机械费）× 2.03%	282	
3.1.2	优质工程增加费	按招标文件规定额度列计	0	
3.1.3	其他暂列金额	按招标文件规定额度列计	0	
3.2	暂估价	3.2.1 + 3.2.2 + 3.2.3	0	
3.2.1	材料（工程设备）暂估价	按招标文件规定额度列计（或计入综合单价）	0	
3.2.2	专业工程暂估价	按招标文件规定额度列计	0	
3.2.3	专项技术措施暂估价	按招标文件规定额度列计	0	
3.3	计日工	∑计日工（暂估数量 × 综合单价）	0	

续表

序号	费用名称	计算公式	金额（元）	备注
3.4	施工总承包服务费	3.4.1 + 3.4.2	4633	
3.4.1	专业发包工程管理费	按招标范围内的中标价的1.5%计取总承包管理、协调费	4633	
3.4.2	甲供材料设备管理费	甲供材料暂估金额 × 费率＋甲供设备暂估金额	0	
3.5	建筑渣土处置费	按招标文件规定额度列计	0	
4	规费	计算基数 × 费率 =13880×30.63%	4251.44	
5	税前总造价	1 + 2 + 3 + 4	281194	
6	税金	计算基数 × 费率 =281194×10%	28119	
招标控制价合计		1 + 2 + 3 + 4 + 6	309313	

视频二维码 4-9：通风空调其他项目费、规费和税金计算及造价汇总

如果本次通风空调工程不含有其他项目费，只要把分部分项工程费计算和措施费计算两部分的计算结果填入招标控制价汇总表，算出规费和税金，就可以汇总得到招标控制价。请扫描视频二维码4-10观看视频，为大家展示不含其他项目费时的通风空调工程造价汇总计算过程，计算结果如表4.9.2所示。

视频二维码 4-10：通风空调工程无其他项目费的造价汇总计算

表 4.9.2　招标项目通风空调工程造价汇总表（无其他项目费）

单位工程名称：报告厅通风空调－安装工程　　　　　　标段：　　　　　　第 1 页　共 1 页

序号	费用名称	计算公式	金额（元）	备注
1	分部分项工程费	∑（分部分项工程数量 × 综合单价）	268382	
1.1	其中 人工费＋机械费	∑分部分项（人工费＋机械费）	12052	
2	措施项目费	2.1 ＋ 2.2	3646	
2.1	施工技术措施项目	∑（技术措施工程数量 × 综合单价）	2661	
2.1.1	其中 人工费＋机械费	∑技措项目（人工费＋机械费）	1828	
2.2	施工组织措施项目	按实际发生项之和进行计算	985	
2.2.1	其中 安全文明施工基本费	∑计费基数 × 费率	985	
3	其他项目费	3.1 ＋ 3.2 ＋ 3.3 ＋ 3.4 ＋ 3.5	0	
3.1	暂列金额	3.1.1 ＋ 3.1.2 ＋ 3.1.3	0	
3.1.1	标化工地增加费	（人工费＋机械费）×2.03%	0	
3.1.2	优质工程增加费	按招标文件规定额度列计	0	
3.1.3	其他暂列金额	按招标文件规定额度列计	0	
3.2	暂估价	3.2.1 ＋ 3.2.2 ＋ 3.2.3	0	
3.2.1	材料（工程设备）暂估价	按招标文件规定额度列计（或计入综合单价）	0	
3.2.2	专业工程暂估价	按招标文件规定额度列计	0	
3.2.3	专项技术措施暂估价	按招标文件规定额度列计	0	
3.3	计日工	∑计日工（暂估数量 × 综合单价）	0	
3.4	施工总承包服务费	3.4.1 ＋ 3.4.2	0	
3.4.1	专业发包工程管理费	按招发包工程乘以费率计取总承包管理、协调费	0	
3.4.2	甲供材料设备管理费	甲供材料暂估金额 × 费率＋甲供设备暂估金额	0	
3.5	建筑渣土处置费	按招标文件规定额度列计	0	
4	规费	计算基数 × 费率＝13880×30.63%	4251	
5	税前总造价	1 ＋ 2 ＋ 3 ＋ 4	276279	
6	税金	计算基数 × 费率＝276279×10%	27628	
招标控制价合计		1 ＋ 2 ＋ 3 ＋ 4 ＋ 6	303907	

4.9.2 通风空调工程造价编制说明的编写

单位工程造价完成时，应对实际计价过程进行详细全面的说明，包括计价依据、费用计取的费率取值、工程类别的划分等，造价编制说明可以参照《浙江省建设工程计价规则》（2018版）表10.2.2-11进行编写，编制要求及针对本项目的说明内容如表4.9.3所示。

表 4.9.3　通风空调工程造价编制说明

专业工程名称：通风空调工程　　　　　　　　标段：　　　　　　第1页　共1页

（1）工程概况：（要求内容：建设地址、建筑面积、建筑高度、占地面积、经济指标、层高、层数、结构形式、定额（计划）工期、质量目标、施工现场情况、自然地理条件、环境保护要求等。）

本工程的通风空调安装工程为某多功能报告厅的通风空调系统。工程位于××市江北区，建筑高度11.2m，空调面积1492m²，夏季最大冷负荷1622kW，冬季最大热负荷1321kW。空调采用变频多联中央空调，分层分区域设置，独立控制。报告厅多联机室外机放置于高年段教学楼屋顶。

（2）编制依据：（要求内容：计价依据、标准与规范、施工图纸、标准图集等）

计价依据：《浙江省通用安装工程预算定额》（2018版）及相关计价规则及文件规定。

标准与规范：

1）《民用建筑供暖通风与空气调节设计规范》GB50736-2012；

2）《建筑设计防火规范》GB50016-2006；

3）《公共建筑节能设计标准》DB33/1036-2007；

4）《公共建筑节能设计标准》GB50189-2005；

5）《多联机空调系统工程技术规范》JGJ174-2010；

6）《通风与空调工程施工质量验收规范》GB50243-2002；

7）施工图纸：委托方提供的最新图纸。

（3）采用的施工组织设计（要求内容：说明计价采用的是委托方提供的或者是经合同双方批准、确认的施工组织设计。）

本项目采用招标委托方提供的施工组织设计。

（4）综合单价的风险因素（要求内容：说明综合单价需（或已）包括的风险因素、范围（幅度）。）

本项目工程内容简单、工期较短，未考虑人工、材料价格波动等综合单价的风险。

（5）采用的计价、计税方法（要求内容：说明采用的计价、计税方法。）

本项目采用国标清单计价，一般计税法计税。招标控制价编制时各种取费费率按照中值计取。

（6）其他需要说明的问题。

无。

注：（1）工程概况须根据不同专业工程特征要求进行表述；（2）必要时有关工程内容、数量、数据、工程特征等可列表表示；（3）不同计价阶段应列明相应阶段涉及量、价、费的计价依据及取定标准。

思考与启示

本章按照编制招标控制价的要求，完成通风空调工程招标控制价的编制任务，正如第1章的工作任务所述，安装工程造价在招投标阶段分为招标控制价和投标报价两类，在此我们阐述投标报价的编制过程，请扫描视频二维码4-11，了解本案例通风空调工程投标报价的编制过程，并比较与招标控制价的异同。

视频二维码 4-11：通风空调工程投标报价的计算

习 题

1. 跟随二维码视频学习，完成学习过程测试。
2. 利用本书作业配套案例提供的通风空调工程的CAD图纸，完成通风空调工程造价，可根据教学需要选择编制招标控制价或投标报价。作业资料下载二维码见第3章习题。
3. 请总结通风空调工程计价包括哪些分部工程。

第5章　工业管道安装工程造价

工作任务

▶ 工程概况说明

本项目的工业管道安装工程以中央空调热交换站管道工程为例。该热交换站安装平面图和系统图如本书附录一附图1.2.11和1.2.12所示。热交换站相关设计说明见本章工程量计算一节。

▶ 造价任务

请以造价从业人员的身份，结合本章所提供的学习内容，依据《浙江省通用安装工程预算定额》（2018版）和国家现行有关计价依据，完成以下工作任务：

（1）完成本工业管道工程的工程量计算；

（2）完成本工业管道工程招标清单的编制；

（3）完成本工业管道工程招标控制价的编制；

（4）尝试投标报价的编制（注意：实际工作中，根据《浙江省建设工程计价规则》（2018版）7.3节规定，工程造价咨询人接受招标人委托编制招标控制价，不得再就同一工程接受投标人委托编制投标报价）。

▶ 特别说明

实际工程中，中央空调热交换站管道工程的造价应作为通风空调工程造价的一部分，套用工业管道工程等相关定额进行计价，但不单独作为一个工业管道单位工程计价，取费也是按照通风空调工程作为主册定额进行取费。本书为了展示工业管道工程的独立计价过程，把中央空调热交换站管道工程的造价作为一个独立的单位工程进行计价，意在展示一种计价方法和过程，实际工程中还要根据工程项目的单位工程划分原则进行计价。

5.1　工业管道工程基础知识

5.1.1　工业管道工程概述

工业管道工程属于工业建设项目中安装工程的一大类。在工业建设项目中，工业管道工程占有非常重要的地位，从原料的投入到产品的产出，物质流动的每道工序几乎都离不开工业管道。工业管道的种类很多，概括地讲，工业建设项目中的生产用管道均属工业管道，工业管道工程包括所连接的设备设施、管道、阀门、管件、支吊架等内容。

1. 管道与管道附件的通用标准

各种管路系统都是由管道和管道附件组成的。管道附件是指安装在管道或设备上的连接、闭路、调节装置的总称，包括管件与阀件两部分。由于管道和管道附件种类繁多，为了便于批量生产、降低成本，使管路附件具有互换性，同时便于设计与施工，必须对管道和管道附件实行标准化。标准化的内容包含有直径、压力和几何尺寸的标准化。管道和管道附件的通用标准主要是指公称直径、公称压力和工作压力以及管螺纹标准。

（1）公称直径。管道工程中公称直径又称公称通径，常用字母DN表示，其后附加公称直径的尺寸。如DN150表示公称直径150mm。但在一般情况下，公称直径既不是内径，也不是外径，而是一个与内径相近的整数。常用工业管道公称直径与外径对照表见表5.1.1。

表 5.1.1　常用工业管道公称直径与外径对照表

公称直径（mm）	外径（mm）	公称直径（mm）	外径（mm）
DN15	Φ20	DN125	Φ133
DN20	Φ25	DN150	Φ159
DN25	Φ32	DN200	Φ219
DN32	Φ38	DN250	Φ273
DN40	Φ45	DN300	Φ325
DN50	Φ57	DN350	Φ377
DN65	Φ76	DN400	Φ426
DN80	Φ89	DN450	Φ478
DN100	Φ108	DN500	Φ530

（2）管道压力。管道系统的压力分为公称压力、试验压力和工作压力。

公称压力、试验压力和工作压力均与介质的温度密切相关，都是指在一定温度下制品（或管道系统）的耐压强度，三者的区别在于介质的温度不同。

① 公称压力。管路中的管子、管件和附件都是用各种材料制成的制品。制品所能承受的压力受温度影响，随着介质温度的升高，材料的耐压强度逐渐降低。所以，不仅不同材质的制品具有不同的强度，就同一材质的制品而言，在不同的温度下，其耐压强度也不同。

为了判断和识别制品的耐压强度，必须选定某一温度为基准，该温度称为"基准温度"。制品在该基准温度下的耐压强度则称为"公称压力"。制品的材质不同，其基准温度也不同，一般碳素钢制品的基准温度采用200℃。公称压力以符号"PN"表示，公称压力数值写于其后，单位为MPa（常不写）。例如：PN 1.6，表示公称压力为1.6 MPa。

② 试验压力。通常是指制品在常温下的耐压强度。管子、管件和附件等制品，在出厂之前以及管道工程竣工之后，均应进行压力试验，以检查其强度和严密性。试验压力以符号"Ps"表示，试验压力数值写于其后，单位是MPa（常不写）。例如：Ps1.6，表示试验压力为1.6 MPa。

③ 工作压力。一般是指给定温度下的操作（工作）压力。工程上，通常是按照制品的最高耐温界限，把工作温度划分成若干等级，并计算出每一工作温度等级下的最大允许工作压力。例如碳素钢制品，通常划分为7个工作温度等级。工作压力以符号"Pt"表示，"t"为降低10倍之后的介质最高温度，工作压力数值写于其后，单位是MPa（常不写）例如：$P_{25}2.3$，表示在介质最高温度250℃下的工作压力是2.3MPa。

④ 试验压力、公称压力和工作压力的关系。三者之间的关系为：Ps＞PN≥Pt。

2. 工业管道的分类与分级

（1）工业管道按介质压力分类。工业管道按介质压力的分类见表5.1.2。

表5.1.2　按管道的公称压力分类表

序号	分类名称	压力值（MPa）	序号	分类名称	压力值（MPa）
1	真空管道	P＜0	4	高压管道	10＜P≤100
2	低压管道	0＜P≤1.6	5	超高压管道	P＞100
3	中压管道	1.6＜P≤10	6	蒸汽（高压）管道	P≥9，工作温度≥500

（2）工业管道按介质温度分类。工业管道按介质温度的分类见表5.1.3。

表5.1.3　管道的工作温度分类表

序号	分类名称	温度值（℃）	序号	分类名称	温度值（℃）
1	常温管道	工作温度为 -40～120	3	中温管道	工作温度为 121～450
2	低温管道	工作温度低于 -40	4	高温管道	工作温度超过 450

（3）按介质的毒性与易燃程度分类。工业管道按介质毒性与易燃程度的分类见表5.1.4。

表 5.1.4　按介质毒性与易燃程度的工业管道分级表

序号	管道分级	适用范围
1	A 类管道	（1）输送剧毒介质的管道；（2）高压管道。
2	B 类管道	（1）1.6 MPa ≤ P ≤ 10 MPa 输送有毒或易燃介质的管道；（2）动力蒸汽系统管道。
3	C 类管道	（1）P < 1.6 MPa 输送有毒或易燃介质的管道；（2）P < 1.6 MPa 且设计温度低于 −29℃ 或高于 186℃，输送无毒或非易燃介质管道；（3）1.6 MPa ≤ P ≤ 10 MPa 输送无毒或非易燃介质的管道。
4	D 类管道	P < 1.6 MPa 且设计温度为 −29 ～ 186℃，输送无毒或非易燃介质的管道。

（4）工业管道的分级。根据操作压力（工作压力）和操作温度（工作温度）的最高参数决定管道的级别，两个参数都较高的管道，应按操作压力和温度换算为公称压力套用压力等级，工业管道的分级见表5.1.5。

表 5.1.5　按操作压力和温度的工业管道分级表

级别	操作压力（MPa）	操作温度（℃）
I	>6.4	>450 −140 ～ −45（含）
II	>4~6.4（含）	>350 ～ 450（含） >−45 ～ −30（含）
III	>1.6~4（含）	>200 ～ 350（含） >−30 ～ −20（含）
IV	≤ 1.6	>−20 ～ 200（含）

5.1.2　工业管道工程常用材料的基本性能及用途

工业管道工程常用材料主要包括管道、阀门、法兰及管道附件四大类。

5.1.2.1　管道

工业管道工程所用的管材种类繁多，按管道的材质可分为金属管、非金属管和衬里管。

1. 金属管道

金属管又分为钢管、铸铁管和有色金属管。

（1）钢管。常用的钢管有无缝钢管、水煤气输送钢管、螺旋缝电焊钢管和不锈钢管。

① 无缝钢管。普通无缝钢管用普通碳素钢、优质碳素钢、低合金钢或合金结构钢制成，品种规格多，强度高，广泛用于压力较高的管道。

　　无缝钢管的规格通常用外径×壁厚表示，如Φ57×4.5，即外径为57mm，壁厚为4.5mm的无缝钢管。

　　② 水煤气输送钢管。水、煤气输送主要采用低压流体输送用钢管，故常常将低压流体输送用钢管称为水煤气管。水煤气输送钢管按镀锌与否分为焊接钢管（黑铁管）和镀锌焊接钢管（白铁管）；按壁厚分为普通钢管和加厚钢管。水煤气输送管道适用于介质温度不超过200℃、工作压力不超过1.0MPa（普通钢管）和1.6MPa（加厚钢管）。

　　水煤气管路管件主要用可锻铸铁（俗称玛钢或韧性铸铁）或软钢制造。管件按镀锌或不镀锌分为镀锌管件（白铁管件）和不镀锌管件（黑铁管件）两种，常用水煤气管管件见图5.1.1。

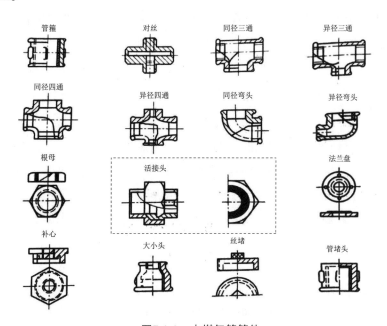

图5.1.1　水煤气管管件

　　管件按其用途可分为管路延长连接用管件（管箍、外丝）、管路分支连接用管件（三通、四通）、管路转弯用管件（90°弯头、45°弯头）、节点碰头连接用管件（补心、大小头）、管路堵口用管件（丝堵、管堵头），水煤气管件的规格表示与管子相同，用公称直径DN表示。

　　③ 螺旋缝电焊钢管。一般用A2、A3、A4、B2、B3普通碳素钢或16Mn低合金钢制造，它包括螺旋高频焊接钢管及螺旋埋弧自动焊接钢管两类，后者又可分为单面焊接和双面焊接。螺旋高频焊接钢管和螺旋单面焊接钢管一般用于工作压力不超过2MPa，介质温度最高不超过200℃、直径较大的室外煤气、天然气及凝结水管道。螺旋缝电焊钢管的外径有219mm、245mm、273mm、325mm、377mm、426mm、529mm、630mm、720mm、820mm几种规格，管壁厚度有7mm、8mm、9mm、10mm几种。规格的表示方法为外径

×壁厚，如Φ529×8表示外径529mm，壁厚8mm的管子。

④ 不锈钢管。不锈钢是不锈耐酸钢的简称。各种不锈钢管适合的温度为-196～700℃，具有很高的耐腐蚀性能，能抵抗各种酸类介质的腐蚀，能承受各种压力。在化肥、化纤、医药、炼油等工业企业的管道工程中应用十分广泛。

（2）有色金属管。常用的有色金属管有铜管、铝及铝合金管。

① 铜管。常用的铜管有紫铜管（工业纯铜）和黄铜管（铜锌合金），常用制造方法有拉制和挤制。铜管质地坚硬，不易腐蚀，且耐高温、耐高压，导热性好，低温强度高。主要用于换热设备，制氧设备中的低温管路，以及输送有压力的液体和用作仪表的测压管等。

② 铝及铝合金管。铝及铝合金管一般用拉制或挤压方法生产，铝管多用L2、L3、L4、L5牌号的工业铝制造，铝合金管根据不同的需要可以用LF2、LF3、LF5、LF6、LF21、LY11及LY12等牌号的铝合金制造。铝管主要用来输送浓硝酸、醋酸、蚁酸以及其他介质，但不能抵抗碱液。工作温度高于160℃时，不宜在压力下使用。

2. 非金属管

非金属管按其材质分类，常用的有玻璃钢管、塑料管。

（1）玻璃钢管。也称玻璃纤维缠绕夹砂管（RPM管）。主要以玻璃纤维及其制品为增强材料，以高分子成分的不饱和聚酯树脂、环氧树脂等为基本材料，以石英砂及碳酸钙等无机非金属颗粒材料为填料作为主要原料。其制作方法有定长缠绕工艺、离心浇铸工艺以及连续缠绕工艺三种。玻璃钢管特点是强耐腐蚀性能、内表面光滑、输送能耗低、使用寿命长（50年以上）、运输安装方便、维护成本低及综合造价低。

（2）塑料管。塑料管具有良好的耐腐蚀性和一定的机械强度，且具备管内壁光滑、流体摩阻力小、加工成型与安装方便、材质轻、运输方便等优点。其缺点是强度较低、刚性差、热胀冷缩量大、日光下老化速度快、易于断裂。

塑料管按制造原料不同，分为硬聚氯乙烯管（UPVC管）、聚乙烯管（PE管）、聚丙烯管（PPR管）、聚丁烯管（PB管）和工程塑料管（ABS管）等。塑料管的连接方法主要有螺纹连接、焊接连接和承插连接。

3. 衬里管

衬里管是指具有耐腐蚀衬里的管子。金属管道强度高，抗冲击性能好，但耐腐蚀性能差。非金属管道耐腐蚀性能好，但强度低、质脆，容易因冲击而损坏。为了获得高强度和耐腐蚀的管材，可采用各种衬里的金属管道。一般常在碳素钢管和铸铁管件内衬里。作为衬里的材料很多，属于金属材料的有铅、铝和不锈钢等，属于非金属材料的有搪瓷、玻璃、塑料、橡胶、玻璃钢以及水泥砂浆等。

5.1.2.2 阀门

阀门是用来控制、调节管道或者设备内介质流量，能够随时开启和关闭的管路附件。阀门的型号由七个单元组成，分别表示阀门的类型、传动方式、连接形式、阀座密封面或衬里材料、公称压力和阀体材料，各单元的排列顺序和意义见图5.1.2及表5.1.6。阀门的选择应根据介质的种类、压力、温度及流量（管道管径）等因素来选用。同一种介质随着温度的变化，其压力、浓度及腐蚀情况也会变化。阀体材料要根据介质类别及运行工况（压力和温度）来选定，密封面材料是决定阀件耐温界限的主要依据。阀件的最高使用温度，应采用阀体和密封面两者耐温界限的较小值。

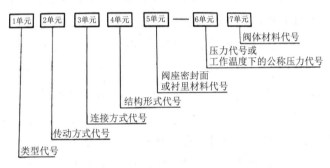

图5.1.2　阀门型号中各单元的含义

表 5.1.6　阀门型号含义

1	2	3	4	5	6	7
汉语拼音字母表示阀门类型	一位数字表示传动方式	一位数字表示连接方式	一位数字表示结构形式	汉语拼音字母表示密封面或衬里材料	数字表示公称压力	汉语拼音字母表示阀体材料
Z 闸阀 J 截止阀 L 节流阀 Q 球阀 D 蝶阀 H 止回阀和底阀 G 隔膜阀 A 安全阀 T 调节阀 X 旋塞阀 Y 减压阀 S 疏水阀 DZ 电磁阀	0. 电磁动 1. 电磁－液动 2. 电－液动 3. 涡轮 4. 正齿轮转动 5. 伞齿轮转动 6. 气动 7. 液动 8. 气—液动 9. 电动 其他手轮、手柄、扳手无号表示	1. 内螺纹 2. 外螺纹 3. 法兰 （用于双弹簧安全阀） 4. 法兰 5. 法兰 （用于杠杆式、安全门、单弹簧安全门） 6. 焊接 7. 对夹 8. 卡箍 9. 卡套	按闸阀、截止阀、节流阀、柱塞阀、球阀、蝶阀、隔膜阀、旋塞阀、止回阀、安全阀、减压阀、蒸汽疏水阀、排污阀等定义代号，请查阅相关资料。（见本书附录二）	T 铜合金 H 合金钢 B 锡基轴（巴承合金氏合金） Y 硬质合金 X 橡胶 J 硬橡胶 SA 聚四氟乙烯 SB 聚三氟乙烯 SC 聚氯乙烯 SD 酚醛塑料 SN 尼龙 F 氟塑料 P 皮革（渗硼钢） S 塑料 D 渗氮钢 CJ 衬胶 TC 搪瓷 CS 衬塑料 CQ 衬铅 W 密封圈由阀体加工		Z 灰铸件（一般不表示） K 可锻铸铁 Q 球墨铸铁 T 铜及铜合金 B 铅合金 I 铬钼合金钢 L 铝合金 P 铬镍钛钢（18-8 系不锈钢） V 铬钼钒合金钢 R 铬镍钼钛钢 C 碳钢（一般不表示） G 硅铁 H Cr13系不锈钢 A 钛及钛合金 S 塑料

5.1.2.3 管件

管件是管道系统中起连接、控制、变向、分流、密封、支撑等作用的零部件的统称。

1. 管件分类

管件的种类很多，可根据用途、连接、材料、加工方式分类。

（1）按用途分：

① 用于管子互相连接的管件有：法兰、活接、管箍、夹箍、卡套、喉箍等。

② 改变管子方向的管件：弯头、弯管。

③ 改变管子管径的管件：变径（异径管）、异径弯头、支管台、补强管。

④ 增加管路分支的管件：三通、四通。

⑤ 用于管路密封的管件：垫片、生料带、线麻，法兰盲板，管堵，盲板、封头、焊接堵头。

⑥ 用于管路固定的管件：卡环、拖钩、吊环、支架、托架、管卡等。

（2）按连接方式分。管件又可以分为焊接管件、卡套管件、卡箍管件、承插管件、粘接管件、热熔管件、曲弹双熔管件、胶圈连接式管件等。

（3）按材料分。与管材相适应，管件按照材料，也可以分为金属管件和非金属管件，本书不再详述。

2. 常用管件

工业管道中常用的是金属管件，此处主要介绍钢管件和铜管件，其他管件可自行查阅相关资料。

（1）钢管件。钢管件包括螺纹连接管件、卡箍连接管件等。

① 螺纹连接管件。按用途不同，可分为直线延长连接管件、分叉连接管件、转弯连接管件、碰头连接管件、变径连接管件、堵塞管口管件等。

② 卡箍连接管件。管径不大于DN80的钢管、衬塑钢管，常用螺纹连接，管径大于或等于DN80的管子，则用卡箍连接更合适，其管件有正三通、正四通、90°弯头、45°弯头、盲板等。

（2）铜及铜合金管件。铜及铜合金管件按连接方式分为承插焊接、螺纹连接、法兰连接。按材质分为紫铜、黄铜、青铜。按用途分为水管管件、空调管管件、制冷管管件。

5.1.2.4 法兰及紧固件

1. 法兰

常用法兰有铸铁管法兰、钢制管法兰等。钢制管法兰种类较多，有平焊法兰、对焊法兰、松套法兰、整体法兰等。

（1）平焊法兰。适用于公称压力不超过2.5MPa的碳素钢管道连接。平焊法兰的密封可以制成光滑式、凹凸式和榫槽式三种，光滑式平焊法兰的应用量最大。

（2）对焊法兰。用于法兰与管子的对口焊接，其结构合理，强度与刚度较大，经得起高温高压及反复弯曲和温度波动，密封性可靠。公称压力为0.25 ～ 2.5MPa的对焊法兰，采用凹凸式密封面。

（3）松套法兰。俗称活套法兰，分为焊环活套法兰、翻边活套法兰和对焊活套法兰。

（4）整体法兰。属于带颈对焊法兰的一种。多用于压力较高的管道之中，生产工艺一般为铸造。

2. 紧固件

常用的紧固件包括六角螺栓、螺母，垫圈。

（1）六角螺栓、螺母。螺栓和螺母用于管道与管道之间法兰连接、设备与管道之间法兰连接、设备与支架的连接等处，通常使用六角螺栓和六角螺母。

（2）垫圈。垫圈分为平垫圈和弹簧垫圈两种。平垫圈垫于螺母下面，保护被连接件表面以免被螺母擦伤，同时增加螺母与被连接件之间的接触面积，降低螺母作用在被连接件表面上的压力。

5.2　工业管道工程施工图识读

本章主要完成中央空调热交换站的工业管道工程的计价过程。与电气设备和通风空调安装工程造价过程一样，首先要读懂图纸，熟悉设计要求、施工规范以及各种材料的型号、规格。工业管道的图纸通常包括平面图、轴侧图、详图几类。读图时，平面图与轴侧图相对应，按管道流体流动的路程了解管路的走向、规格和确切位置等信息。本项目工业管道工程案例的识图简介请扫描以下视频二维码5-1观看。

视频二维码 5-1：工业管道工程识图

5.2.1 工业管道工程常用图例

工业管道工程常用的图例如表5.2.1所示。

表5.2.1 工业管道工程常用图例

序号	名称	图例	序号	名称	图例
1	给水管	—G—	5	保温管	∧∧∧
2	回水管	—H—	6	伸缩器	—◇—
3	平面立管	—◦—	7	套管	-◦[===]◦-
4	金属软管	⋏⋏⋏	8	丝堵	—⊣

说明: 有些图例利用字母表示管道类型,有些利用线型表示,如给水管和排水管,还可以有热水(R)、污水(W)、雨水(Y)、空调供水(KG)、空调回水(KH)等,不再一一列举。实际工作中,还是以图纸说明图例含义为准。

5.2.2 工业管道工程案例识图

根据工业管道工程的设计说明、平面图及系统图,可以读出和工程造价相关的信息。

1.热交换站相关设计说明

(1)本工程系统工作压力为1.6MPa。

(2)所有管道均采用无缝碳钢管,二次安装,镀锌,电弧焊连接,其中DN100为Φ108×4.5,DN150为Φ159×6。

(3)热水管及回水管采用带铝箔离心超细玻璃棉管壳保温,保温厚度δ=50mm。

(4)法兰为碳钢平焊法兰,法兰闸阀采用Z45W-1.6T,法兰止回阀采用H44H-1.6C。

(5)橡胶软接头采用TJ14-100-1.6。

(6)热水泵型号为NG80-80-16,一用一备。

(7)管道支架。悬空管采用U形吊装,着地管采用一字形安装,型钢均为10# 槽钢,支架工程量为212kg,支架除锈后刷红丹防锈漆两遍,刷调和漆两遍。

2."设计说明"的识读(设计说明不再另行提供,以下内容即设计说明内容)

(1)系统工作压力为1.6MPa,为低压系统,这也是我们在选择法兰、阀门及其他附件时需要满足的一个条件。

(2)所有管道均采用无缝碳钢管,二次安装,镀锌,其中DN100为Φ108×4.5,DN150为Φ159×6。这里的二次安装,套用定额时,管道及管件安装人工应乘2,管道的镀锌费应另计。

（3）热水管及回水管采用带铝箔离心超细玻璃棉管壳保温，保温厚度为50mm。

（4）明确了阀门及橡胶接头的型号，法兰闸阀采用Z45W-1.6T，法兰止回阀采用H44H-1.6C，橡胶软接头采用TJ14-100-1.6。

（5）热水泵型号为NG80-80-16，说明水泵进出口均为DN80，"一用一备"说明水泵平时只开一台。

（6）管道支架的型钢均采用10#槽钢，除锈后刷红丹防锈漆两遍、刷调和漆两遍。

3.平面图的识读

从平面图可知，A-B轴中心线距离为6000mm，①-②轴中心线距离为8400mm，图中10t热交换器一台、定压膨胀罐一台、热水泵两台都作了定位，两台热水泵中心线距离为650mm。设备与设备之间的管道连接及管径都作了标注。SR表示给水，RG表示热水供水，RH表示热水回水。三路管道穿墙均设有套管。

4.系统图的识读

从系统图可知，SR给水管DN150来自屋顶水箱，经A轴中心标高为3.50m的穿墙套管进入交换站，转弯后横行、再返下至0.30m（由热水泵出口管标高可知）接法兰闸阀、法兰止回阀各一只后接入10t热交换器底部，经热交换器加热后变成热水从顶部法兰闸阀排出，RG热水管向上至4.50m后，转两个弯直行经A轴的穿墙套管出热交换站，热水供水管管径也为DN150。

RH回水管DN100经A轴的穿墙套管进入热交换站，其中心标高为3.50m，转弯横行，然后经三通分两路返下至0.30m，分别与两台热水泵吸入口连接，泵吸入口均设置DN100×80变径管（大小头）、DN100橡胶软接头、DN100法兰闸阀。回水经泵输出，出口端除装有大小头、橡胶软接头、闸阀外，尚增设了DNI00法兰止回阀，以防回水倒流；泵出口的两路回水汇合后转弯，先经DN100法兰闸阀与定压膨胀罐底部连接，再与进10t热交换器的SR给水管DN150在三通处汇合，进入10t热交换器加热。

5.3　工业管道工程预算定额基本规定

本节以《浙江省通用安装工程预算定额》（2018版）的相关内容说明工业管道工程造价定额基本规定，我国全统定额和各省、自治区、直辖市的定额规定基本相似，学习者在某地域从事安装工程造价行业时，应注意查阅当地实施定额的相关规定，并根据这些规定查阅相关计价依据。

《浙江省通用安装工程预算定额》（2018版）（以下简称本定额）中第八册《工业管道工程》规定：

1. 适用性规定

适用于新建、扩建、改建项目中厂区范围内的车间、装置、站、罐区及其相互之间各种生产用介质输送管道，厂区第一个连接点以内的生产用（包括生产与生活共用）给水、排水、蒸汽、燃气输送管道的安装工程。其中给水以入口水表井为界，排水以厂区围墙外第一个污水井为界，蒸汽和燃气以入口第一个计量表（阀门）为界，锅炉房、水泵房以外墙皮为界。

如果不符合上述条件，编制工程造价时应参照其他行业定额等相关定额。

2. 工作内容规定

《工业管道工程》定额不包括以下内容：

（1）单体试运转所需的水、电、蒸汽、气体、油（油脂）、燃气等。

（2）配合联动试车费。

（3）管道安装完后的充氮、防冻保护。

（4）设备、材料、成品、半成品、构件等在施工现场范围以外的运输费用。

编制造价时，对不包括的计价内容，应该参照其他定额或者通过其他方法进行造价的确定，做到合理合法计价即可。

3. 相关定额界限划分规定

下列内容执行其他册相应定额：

（1）生产、生活共用的给水、排水、蒸汽、煤气输送管道，执行本册定额；民用的各种介质管道执行本定额第十册《给排水、采暖、燃气工程》相应项目。

（2）管道预制钢平台的摊销均执行本定额第三册《静置设备与工艺金属结构制作、安装工程》相应项目。

（3）刷油、防腐蚀、绝热工程，执行本定额第十二册《刷油、防腐蚀、绝热工程》相应项目。

（4）各种套管、支架的制作安装，执行本定额第十三册《通用项目和措施项目工程》的相应项目。

（5）凡涉及管沟、基坑及井类的垫层、基础、砌筑，各类盖板预制安装、管道混凝土支墩的项目，执行《浙江省市政工程预算定额》（2018版）相应项目。

4. 关于各项费用的规定

（1）厂区外运距超过1km，且在10km以内的管道安装项目，其人工、机械乘以系数1.1。

（2）车间内整体封闭式地沟管道，其人工和机械乘以系数1.2（管道安装后盖板封闭地沟除外）。

（3）超低碳不锈钢管执行不锈钢管项目，其人工和机械乘以系数1.15，焊条消耗量不变，单价可以换算。

（4）高合金钢管执行合金钢管项目，其人工和机械乘以系数1.15，焊条消耗量不变，单价可以换算。

（5）本册定额各子目均已包含垂直运输费，不另计建筑物超高增加费。

（6）本册定额各种材质管道施工使用特殊焊材时，焊材可以替换，消耗量不变。

（7）低压螺旋卷管（管件）电弧焊项目执行中压相应项目，定额乘以系数0.8。

5. 其他有关说明

（1）本册定额管道压力等级的划分：

低压：$0 < P \leqslant 1.6$ MPa，中压：1.6 MPa $< P \leqslant 10$ MPa，高压：10 MPa $< P \leqslant 42$ MPa。蒸汽管道 $P \geqslant 9$ MPa，工作温度 $\geqslant 500$℃时为高压。

（2）本册定额中各类管道适用材质范围：

① 钢管适用于焊接钢管、无缝钢管、16Mn钢管。

② 不锈钢管除超低碳不锈钢管按定额章说明外，适用于各种材质。

③ 碳钢板卷管安装适用于16Mn钢板卷管。

④ 铜管适用于紫铜、黄铜、青铜管。

⑤ 管件、阀门、法兰适用范围参照管道材质。

⑥ 合金钢管除高合金钢管按上述"关于各项费用的规定"中第（4）条及定额相关章说明计算外，适用于各种材质。

（3）本册定额是按管道集中预制后运往现场安装与直接在现场预制安装综合考虑的。执行定额时，现场无论采用何种方法，均不做调整。

（4）本册定额的管道壁厚是考虑了压力等级所涉及的壁厚范围综合取定的。执行定额时，不得调整。

（5）直管、管件、阀门及法兰安装按设计压力及介质执行定额。

（6）方形补偿器弯头执行本册定额第二章"管件连接"相应项目，直管执行本册定额第一章"管道安装"相应项目。

（7）空分装置冷箱内的管道属设备本体管道，执行本定额第三册《静置设备与工艺金属结构制作、安装工程》的相应项目。

（8）设备本体管道，随设备带来的，并已预制成型，其安装包括在设备安装定额内；主机与附属设备之间连接的管道，按材料或半成品进货的，执行本册定额。

5.4 工业管道工程工程量计算依据及规则

本节结合项目任务，学习并练习如何根据各种计价依据进行工业管道工程量计算，并依据计价要求编制出合理的工程量清单。

5.4.1 工业管道工程工程量计算依据

如前所述，工程量分为国标清单工程量和定额清单工程量。国标清单工程量应根据《通用安装工程工程量计算规范》（GB50856-2013）进行计算，定额清单工程量应参照《工业管道安装工程》定额进行计算。另外，工程量计算依据还包括设计图纸、施工组织设计或施工方案及该工程相关技术经济文件。

5.4.2 国标清单工程量计算规则

国标清单工程量应根据《通用安装工程工程量计算规范》（GB50856-2013）进行，其工程量计算原则参照第3章与第4章相关说明，本章不再赘述。

5.4.3 定额清单工程量计算规则

定额清单工程量应参照"工业管道工程"定额的定额说明及工程量计算规则进行计算，本书的工业管道安装工程结合《浙江省通用安装工程预算定额》（2018版）中第八册《工业管道工程》（以下简称本册定额）进行工程量计算，其定额说明及工程量计算规则阐述如下。

5.4.3.1 管道安装

1. 定额章说明

（1）本章内容包括低压管道、中压管道、高压管道的安装。

（2）管道安装不包括管件连接工作内容，其工程量可按设计用量执行本册定额第二章"管件连接"项目。

（3）管道预安装（即二次安装，指确实需要且实际发生管子吊装上去进行点焊预安装，然后拆下来经镀锌后再二次安装的部分），其人工费按直管安装和管件连接的人工之和乘以系数2.0。

（4）直管段长度超过30m的管道安装，其管道主材含量按施工图设计用量加规定的损耗量计算。

（5）管廊及地下管网主材含量，按施工图设计用量加规定的损耗量计算。

（6）法兰连接金属软管安装，包括一个垫片和一副法兰用螺栓的安装，螺栓材料量按施工图设计用量加规定的损耗量计算。

（7）有缝钢管螺纹连接项目已包括封头、补芯安装内容，不得另行计算。

（8）伴热管项目已包括煨弯工序内容，不得另行计算。

（9）本章不包括以下工作内容，应执行本册相应定额。

① 管件连接。

② 阀门安装。

③ 法兰安装。

④ 管道压力试验、吹扫与清洗。

⑤ 焊口无损检测、预热及后热、热处理、硬度测定。

⑥ 管口焊接管内、外充氩保护。

⑦ 管件制作。

2. 工程量计算规则

（1）各种管道安装按不同压力、材质、连接形式分别列项，其工程量按设计管道中心线长度以"m"为计量单位，不扣除阀门及各种管件所占长度。

（2）加热套管安装按内、外管分别计算工程量，执行相应定额项目。

（3）金属软管安装按不同连接形式，以"根"为计量单位。

5.4.3.2　管件连接

1. 定额章说明

（1）本章内容包括碳钢管件、不锈钢管件、合金钢管件及有色金属管件、非金属管件、生产用铸铁管件安装等项目。

（2）管件连接中已综合考虑了弯头、三通、异径管、管帽、管接头等管口含量的差异，应按设计图纸用量执行相应定额。

（3）现场加工的各种管道，在主管上挖眼接管三通、摔制异径管，均应按不同压力、材质、规格，以主管径执行管件连接相应定额，不另计制作费和主材费。

（4）管件用法兰连接时，执行法兰安装相应项目，管件本身安装不再计算安装费。

（5）全加热套管的外套管件安装，定额按两半管件考虑的，包括两道纵缝和两个环缝。两半封闭短管可执行两半弯头项目。

（6）管件制作执行本册定额第七章相应定额。

（7）在管道上安装的仪表一次部件，执行本章管件连接相应定额，基价乘以系数0.7。

（8）仪表的温度计扩大管制作安装，执行本章管件连接相应定额，基价乘以系数1.5。

（9）焊接盲板（封头）执行本章管件连接相应定额，基价乘以系数0.6。

2. 工程量计算规则

（1）各种管件连接均按不同压力、材质、连接形式，不分种类，以"个"为计量单位。

（2）挖眼接管三通支线管径小于主管径1/2时，不计算管件工程量；在主管上挖眼焊接管接头、凸台等配件，按配件管径计算管件工程量。

（3）半加热外套管排口后焊在内套管上，每个焊口按一个管件计算。外套碳钢管如焊在不锈钢管内套管上，焊口间需加不锈钢短管衬垫，每处焊口按两个管件计算，衬垫短管按设计长度计算。如设计无规定时，可按50mm长度计算。

5.4.3.3　阀门安装

1. 定额章说明

（1）本章内容包括低压阀门、中压阀门、高压阀门等安装及安全阀调试。

（2）本章各种阀门安装均已包括壳体压力试验和密封试验工作内容。

（3）电动阀门安装包括电动机的安装，检查接线执行本定额第四册《电气设备安装工程》的相应定额。

（4）各种法兰阀门安装，本章定额中只包括一个垫片和一副法兰用螺栓的安装；垫片材质与实际不符时，可按实调整；螺栓本身的价值另计，螺栓按施工图设计用量加损耗量计算。

（5）阀门壳体压力试验和密封试验介质是按水考虑的，如设计要求其他介质，可按实计算。

（6）阀门安装不包括阀体磁粉探伤、气密性试验、阀杆密封添料的更换等特殊要求的工作内容。

（7）阀门安装不做壳体压力试验和密封试验时，执行本章阀门安装相应定额项目乘以系数0.6。

（8）直接安装在管道上的仪表流量计，执行本章阀门安装相应定额项目乘以系数0.6。

（9）限流孔板、八字盲板执行本章阀门安装相应定额项目乘以系数0.4。

2. 工程量计算规则

（1）各种阀门按不同压力、连接形式，不分种类以"个"为计量单位。压力等级按设计图纸规定执行相应定额。

（2）各种法兰阀门安装与配套法兰的安装，应分别计算工程量。

（3）减压阀直径按高压侧计算。

（4）电动阀门安装包括电动机安装，检查接线工程量应另行计算。

5.4.3.4　法兰安装

1．定额章说明

（1）本章内容包括低、中、高压管道、管件、法兰阀门上的各种法兰安装项目。

（2）不锈钢、有色金属的焊环活动法兰，执行本章翻边活动法兰安装相应定额项目，但应将定额中的翻边短管换为焊环，并另行计算其价值。

（3）全加热套管法兰安装，按内套管法兰公称直径执行相应定额乘以系数2.0。

（4）法兰安装以"片"为单位计算时，执行本章法兰安装相应定额项目乘以系数0.61，螺栓数量不变。

（5）中压平焊法兰，执行本章低压相应定额项目乘以系数1.2。

（6）中压螺纹法兰安装，执行本章低压螺纹法兰相应定额项目乘以系数1.2。

（7）在管道上安装的节流装置，已包括了短管装拆工作内容，执行本章法兰安装相应定额项目乘以系数0.7。

（8）配法兰的盲板只计算主材费，安装费已包括在单片法兰安装中。

（9）各种法兰安装，本章定额只包括一个垫片和一副法兰用的螺栓的安装。垫片材质与实际不符时，可按实调整；螺栓本身的价值另计，螺栓按施工图设计用量加损耗量计算。

（10）法兰安装不包括安装后系统调试运转中的冷、热态紧固内容，发生时可另行计算。

2．工程量计算规则

（1）低、中、高压管道、管件、法兰、阀门上的各种法兰安装，应按不同压力、材质、规格和种类，分别以"副"为计量单位。压力等级按设计图纸规定执行相应定额。

（2）用法兰连接的管道安装，管道与法兰分别计算工程量，执行相应定额。

5.4.3.5　管道压力试验、吹扫与清洗

1.定额章说明

（1）本章内容包括管道压力试验、管道系统吹扫、管道系统清洗、管道脱脂、管道油清洗。

（2）管道液压试验是按普通水编制的，如设计要求其他介质，可按实调整。

（3）液压试验和气压试验已包括强度试验和严密性试验工作内容。

（4）管道清洗定额按系统循环清洗考虑。

（5）管道油清洗项目适用于传动设备，按系统循环法考虑，包括油冲洗、系统连接和滤油机用橡胶管的摊销，但不包括管内除锈，需要时另行计算。

2. 工程量计算规则

（1）管道压力试验、泄露性试验、吹扫与清洗按不同压力、规格，以"m"为计量单位。

（2）定额内均已包括临时用空压机和水泵做动力进行试压、吹扫、清洗管道连接的临时管线、盲板、阀门、螺栓等材料摊销量；不包括管道之间的串通临时管口及管道排放口至排放点的临时管，其工程量应按施工方案另行计算。

（3）调节阀等临时短管制作装拆项目，使用管道系统试压、吹扫时需要拆除的阀件以临时短管代替连通管道，其工作内容包括完工后短管拆除和原阀件复位等。

（4）泄漏性试验适用于输送、有毒及可燃介质的管道，按压力、规格不分材质，以"m"为计量单位。

（5）当管道与设备作为一个系统进行试验时，如管道的试验压力等于或小于设备的试验压力，则按管道的试验压力进行试验；如管道试验压力超过设备的试验压力，且设备的试验压力不低于管道设计压力的115%时，可按设备的试验压力进行试验。

5.4.3.6　无损检测与焊口热处理

1. 定额章说明

（1）本章内容包括焊缝无损检测、焊口预热及后热、焊口热处理、硬度测定。

（2）无损检测：

① 定额内综合考虑了高空作业降效因素。

② 本章不包括下列内容：固定射线检测仪器使用的各种支架制作；超声波检测对比试块的制作。

（3）预热与热处理：

① 本章定额适用于碳钢、低合金钢和中高压合金钢各种施工方法的焊前预热或焊后热处理。

② 电加热片、电阻丝、电感应预热及后热项目，如设计要求焊后立即进行热处理，预热及后热项目定额乘以系数0.87。

③ 电加热片加热进行焊前预热或焊后局部处理中，如要求增加一层石棉布保温，石棉布的消耗量与高硅（氧）布相同，人工不再增加。

④ 用电加热片或电感应法加热进行焊前预热或焊后局部处理的项目中，除石棉布和高硅（氧）布为一次性消耗材料外，其他各种材料均按摊销量计入定额。

⑤ 电加热片是按履带式考虑的，实际与定额不同时可替换。

2. 工程量计算规则

（1）X射线、γ射线无损检测，按管材的双壁厚执行本章定额相应项目。

（2）焊缝射线检测区别管道不同壁厚、胶片规格，以"张"为计量单位。

（3）焊缝超声波、磁粉和渗透检测按规格，以"口"为计量单位。

（4）焊口预热及焊口热处理按不同材质、规格，以"口"为计量单位。

5.4.3.7 其他

1. 定额章说明

（1）本章内容包括焊口充氮保护（管道内部），蒸气分汽缸制作、安装，集气罐制作、安装，空气分气筒制作、安装，空气调节器喷雾管安装，钢制排水漏斗制作、安装，水位计安装，手摇泵安装，阀门操纵装置安装，调节阀临时短管制作、装拆，虾体弯制作，三通制作，三通补强圈制作、安装。

（2）分汽缸、集气罐和空气分气筒的安装，本章定额内不包括附件安装，其附件可执行相应定额。

（3）空气调节器喷雾管安装，按全国通用《采暖通风国家标准图集》T704 — 12以六种形式分列。

（4）不锈钢管、有色金属管的管架制作与安装，执行本定额第十三册《通用项目和措施项目工程》一般管架制作、安装定额，基价乘以系数1.1。

（5）虾体弯制作定额是按照90°弯编制的，如为30°弯，基价乘以系数0.35，如为45°弯和60°弯，基价乘以系数0.60。

（6）公称直径25mm以内的调节阀临时短管制作、装拆，执行公称直径50mm以内的相应定额，基价乘以系数0.80。

2. 工程量计算规则

（1）管道焊接焊口充氩保护定额，适用于各种材质氩弧焊接或氩电联焊焊接方法的项目，按不同的规格和充氩部位，不分材质以"口"为计量单位。执行定额时，按设计及规范要求选用项目。

（2）分汽缸（分、集水器）制作以"kg"为计量单位，安装以"个"为计量单位。

（3）集水罐制作、安装，空气分气筒制作、安装，钢制排水漏斗制作、安装以"个"为计量单位，空气调节器喷雾管安装、水位计安装以"组"为计量单位。

（4）手摇泵安装，调节阀临时短管制作、装拆以"个"为计量单位，阀门操纵装置安装以"kg"为计量单位。

5.5 工业管道工程工程量计算

　　根据招标控制价编制的需要，项目组在识读、分析过图纸之后，就应该进行工程量计算。工程量计算过程中项目划分、项目名称、计量单位和工程量计算规则等按照定额与《通用安装工程工程量计算规范》（GB50856-2013）相关规定来确定。

　　如3.4.1节所述，工程量分为国标清单工程量和定额清单工程量，二者的主要区别在项目名称、计量单位、工程内容和工程量计算规则中均有体现，一般而言清单工程量会等同或包含定额工程量内容，所以通常同步计算国标清单工程量和定额清单工程量，便于后续编制工程量清单；或者首先计算定额清单工程量，保证定额清单工程量计算齐全，后续再根据《通用安装工程工程量计算规范》（GB50856-2013）的附录编制国标工程量清单。这里再次说明，针对有系数的定额计量单位，工程量计算时可不加系数，但是套用定额时必须用带系数的定额计量单位。

　　本书案例工业管道工程量计算包括管道、管件、阀门、法兰、保温、刷油及管道支架、套管等各类工业管道及辅助器件的内容，可扫描视频二维码5-2了解工程量计算任务，工程量的计算过程讲解扫描视频二维码5-3至5-5观看，计算结果见表5.5.1，汇总表见表5.5.2。

视频二维码 5-2：工业管道工程量计算任务

视频二维码 5-3：管道及管件工程量计算

视频二维码 5-4：法兰、阀门工程量计算

视频二维码 5-5：保温、支架刷油工程量计算

表 5.5.1　工业管道分部分项工程量计算表

工程名称：热交换站工业管道安装工程

序号	分部分项工程名称（含项目特征）	单位	计算式	合计
1	无缝钢管 Φ108×4.5（热水）	m	RH：泵吸：（1.5＋1.5）＋5.0＋0.65＋立管标高：（3.5-0.3）×2＋0.6×2＋泵出 0.7×2＋2.3＋5.0＋（0.8＋0.3）	26.05

续表

序号	分部分项工程名称（含项目特征）	单位	计算式	合计
	穿墙套管 Φ219×6	个	1个	1
	带铝箔超细玻璃棉管壳 δ=50	m³	26.05m×0.0257	0.67
2	无缝钢管 Φ159×6（热水）	m	RG：0.6 + 2.2 +（5.20 + 1.5）+ SR：交换器底部配管（需保温）：1.7 + 0.3	11.5
	穿墙套管 Φ273×7	个	1个	1
	带铝箔超细玻璃棉管壳 δ=50	m³	11.5m×0.0342	0.39
3	无缝钢管 Φ159×6（冷水）	m	SR：（2.9 + 1.5）+ 2.5 + 立管标高（3.5-0.3）+ 0.6	10.7
	穿墙套管 Φ219×6	个	1个	1
4	管件安装 DN100	个		15
	其中：压制弯 Φ108×4.5	个	RH：泵吸5个 + 泵出2个 + 膨胀罐下1个	8
	压制大小头 DN100×80	个	RH：泵吸2个 + 泵出2个	4
	挖眼三通 Φ108×108	个	RH：泵吸1个 + 泵出2个	3
5	管件安装 DN150	个		7
	其中：压制弯 Φ159×6	个	RG：2个 + SR：4个	6
	挖眼三通 159×108	个	SR：1个	1
6	法兰闸阀 DN100（热水）	个	RH：泵吸2个 + 泵出2个 + 膨胀罐下1个	5
	螺栓带帽连垫 M16×70	套	5×8套/个	40
7	法兰闸阀 DN150（热水）	个	RG：1个	1
	螺栓带帽连垫 M20×80	套	1×8套/个	8
8	法兰闸阀 DN150（冷水）	个	SR：1个	1
	螺栓带帽连垫 M20×80	套	1×8套/个	8
9	法兰止回阀 DN100（热水）	个	RH：泵出2个	2
	螺栓带帽连垫 M16×70	套	2×8套/个	16
10	法兰止回阀 DN150（冷水）	个	SR：1个	1
	螺栓带帽连垫 M20×80	套	1×8套/个	8
11	橡胶软接头 DN100	个	RH：泵吸2个 + 泵出2个	4
	螺栓带帽连垫 M16×70	套	4×8套/个	32
12	平焊法兰 DN80	片	RH：泵吸口1片×2 + 泵出口1片×2	4
	螺栓带帽连垫 M16×70	套	4×8套/个	32

续表

序号	分部分项工程名称（含项目特征）	单位	计算式	合计
13	平焊法兰 DN100	片	RH：膨胀罐下 1 片	1
	螺栓带帽连垫 M16×70	套	1×8 套 / 个	8
14	平焊法兰 DN100	付	RH：泵吸水（直管 1 付 + 配阀 1 付 ×2）+ 泵出水（直管 1 付 + 配阀 1 付 ×2）+ 膨胀罐下配阀 1 付	7
	螺栓带帽连垫 M16×70	套	7×8 套 / 个	56
15	平焊法兰 DN150	片	RG：配阀：1 片 + SR 交换器 底部配管：1 片	2
	螺栓带帽连垫 M20×80	套	2×8 套 / 个	16
16	平焊法兰 DN150	付	RG：直管 1 付 + SR：（直管 1 付 + 配阀 1 付）	3
	螺栓带帽连垫 M20×80	套	3×8 套 / 个	24
17	一管道支吊架制作安装，10 号槽钢 [10	kg	已知	212
18	一般钢结构除轻锈，刷红丹防锈两遍，调和漆两遍。	kg		212
19	无缝钢管及法兰片热镀锌	kg		992.12
	其中：无缝钢管 108X4.5	kg	11.49kg / m ×26.05	299.31
	无缝钢管 Φ159×6	kg	22.64kg/m ×22.2	502.61
	1.6MPa 平焊法兰 DN80	kg	13.71kg / 片 ×4	54.84
	1.6MPa 平焊法兰 DN100	kg	4.8kg / 片 ×15	72
	1.6MPa 平焊法兰 DN150	kg	7.92kg / 片 ×8	63.36
20	阀门带铝箔离心玻璃棉板安装 DN100	m³	$3.14×（0.108 + 1.03×0.05）×2.5×0.108×1.03×0.05×1.05×11$（个）	0.08
21	阀门带铝箔离心玻璃棉板安装 DN150	m³	$3.14×（0.159 + 1.03×0.05）×2.5×0.159×1.03×0.05×1.05×1$（个）	0.01
22	法兰带铝箔离心玻璃棉板安装 DN80	m³	$3.14×（0.089 + 1.03×0.0（5））×1.5×0.089×1.03×0.05×1.05×4$（副）	0.01
23	法兰带铝箔离心玻璃棉板安装 DN100	m³	$3.14×（0.108 + 1.03×0.05）×1.5×0.108×1.03×0.05×1.05×3$（副）	0.01
24	法兰带铝箔离心玻璃棉板安装 DN150	m³	$3.14×（0.159 + 1.03×0.0（5））×1.5×0.159×1.03×0.05×1.05×2$（副）	0.02

表5.5.2　工业管道工程量汇总表

工程名称：热交换站工业管道安装工程

序号	分部分项工程名称	单位	计算式	合计
1	无缝钢管 Φ108×4.5（热水）	m	RH：泵吸：（1.5 + 1.5）+ 5.0 + 0.65 + 立管标高（3.5–0.3）×2 + 0.6×2 + 泵出：0.7×2 + 2.3 + 5.0 +（0.8 + 0.3）	26.05
2	无缝钢管 Φ159×6	m	11.5 + 10.7	22.2
3	管件安装 DN100	个		15
	其中：压制弯 Φ108×4.5	个	RH：泵吸5个 + 泵出2个 + 膨胀罐下1个	8
	压制大小头 DN100×80	个	RH：泵吸2个 + 泵出2个	4
	挖眼三通 Φ108×108	个	RH：泵吸1个 + 泵出2个	3
4	管件安装 DN150	个		7
	其中：压制弯 Φ159×6	个	RG：2个 + SR：4个	6
	挖眼三通 Φ159×108	个	SR：1个	1
5	法兰闸阀 DN100（热水）	个	RH：泵吸2个 + 泵出2个 + 膨胀罐下1个	5
	螺栓带帽连垫 M16×70	套	5×8套/个	40
6	法兰闸阀 DN150	个	RG：1个 + SR：1个	2
	螺栓带帽连垫 M20×80	套	2×8套/个	16
7	法兰止回阀 DN100（热水）	个	RH：泵出2个	2
	螺栓带帽连垫 M16×70	套	2×8套/个	16
8	法兰止回阀 DN150（冷水）	个	SR：1个	1
	螺栓带帽连垫 M20×80	套	1×8套/个	8
9	橡胶软接头 DN100	个	RH：泵吸2个 + 泵出2个	4
	螺栓带帽连垫 M16×70	套	4×8套/个	32
10	平焊法兰 DN80	片	RH：泵吸口1片 ×2 + 泵出口1片 ×2	4
	螺栓带帽连垫 M16×70	套	4×8套/个	32
11	平焊法兰 DN100	片	RH：膨胀罐下1片	1
	螺栓带帽连垫 M16×70	套	1×8套/个	8
12	平焊法兰 DN100	副	RH：泵吸水（直管1付 + 配阀1付 ×2）+ 泵出水（直管1付 + 配阀1付 ×2）+ 膨胀罐下配阀1付	7
	螺栓带帽连垫 M16×70	套	7×8套/个	56
13	平焊法兰 DN150	片	RG：配阀：1片 + SR 交换器 底部配管：1片	2
	螺栓带帽连垫 M20×80	套	2×8套/个	16
14	平焊法兰 DN150	副	RG：直管1付 + SR：（直管1付 + 配阀1付）	3
	螺栓带帽连垫 M20×80	套	3×8套/个	24
15	一管道支吊架制作安装，10号槽钢 [10	kg	已知	212
16	穿墙套管 Φ219×6	个	2个	2
17	穿墙套管 Φ273×7	个	1个	1

续表

序号	分部分项工程名称	单位	计算式	合计
18	DN100 管道带铝箔超细玻璃棉管壳 δ =50	m³	26.05m × 0.0257	0.67
19	DN150 管道带铝箔超细玻璃棉管壳 δ =50	m³	11.5m × 0.0342	0.39
20	一般钢结构除轻锈，刷红丹防锈两遍，调和漆两遍。	kg		212
21	无缝钢管及法兰片热镀锌	kg		992.12
	其中：无缝钢管 108×4.5	kg	11.49kg／m×26.05	299.31
	无缝钢管 Φ159×6	kg	22.64kg/m×22.2	502.61
	1.6MPa 平焊法兰 DN80	kg	13.71kg／片×4	54.84
	1.6MPa 平焊法兰 DN100	kg	4.8kg／片×15	72
	1.6MPa 平焊法兰 DN150	kg	7.92kg／片×8	63.36
22	阀门带铝箔离心玻璃棉板安装 DN100	m³	3.14×（0.108 + 1.03×0.05）×2.5×0.108×1.03×0.05×1.05×11（个）	0.08
23	阀门带铝箔离心玻璃棉板安装 DN150	m³	3.14×（0.159 + 1.03×0.05）×2.5×0.159×1.03×0.05×1.05×1（个）	0.01
24	法兰带铝箔离心玻璃棉板安装 DN80	m³	3.14×（0.089 + 1.03×0.0（5）×1.5×0.089×1.03×0.05×1.05×4（副）	0.01
25	法兰带铝箔离心玻璃棉板安装 DN100	m³	3.14×（0.108 + 1.03×0.05）×1.5×0.108×1.03×0.05×1.05×3（副）	0.01
26	法兰带铝箔离心玻璃棉板安装 DN150	m³	3.14×（0.159 + 1.03×0.0（5）×1.5×0.159×1.03×0.05×1.05×2（副）	0.02

5.6 工业管道工程工程量清单编制

　　本书所选用的招标案例要求采用国标工程量清单计价，因此，完成工程量计算后，就可以根据《通用安装工程工程量计算规范》（GB50856-2013）（以下简称《规范》）编制国标工程量清单了。《规范》第4节对国标工程量清单的编制做出了规定，主要内容参照第3章中3.6.1节介绍，本节不再赘述。

　　查阅《规范》"附录 H 工业管道工程"和"附录 L 刷油、防腐蚀、绝热工程"两章内容，在表5.5.2的基础上，编制本书招标项目工业管道工程的国标工程量清单，编制过程请扫描视频二维码5-6观看，清单编制结果如表5.6.1所示。

视频二维码 5-6：工业管道工程量清单编制

表 5.6.1 工业管道工程量清单

工程名称：热交换站工业管道安装

序号	项目编码	项目名称	项目特征	计量单位	工程量
		0308 工业管道工程			
1	030801001001	低压碳钢管	无缝钢管 Φ108×4.5，电弧焊连接，二次安装；常规水冲洗和压力试验。	m	26.05
2	030801001002	低压碳钢管	无缝钢管 Φ159×6，电弧焊连接，二次安装；常规水冲洗和压力试验。	m	22.20
3	030804001001	低压碳钢管件	压制弯 Φ108×4.5，电弧焊连接，二次安装。	个	8
4	030804001002	低压碳钢管件	压制大小头 DN100×80，电弧焊，二次安装。	个	4
5	030804001003	低压碳钢管件	挖眼三通 Φ108×108，电弧焊，二次安装。	个	3
6	030804001004	低压碳钢管件	压制弯 Φ159×6，电弧焊，二次安装。	个	6
7	030804001005	低压碳钢管件	挖眼三通 Φ159×108，电弧焊，二次安装。	个	1
8	030807003001	低压法兰阀门	法兰闸阀 Z45W-1.6T，DN100 安装。40 套螺栓带帽连垫 M16×70。	个	5
9	030807003002	低压法兰阀门	法兰闸阀 Z45W-1.6T，DN150 安装。16 套螺栓带帽连垫 M20×80。	个	2
10	030807003003	低压法兰阀门	法兰止回阀 H44-1.6C，DN100 安装。16 套螺栓带帽连垫 M16×70。	个	2
11	030807003004	低压法兰阀门	法兰止回阀 H44-1.6C，DN150 安装。8 套螺栓带帽连垫 M20×80。	个	1
12	030807003005	低压法兰阀门	法兰橡胶软接头 TJ14-100-1.6，DN100 安装。32 套螺栓带帽连垫 M16×70。	个	4
13	030810002001	低压碳钢焊接法兰	普通碳钢法兰 1.6MPa DN80，电弧焊。32 套螺栓带帽连垫 M16×70。	片	4
14	030810002002	低压碳钢焊接法兰	普通碳钢法兰 1.6MPa DN100，电弧焊。8 套螺栓带帽连垫 M16×70。	片	1
15	030810002003	低压碳钢焊接法兰	普通碳钢法兰 1.6MPa DN150，电弧焊。16 套螺栓带帽连垫 M20×80。	片	2
16	030810002004	低压碳钢焊接法兰	普通碳钢法兰 1.6MPa DN100，电弧焊。56 套螺栓带帽连垫 M16×70。	副	7
17	030810002005	低压碳钢焊接法兰	普通碳钢法兰 1.6MPa DN150，电弧焊。24 套螺栓带帽连垫 M20×80。	副	3
18	030815001001	管架制作安装	木垫式管架制作安装。	kg	212
19	030817008001	套管制作安装	一般穿墙套管制作安装 Φ219×6。	个	2
20	030817008002	套管制作安装	一般穿墙套管制作安装 Φ273×7。	个	1
		0312 刷油、防腐蚀、绝热工程			
21	031206002001	管道喷镀（涂）	无缝钢管及法兰片热镀锌	m²	992.12

续表

序号	项目编码	项目名称	项目特征	计量单位	工程量
22	031201003001	金属结构刷油	一般钢结构除轻锈，刷红丹防锈两遍，调和漆两遍。	kg	212
23	031208002001	管道绝热	带铝箔离心玻璃棉管壳安装管道DN100，保温厚度50mm	m³	0.67
24	031208002002	管道绝热	带铝箔离心玻璃棉管壳安装管道DN150，保温厚度50mm	m³	0.39
25	031208004001	阀门绝热	阀门带铝箔离心玻璃棉板安装DN100，保温厚度50mm（11个）	m³	0.08
26	031208004002	阀门绝热	阀门带铝箔离心玻璃棉板安装DN150，保温厚度50mm（1个）	m³	0.01
27	031208005001	法兰绝热	法兰带铝箔离心玻璃棉板安装DN80，保温厚度50mm（4副）	m³	0.01
28	031208005002	法兰绝热	法兰带铝箔离心玻璃棉板安装DN100，保温厚度50mm（3副）	m³	0.01
29	031208005003	法兰绝热	法兰带铝箔离心玻璃棉板安装DN150，保温厚度50mm（2副）	m³	0.02

5.7 工业管道工程综合单价及分部分项工程费计算

综合单价计算是完成招标控制价编制的重要环节。本书招标项目计价采用一般计税方法计税，企业管理费和利润按照《浙江省建设工程计价规则》（2018版）规定计取，取费基数为"定额人工费"与"定额机械费"之和，编制招标控制价时，费率取中值，企业管理费费率为21.72%，利润费率为10.4%计取。查阅《浙江省通用安装工程预算定额》（2018版）中第八册、第十三册定额及其他相关定额，并查阅主材"市场信息价"相关资料或进行主材市场价格的询价，获得主材价格，编制工业管道工程的综合单价计算表，部分计算表节选如表5.7.1所示，编制过程请扫描视频二维码5-7观看。

视频二维码 5-7：工业管道综合单价与分部分项工程费计算

计算投标报价时，综合单价所含人工费、材料费、机械费可按照企业定额或参照各"专业定额"中的人工、材料、施工机械（仪器仪表）台班消耗量乘以当时当地相应市场价格由企业自主确定。企业管理费、利润费率可参考相应施工取费费率由企业自主确定。即按照《浙江省建设工程计价规则》（2018版）费率区间的任意值计取，企业管理费费率为16.29%～27.15%，利润费率为7.8%～13.00%，本案例的风险费不计。本书不再进行投标报价综合单价计算表的具体计算，读者可根据本书所描述项目的具体情况自行选定费率进行计算。

表5.7.1 分部分项工程项目综合单价计算表（部分节选）

清单序号	项目编码（定额编码）	清单（定额）项目名称	计量单位	数量	综合单价（元）						合计（元）
					人工费	材料（设备）费	机械费	管理费	利润	小计	
0308 工业管道工程											
1	030801001001	低压碳钢管：镀锌无缝钢管Φ108×4.5，电弧焊连接，二次安装；常规水冲洗和压力试验	m	26.05	16.23	52.44	5.14	4.64	2.22	80.67	2102
	8-1-24换	低压管道 碳钢管（电弧焊）公称直径(mm以内)100	10m	2.605	143.92	516.79	50.32	42.19	20.20	773.42	2015
	主材	无缝钢管 D108×4.5	m	9.57		53.41					
	8-5-52	水冲洗 公称直径(mm以内)100	100m	0.261	183.20	76.07	11.26	42.24	20.22	332.99	87
	主材	水	t	11.07		5.94				5.94	66
2	030801001002	低压碳钢管：无缝钢管Φ159×6，电弧焊连接，二次安装；常规水冲洗和压力试验	m	22.2	22.25	106.78	6.92	6.34	3.03	145.32	3227
	8-1-26换	低压管道 碳钢管（电弧焊）公称直径(mm以内)150	10m	2.22	200.08	1039.21	67.71	58.16	27.85	1393.01	3093
	主材	无缝钢管 D159×6	m	9.41		109.54				109.54	1031
	8-5-53	水冲洗 公称直径(mm以内)200	100m	0.222	223.97	286.30	14.93	51.89	24.85	601.94	134
	主材	水	t	43.74		5.94				5.94	260
3	030804001001	低压碳钢管件：压制弯Φ108×4.5，电弧焊连接，二次安装	个	8	56.94	36.10	27.13	18.26	8.74	147.16	1177

续表

清单序号	项目编码（定额编码）	清单（定额）项目名称	计量单位	数量	人工费	材料（设备）费	机械费	管理费	利润	小计	合计（元）
	8-2-24换	低压管件 碳钢管件（电弧焊）公称直径(mm以内)100	10个	0.8	569.44	360.85	271.26	182.60	87.43	1471.58	1177
	主材	压制弯 D108×4.5	个	10		30.47				30.47	305
4	030804001002	低压碳钢管件：压制大小头 DN100×80，电弧焊连接，二次安装	个	4	56.94	26.94	27.13	18.26	8.74	138.01	552
	8-2-24换	低压管件 碳钢管件（电弧焊）公称直径(mm以内)100	10个	0.4	569.44	269.35	271.26	182.60	87.43	1380.08	552
	主材	压制大小头 DN100×80	个	10		21.32				21.32	213
5	030804001003	低压碳钢管件：挖眼三通 Φ108×108，电弧焊，二次安装	个	3	56.94	30.62	27.13	18.26	8.74	141.69	425
	8-2-24换	低压管件 碳钢管件（电弧焊）公称直径(mm以内)100	10个	0.3	569.44	306.15	271.26	182.60	87.43	1416.88	425
	主材	挖眼三通 Φ108×108	个	10		25.00				25.00	250
6	030804001004	低压碳钢管件：压制弯 Φ159×6，电弧焊，二次安装	个	6	88.83	77.87	38.43	27.64	13.24	246.04	1476
	8-2-26换	低压管件 碳钢管件（电弧焊）公称直径(mm以内)150	10个	0.6	888.30	778.65	384.33	276.42	132.35	2460.38	1476
	主材	压制弯 Φ159×6	个	10		68.32				66.32	683
7	030804001005	低压碳钢管件：挖眼三通 Φ159×108，电弧焊，二次安装	个	1	88.83	56.58	38.43	27.64	13.24	224.72	225
	8-2-26换	低压管件 碳钢管件（电弧焊）公称直径(mm以内)150	10个	0.1	888.30	565.75	384.33	276.42	132.35	2247.15	225

清单序号	项目编码（定额编码）	清单（定额）项目名称	计量单位	数量	人工费	材料（设备）费	机械费	管理费	利润	小计	合计（元）
	主材	挖眼三通 Φ159×108	个	10	47.03					47.03	470
	……	……	…	…	…	…	…	…	…	…	…
15	030810 002003	低压碳钢焊接法兰：普通碳钢法兰 1.6MPa DN150，电弧焊。16 套螺栓带帽连垫 M20×80	片	2	19.93	96.53	12.89	7.13	3.41	139.89	280
	8-4-20 换	低压法兰，碳钢平焊法兰（电弧焊）公称直径(mm 以内)150，以"片"为计量单位	副	2	19.93	96.53	12.89	7.13	3.41	139.89	280
	主材	普通碳钢法兰（电弧焊）1.6MPa	片	1		75.69				75.69	76
	主材	螺栓带帽连垫 M20×80	套	8		2.00				2.00	16
	……	……	…	…	…	…	…	…	…	…	…
18	030815 001001	管架制作安装：木垫式管架制作安装	kg	212	4.91	5.85	0.67	1.21	0.58	13.22	2803
	13-1-33	木垫式管架制作	100kg	2.12	383.00	546.54	59.52	96.12	46.02	1131.2	2398
	主材	型钢 综合	kg	102		3.52					
	主材	硬木	m3	0.033		3940.52					
	13-1-34	木垫式管架安装	100kg	2.12	108.00	38.86	7.59	25.11	12.02	191.58	406
19	030817 008001	套管制作安装：一般穿墙套管制作安装 D219×6	个	2	81.14	65.74	1.05	17.85	8.55	174.33	349
	13-1-111	一般穿墙钢套管制作安装 公称直径(mm 以内)200	个	2	81.14	65.74	1.05	17.85	8.55	174.33	349
	主材	碳钢管 D219×6	m	0.3		134.70				134.70	40
20	030817 008002	套管制作安装：一般穿墙套管制作安装 D273×7	个	1	120.69	95.24	1.05	26.44	12.66	256.08	256
	13-1-112	一般穿墙钢套管制作安装 公称直径(mm 以内)250	个	1	120.69	95.24	1.05	26.44	12.66	256.08	256
	主材	碳钢管 D273*7	m	0.3		228.15				228.15	68

续表

清单序号	项目编码（定额编码）	清单（定额）项目名称	计量单位	数量	综合单价（元）						合计（元）
					人工费	材料（设备）费	机械费	管理费	利润	小计	
21	031201003001	金属结构刷油：一般钢结构除轻锈，刷红丹防锈两遍，调和漆两遍	kg	212	0.84	0.38	0.26	0.24	0.11	1.83	388
	12-1-5	手工除锈 一般钢结构轻锈	100kg	2.12	20.93	1.53	8.75	6.45	3.09	40.75	86
	12-2-53	一般钢结构 红丹防锈漆第一遍	100kg	2.12	16.20	8.66	4.38	4.47	2.14	35.85	76
	主材	醇酸防锈漆	kg	1.16		6.07				6.07	7
	12-2-54	一般钢结构 红丹防锈漆增一遍	100kg	2.12	15.66	7.17	4.38	4.35	2.08	33.64	71
	主材	醇酸防锈漆	kg	0.95		6.07					
	12-2-62	一般钢结构 调和漆第一遍	100kg	2.12	15.53	10.83	4.38	4.32	2.07	37.13	79
	主材	酚醛调和漆	kg	0.8		12.93					
	12-2-63	一般钢结构 调和漆增一遍	100kg	2.12	15.53	9.48	4.38	4.32	2.07	35.78	76
	主材	酚醛调和漆	kg	0.7		12.93				12.93	10
22	031206002001	管道喷镀（涂）	m²	992.1		2.00				2.00	1984
	组价	镀锌费	kg	992.1		2.00				2.00	1984
23	031208002001	管道绝热：带铝箔离心玻璃棉管壳安装管道DN100，保温厚度50mm	m³	0.67	162.54	949.18	20.52	39.76	19.04	1191.04	798
	12-4-315	带铝箔离心玻璃棉安装 管道（厚度mm）DN125mm 以下60mm	m³	0.67	162.54	949.18	20.52	39.76	19.04	1191.04	798
	主材	带铝箔离心玻璃棉管壳	m³	1.03		893.10				893.10	920
24	031208002002	管道绝热：带铝箔离心玻璃棉管壳安装管道DN150，保温厚度50mm	m³	0.39	116.10	943.28	20.52	29.67	14.21	1123.78	438
	12-4-319	带铝箔离心玻璃棉安装 管道（厚度mm）DN300mm 以下60mm	m³	0.39	116.10	943.28	20.52	29.67	14.21	1123.78	438
	主材	带铝箔离心玻璃棉管壳	m³	1.03		893.10				893.10	920

续表

清单序号	项目编码（定额编码）	清单（定额）项目名称	计量单位	数量	综合单价（元）						合计（元）
					人工费	材料（设备）费	机械费	管理费	利润	小计	
25	031208004001	阀门绝热：阀门带铝箔离心玻璃棉板安装DN100，保温厚度50mm（11个）	m³	0.08	2632.16	1195.83	23.51	576.81	276.24	4704.55	376
	12-4-343	带铝箔离心玻璃棉安装 阀门 DN125mm以下	10个	1.1	191.43	86.97	1.71	41.95	20.09	342.15	376
	主材	铝箔离心玻璃棉板	m³	0.11		687.07				687.07	76
26	031208004002	阀门绝热：阀门带铝箔离心玻璃棉板安装DN150，保温厚度50mm（1个）	m³	0.01	5258.30	2353.30	17.10	1145.80	548.60	9323.10	93
	12-4-344	带铝箔离心玻璃棉安装 阀门 DN200mm以下	10个	0.1	525.83	235.33	1.71	114.58	54.86	932.31	93
	主材	铝箔离心玻璃棉板	m³	0.32		687.07					
27	031208005001	法兰绝热：法兰带铝箔离心玻璃棉板安装DN80，保温厚度50mm（4副）	m³	0.01	15498.40	5322.40	136.80	3396.00	1626.40	25979.60	260
	12-4-348	带铝箔离心玻璃棉安装 法兰 DN125mm以下	10个	0.8	193.73	66.53	1.71	42.45	20.33	324.75	260
	主材	铝箔离心玻璃棉板	m³	0.08		687.07				687.07	220
28	031208005002	法兰绝热：法兰带铝箔离心玻璃棉板安装DN100，保温厚度50mm（3副）	m³	0.01	11623.80	3991.80	102.60	2547.00	1219.80	19485.00	195
	12-4-348	带铝箔离心玻璃棉安装 法兰 DN125mm以下	10个	0.6	193.73	66.53	1.71	42.45	20.33	324.75	195
	主材	铝箔离心玻璃棉板	m³	0.08		687.07				687.07	55
29	031208005003	法兰绝热：法兰带铝箔离心玻璃棉板安装DN150，保温厚度50mm（2副）	m³	0.02	8359.20	4936.80	68.40	1830.40	876.40	16071.20	321

续表

清单序号	项目编码（定额编码）	清单（定额）项目名称	计量单位	数量	综合单价（元）						合计（元）
					人工费	材料（设备）费	机械费	管理费	利润	小计	
	12-4-349	带铝箔离心玻璃棉安装 法兰DN200mm 以下	10 个	0.4	208.98	123.42	1.71	45.76	21.91	401.78	161
	主材	铝箔离心玻璃棉板	m³	0.16		687.07				687.07	110
		合 计：									52100

　　根据所得的综合单价计算表，将各项综合单价带入表5.6.1所列清单中，得到如表5.7.2所示的招标项目工业管道工程的分部分项工程项目清单与计价表。该过程如视频5-7"工业管道综合单价与分部分项工程费计算"中所示，请扫描视频二维码5-7观看。

表5.7.2　招标项目工业管道工程的分部分项工程项目清单与计价表（部分节选）

单位及专业工程名称：热交换站工业管道安装　　　　　　　　　标段：　　　　　　　第1页　共1页

序号	项目编码	项目名称	项目特征	计量单位	工程量	金额（元）					备注
						综合单价	合价	其中			
								人工费	机械费	暂估价	
	0308 工业管道工程						52177	5916	1911	0	
1	030801001001	低压碳钢管	镀锌无缝钢管Φ108×4.5，电弧焊连接，二次安装；常规水冲洗和压力试验	m	26.05	80.67	2102	422.79	133.90	0.00	
2	030801001002	低压碳钢管	无缝钢管Φ159×6，电弧焊连接，二次安装；常规水冲洗和压力试验	m	22.20	145.32	3227	493.95	153.62	0.00	
3	030804001001	低压碳钢管件	压制弯 Φ108×4.5，电弧焊连接，二次安装	个	8	147.16	1177	455.52	217.04	0.00	
4	030804001002	低压碳钢管件	压制大小头DN100×80，电弧焊连接，二次安装	个	4	138.01	552	227.76	108.52	0.00	
5	030804001003	低压碳钢管件	挖眼三通Φ108×108，电弧焊，二次安装	个	3	141.69	425	170.82	81.39	0.00	
6	030804001004	低压碳钢管件	压制弯 Φ159×6，电弧焊，二次安装	个	6	246.04	1476	532.98	230.58	0.00	
7	030804001005	低压碳钢管件	挖眼三通D159×108，电弧焊，二次安装	个	1	224.72	225	88.83	38.43	0.00	

续表

序号	项目编码	项目名称	项目特征	计量单位	工程量	金额（元）					备注
						综合单价	合价	其中			
								人工费	机械费	暂估价	
…	…	…	…	…	…	…	…	…	…	…	
15	030810 002003	低压碳钢焊接法兰	普通碳钢法兰 1.6MPa DN150，电弧焊。16套螺栓带帽连垫 M20×80	片	2	123.89	248	39.86	25.78	0.00	
…	…	…	…	…	…	…	…	…	…	…	
18	030815 001001	管架制作安装	木垫式管架制作安装	kg	212.00	13.22	2803	1041.0	142.04	0.00	
19	030817 008001	套管制作安装	一般穿墙套管制作安装 D219×6	个	2	174.33	349	162.28	2.10	0.00	
20	030817 008002	套管制作安装	一般穿墙套管制作安装 D273×6	个	1	256.08	256	120.69	1.05	0.00	
21	031201 003001	金属结构刷油	一般钢结构除轻锈，刷红丹防锈两遍，调和漆两遍	kg	212.00	1.83	388	178.08	55.12	0.00	
22	031206 002001	管道喷镀（涂）		kg	992.1	2.00	1984	0.00	0.00	0.00	
23	031208 002001	管道绝热	带铝箔离心玻璃棉管壳安装管道 DN100，保温厚度50mm	m³	0.67	1191.04	798	108.90	13.75	0.00	
24	031208 002002	管道绝热	带铝箔离心玻璃棉管壳安装管道 DN150，保温厚度50mm	m³	0.39	1123.78	438	45.28	8.00	0.00	
25	031208 004001	阀门绝热	阀门带铝箔离心玻璃棉板安装 DN100，保温厚度50mm（11个）	m³	0.08	4704.55	376	210.57	1.88	0.00	
26	031208 004002	阀门绝热	阀门带铝箔离心玻璃棉板安装 DN150，保温厚度50mm（1个）	m³	0.01	9323.10	93	52.58	0.17	0.00	
27	031208 005001	法兰绝热	法兰带铝箔离心玻璃棉板安装 DN80，保温厚度50mm（4副）	m³	0.01	25979.60	260	154.98	1.37	0.00	

续表

序号	项目编码	项目名称	项目特征	计量单位	工程量	金额（元）					备注
						综合单价	合价	其中			
								人工费	机械费	暂估价	
28	031208005002	法兰绝热	法兰带铝箔离心玻璃棉板安装 DN100，保温厚度50mm（3副）	m³	0.01	19485	195	116.24	1.03	0.00	
29	031208005003	法兰绝热	法兰带铝箔离心玻璃棉板安装 DN150，保温厚度50mm（2副）	m³	0.02	16071.20	321	83.59	0.68	0.00	
合计							52100	5916	1911	0	

说明：表中的总价格为据部分计算结果假设的价格，如果读者自行计算所有项目计算出总价不同，以实际计算结果为准。请重点关注计算方法。

5.8 工业管道工程措施项目费计算

完成了分部分项工程费计算，即可进行工业管道工程的措施项目费计算，计算过程可以扫描视频二维码5-8观看。

措施项目费分为施工技术措施项目费和施工组织措施项目费。因施工组织措施项目费需要以技术措施项目费的人工费和机械费为基数，所以应先计算技术措施项目费。

视频二维码5-8：工业管道措施项目费计算

5.8.1 工业管道工程施工技术措施项目费计算

现在，我们说明工业管道工程施工技术措施项目费的计算过程。

第一步，确定施工技术措施项目内容。

根据招标文件的规定及项目实际情况，确定本项目施工技术措施项目内容为脚手架搭拆费。与电气和通风空调工程不同，由于工业管道工程安装高度标高均未超高，所以本项目不考虑操作高度增加费。

第二步，计算施工技术措施项目费。

施工技术措施项目费属于依据定额计价的费用，与分部分项工程费的计算相同，先编制清单，再计算综合单价，最后汇总得到施工技术措施项目费，具体如以下三个步骤所述。

1. 编制清单

根据《通用安装工程工程量计算规范》（GB50856-2013），编制本项目的施工技术措施项目清单编码031301017001，本项目为工业管道工程，描绘项目特征为第八册。技术措施的清单项目计量单位均为"项"，数量均为"1"。本项目技术措施项目清单编制如表5.8.1所示。

表5.8.1　工业管道工程技术措施项目清单

序号	项目编码	项目名称	项目特征	计量单位	数量
1	031301017001	脚手架搭拆费	脚手架搭拆费，第八册	项	1

2. 计算技术措施项目综合单价

下面计算技术措施项目综合单价。根据表5.7.2的计算结果，以人工费为基础，计算技术措施项目综合单价。计算方法和分部分项工程项目综合单价计算相同，此处不再赘述。这里重点说明技术措施项目综合单价计算时定额工程量的确定方法。

工业管道工程技术措施项目仅计取脚手架搭拆费，它属于综合取费，其定额工程量的工日数按照表5.7.2分部分项工程项目清单与计价表中得到的人工费汇总5916元除以现有定额采用的二类人工单价135元得到43.8个工日，因定额计量单位为100工日，折合为0.438个100工日。

脚手架搭拆费综合单价的计算结果如表5.8.2所示。

表5.8.2　工业管道工程施工技术措施项目综合单价计算表

清单序号	项目编码（定额编码）	清单（定额）项目名称	计量单位	数量	综合单价（元）						合计（元）
					人工费	材料（设备）费	机械费	管理费	利润	小计	
1	031301 017001	脚手架搭拆 脚手架搭拆费，第八册	项	1	73.95	208.54		16.06	7.69	306.24	306
	13-2-8	脚手架搭拆费，第八册	100工日	0.438	168.75	475.88		36.65	17.55	698.83	306
合　计											306

3. 编制施工技术措施项目清单与计价表

接下来编制施工技术措施项目清单与计价表，编制方法和分部分项工程项目相同，此处不再赘述，编制结果如表5.8.3所示。

与分部分项工程项目清单与计价表相似，这里依然要汇总出如表中所示的施工技术措施项目费总价306元和其中的人工费74元、机械费0元，作为后续计算施工组织措施费和规费等费用的依据。

表5.8.3　工业管道工程施工技术措施项目清单与计价表

专业工程名称：热交换站工业管道安装　　　　　　　　　**标段：**　　　　　　　**第1页　共1页**

序号	项目编码	项目名称	项目特征	计量单位	工程量	金额（元）					备注
						综合单价	合价	其中			
								人工费	机械费	暂估价	
1	031301017001	脚手架搭拆	脚手架搭拆费，第八册	项	1	306.24	306	73.91	0.00	0.00	
合　计							306	74	0	0	

5.8.2　工业管道工程施工组织措施项目费计算

计算工业管道工程施工组织措施项目费，第一步依然是确定施工组织措施项目的内容。

根据《浙江省建设工程计价规则》（2018版）规定，施工组织措施项目费包括：安全文明施工基本费、标化工地增加费、提前竣工增加费、二次搬运费、冬雨季施工增加费等5类。根据本项目招标文件说明，确定安全文明施工基本费和省标化工地增加费两项取费项目。

第二步是选择确定取费费率。如表5.8.4施工组织措施项目清单与计价表所示，查阅《浙江省建设工程计价规则》（2018版）4.2节"通用安装工程施工取费费率表4.2.3"（本书表3.8.5），依据本项目为市区工程，可以得到安全文明施工基本费的费率为7.10%；省标化工地增加费的费率，根据表4.2.3的说明，"省级"标化工地增加费应对应中值费率为2.03%。

第三步是计算费用。两项取费的取费基数均为"定额人工费"与"定额机械费"之和，包括分部分项工程中的（人工费＋机械费）（5916＋1911）和技术措施费中的（人工费＋机械费）（74＋0），计算得到二者之和为7901元，分别乘以上述两项费率得到两项组织措施项目费，分别为561元和160元。计算结果如表5.8.4所示。

说明：此处计算得到的省标化工地增加费在招投标阶段计为暂列金额。

表 5.8.4　工业管道工程施工组织措施项目清单与计价表

专业工程名称：热交换站工业管道安装　　　　　　　　标段：　　　　　　第 1 页　共 1 页

序号	项目名称	计算基础	费率(%)	金额(元)	备注
1	安全文明施工费			561	
1.1	安全文明施工基本费	7901	7.10	561	
2	提前竣工增加费	定额人工费＋定额机械费			
3	二次搬运费	定额人工费＋定额机械费			
4	冬雨季施工增加费	定额人工费＋定额机械费			
5	行车、行人干扰增加费	定额人工费＋定额机械费			
6	省标化工地增加费	7901	2.03	160	
合　计				721	

5.9　工业管道工程造价汇总及编制说明

　　基于5.7、5.8节的计算，进行招标项目的工业管道工程造价汇总，并同步计算造价所应包含的其他项目费、规费和税金等费用。其他项目费根据招标文件规定计取，规费和税金根据项目实际情况，按照《浙江省建设工程计价规则》（2018版）的规定计取，计算得到招标项目工业管道工程造价汇总表如表5.9.1所示。汇总计算过程扫描视频二维码5-9观看。

视频二维码 5-9：工业管道工程其他项目费、规费和税金计算及造价汇总

表 5.9.1　招标项目工业管道工程造价汇总表（有其他项目费）

专业工程名称：热交换站工业管道安装　　　　　　　　标段：　　　　　　第 1 页　共 1 页

序号	费用名称	计算公式	金额(元)	备注
1	分部分项工程费	Σ（分部分项工程数量 × 综合单价）	50211	
1.1	其中 人工费＋机械费	Σ分部分项（人工费＋机械费）	7827	
2	措施项目费	2.1 ＋ 2.2	867	
2.1	施工技术措施项目	Σ（技术措施工程数量 × 综合单价）	306	

续表

序号	费用名称	计算公式	金额（元）	备注
2.1.1	其中 人工费＋机械费	∑技措项目（人工费＋机械费）	74	
2.2	施工组织措施项目	按实际发生项之和进行计算	561	
2.2.1	其中 安全文明施工基本费	∑计费基数 × 费率	561	
3	其他项目费	3.1＋3.2＋3.3＋3.4＋3.5	1059	
3.1	暂列金额	3.1.1＋3.1.2＋3.1.3	160	
3.1.1	标化工地增加费	（人工费＋机械费）×2.03%	160	
3.1.2	优质工程增加费	按招标文件规定额度列计	0	
3.1.3	其他暂列金额	按招标文件规定额度列计	0	
3.2	暂估价	3.2.1＋3.2.2＋3.2.3	0	
3.2.1	材料（工程设备）暂估价	按招标文件规定额度列计（或计入综合单价）	0	
3.2.2	专业工程暂估价	按招标文件规定额度列计	0	
3.2.3	专项技术措施暂估价	按招标文件规定额度列计	0	
3.3	计日工	∑计日工（暂估数量 × 综合单价）	0	
3.4	施工总承包服务费	3.4.1＋3.4.2	899	
3.4.1	专业发包工程管理费	按招标范围内的中标价的1.5%计取总承包管理、协调费	899	
3.4.2	甲供材料设备管理费	甲供材料暂估金额 × 费率＋甲供设备暂估金额	0	
3.5	建筑渣土处置费	按招标文件规定额度列计	0	
4	规费	计算基数 × 费率＝7901×30.63%	2420	
5	税前总造价	1＋2＋3＋4	54557	
6	税金	计算基数 × 费率＝54557×10%	5456	
招标控制价合计		1＋2＋3＋4＋6	60013	

如果本次工业管道工程不含有其他项目费，只要把分部分项工程费计算和措施费计算两部分的计算结果填入招标控制价汇总表，算出规费和税金，就可以汇总得到招标控制价。请扫描视频二维码5-10观看视频，为大家展示不含其他项目费时的工业管道工程造价汇总计算过程，计算结果如表5.9.2所示。

视频二维码5-10：工业管道工程无其他项目费的造价汇总计算

表 5.9.2　招标项目工业管道工程造价汇总表（无其他项目费）

专业工程名称：热交换站工业管道安装　　　　　　　　标段：　　　　第 1 页　共 1 页

序号	费用名称	计算公式	金额（元）	备注
1	分部分项工程费	∑（分部分项工程数量 × 综合单价）	50211	
1.1	其中人工费 + 机械费	∑分部分项（人工费 + 机械费）	7827	
2	措施项目费	2.1 + 2.2	867	
2.1	施工技术措施项目	∑（技术措施工程数量 × 综合单价）	306	
2.1.1	其中 人工费 + 机械费	∑技措项目（人工费 + 机械费）	74	
2.2	施工组织措施项目	按实际发生项之和进行计算	561	
2.2.1	其中安全文明施工基本费	∑计费基数 × 费率	561	
3	其他项目费	3.1 + 3.2 + 3.3 + 3.4 + 3.5	0	
3.1	暂列金额	3.1.1 + 3.1.2 + 3.1.3	0	
3.1.1	标化工地增加费	（人工费 + 机械费）× 2.03%	0	
3.1.2	优质工程增加费	按招标文件规定额度列计	0	
3.1.3	其他暂列金额	按招标文件规定额度列计	0	
3.2	暂估价	3.2.1 + 3.2.2 + 3.2.3	0	
3.2.1	材料（工程设备）暂估价	按招标文件规定额度列计（或计入综合单价）	0	
3.2.2	专业工程暂估价	按招标文件规定额度列计	0	
3.2.3	专项技术措施暂估价	按招标文件规定额度列计	0	
3.3	计日工	∑计日工（暂估数量 × 综合单价）	0	
3.4	施工总承包服务费	3.4.1 + 3.4.2	0	
3.4.1	专业发包工程管理费	按招标范围内的中标价的 1.5% 计取总承包管理、协调费	0	
3.4.2	甲供材料设备管理费	甲供材料暂估金额 × 费率 + 甲供设备暂估金额	0	
3.5	建筑渣土处置费	按招标文件规定额度列计	0	
4	规费	计算基数 × 费率 = 7901 × 30.63%	2420	
5	税前总造价	1 + 2 + 3 + 4	53498	
6	税金	计算基数 × 费率 = 53498 × 10%	5350	
招标控制价合计		1 + 2 + 3 + 4 + 6	58848	

　　单位工程造价完成时，应对实际计价过程进行详细全面的说明，包括计价依据、费用计取的费率取值、工程类别的划分等，工业管道工程的造价编制说明要求可以参照第4章通风空调安装工程造价中表4.9.3，由于该工业管道工程实际属于空调热源部分，所以本书案例项目在实际工程总价中不单独做工业管道工程的造价及编制说明，而单独的工业管道项目则需要参照其他章节做好编制说明。

思考与启示

　　本章按照编制招标控制价的要求完成了造价编制任务，请继续思考工业管道工程投标报价的编制过程，扫描视频二维码5-11，了解本案例工业管道工程投标报价的编制过程。

视频二维码 5-11：工业管道工程投标报价的计算

习　题

1. 跟随二维码视频学习，完成学习过程测试。
2. 完成本书配套作业案例工业管道工程练习项目的工程量计算、清单编制、定额套用取费、造价汇总计算，可根据教学需要选择编制招标控制价或投标报价。作业资料下载二维码见第3章习题。
3. 请总结工业管道工程计价包括哪些分部工程。

第6章　给排水安装工程造价

▶ **工程概况说明**

　　本项目的给排水安装工程为六层办公楼的卫生间给排水系统。其安装平面图和系统图如附图1.2.13所示。

▶ **造价任务**

　　请以造价从业人员的身份，依据《浙江省通用安装工程预算定额》（2018版）和国家现行有关计价依据，完成以下工作任务：

　　（1）完成本给排水工程的工程量计算；

　　（2）完成招标清单的编制；

　　（3）完成招标控制价的编制；

　　（4）尝试投标报价的编制（注意：实际工作中，根据《浙江省建设工程计价规则》（2018版）7.3节规定，工程造价咨询人接受招标人委托编制招标控制价，不得再就同一工程接受投标人委托编制投标报价）。

6.1　给排水工程基础知识

6.1.1　给排水系统的分类、组成及工作原理

　　给排水系统从名称即可看出分为给水系统和排水系统；根据给排水在建筑中的位置又可分为分为室内和室外系统。由于室外给排水系统较为简单，本书重点介绍室内给排水系统。

6.1.1.1　室内给水系统

　　建筑内部给水系统是将城镇给水管网或自备水源给水管网的水引入室内，选用适用、经济、合理的最佳供水方式，经配水管送至室内各种卫生器具、用水嘴、生产装置和消防设备，并满足用水点对水量、水压和水质要求的供水系统。

1.给水系统的分类

根据用户对水质、水压、水量、水温的要求，并结合外部给水系统情况可划分为以下3种基本给水系统：

（1）生活给水系统。供人们在日常生活中饮用、烹饪、盥洗、沐浴、洗涤衣物、冲厕、清洗地面和其他生活用途的用水。按供水水质又可分为生活饮用水系统、直饮水系统和杂用水系统。

（2）生产给水系统。供生产过程中产品工艺用水、清洗用水、冷饮用水、生产空调用水、稀释用水、除尘用水、锅炉用水等用途的用水。

（3）消防给水系统。消防灭火设施用水，主要包括消火栓、消防卷盘和自动喷水灭火系统等设施的用水。消防用水用于灭火和控火，即扑灭火灾和控制火势蔓延。

上述3种基本给水系统可根据具体情况及建筑的用途和性质、设计规范等要求，设置独立的某种系统或组合系统，如生活-生产给水系统、生活-消防给水系统、生产-消防给水系统、生产-生活-消防给水系统等。

2.给水系统的组成

建筑内部给水系统由引入管、水表节点、给水管网、给水附件、配水设施、增压和贮水设备等几个基本部分组成，如图6.1.1所示。给水系统更多的组成形式可查阅给排水专业资料。

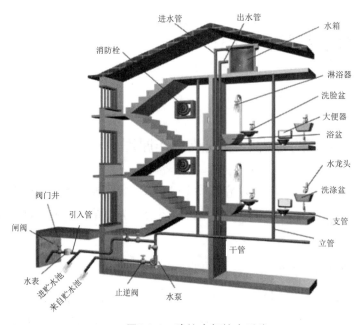

图6.1.1　建筑内部给水系统

（1）引入管。引入管指从室外给水管网的接管点引至建筑物内的管段，一般又称进户管，是室外给水管网与室内给水管网之间的联络管段。引入管段上一般设有水表、阀门等附件。

（2）水表节点。水表节点是指装设在引入管上的水表及其前后设置的阀门和泄水装置的总称。

（3）给水管网。给水管网包括干管、立管、支管和分支管，用于输送和分配用水至建筑内部各个用水点。

① 干管：又称总干管，是将水从引入管输送至建筑物各区域的管段。

② 立管：又称竖管，是将水从干管沿垂直方向输送至各楼层、各不同标高处的管段。

③ 支管：又称分配管，是将水从立管输送至各房间内的管段。

④ 分支管：又称配水支管，是将水从支管输送至各用水设备处的管段，如图6.1.1中洗涤盆与支管之间的连接管段。

（4）给水附件。给水附件指管道系统中调节水量、水压、控制水流方向、改善水质，以及关断水流，便于管道、仪表和设备检修的各类阀门和设备。给水附件包括各种阀门、水锤消除器、多功能水泵控制阀、过滤器、止回阀、减压孔板等管路附件。

（5）配水设施。配水设施是生活、生产和消防给水系统其管网的终端用水点上的设施。生活给水系统的配水设施主要指卫生器具的给水配件或配水嘴，如图6.1.2所示；生产给水系统的配水设施主要指与生产工艺有关的用水设备；消防给水系统的配水设施有室内消火栓、消防软管卷盘、自动喷水灭火系统的各种喷头等。

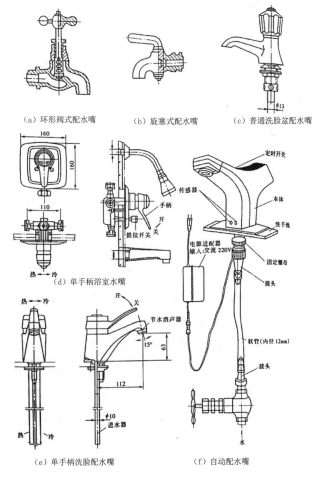

(a) 环形阀式配水嘴　　(b) 旋塞式配水嘴　　(c) 普通洗脸盆配水嘴

(d) 单手柄浴室水嘴

(e) 单手柄洗脸配水嘴　　　(f) 自动配水嘴

图6.1.2　各类配水嘴

（6）增压和贮水设备。增压和贮水设备是指在室外给水管网压力不足，给水系统中用于升压、稳压、贮水和调节的设备，包括如水泵、水池、水箱、贮水池、吸水井、气压给水设备等。

3. 给水管道的种类

目前我国给水管道可采用钢管、铸铁管、塑料管、铜管和复合管等。

（1）钢管：钢管是应用最广泛的金属给水管材，具有耐压、抗震性能好，单管长，接头少等优点，且重量比铁管轻。但造价较高，抗腐蚀性能差。钢管分为焊接钢管、无缝钢管两种，也有镀锌钢管（白铁管）和非镀锌钢管（黑铁管）之分，钢管镀锌的目的是防腐、除锈、不使水质变坏，延长使用年限。无缝钢管采用较少，只在焊接钢管不能满足压力要求或特殊情况下才使用。

（2）铸铁管：是用铁浇成型的管道，性脆、重量大，但耐腐蚀，经久耐用，价格低。可用于给水、排水和煤气输送管线，它包括铸铁直管和管件。按铸造方法不同，可分为连续铸铁管和离心铸铁管；按材质不同也分为灰口铸铁管和球墨铸铁管；按接口形式不同还可分为柔性接口、法兰接口、自锚式接口、刚性接口等。目前室内铸铁给水管已很少使用。

（3）塑料管：近年来，给水塑料管的开发在我国取得很大的进展，各种塑料管材逐渐取代金属管材，广泛应用在给排水工程中。有硬聚氯乙烯管、聚乙烯管、聚丙烯管、聚丁烯管等。塑料管具有耐化学腐蚀性能强，水流阻力小，重量轻，运输安装方便等优点，使用塑料管还可节省钢材，节约能源。

（4）铜管：铜管广泛应用于高档建筑物室内热水供应系统和室内饮水供应系统。铜管的主要优点在于其具有很强的抗锈蚀能力，强度高，可塑性强，坚固耐用，能抵受较高的外力负荷，热胀系数小。同时铜管能抗高温环境，防火性能也较好，而且铜管使用寿命长，可完全被回收利用，不污染环境。由于铜是贵金属材料，所以其价格较高。

（5）复合管：常用的复合管材主要有钢塑复合（SP）管和铝塑复合（PAP）管。钢塑复合管具有钢管的力学强度和塑料管的耐腐特点。一般为三层结构，中间层为带有孔眼的钢板卷焊层或钢网焊接层，内外层为熔于一体的高密度聚乙烯（HDPE）层或交联聚乙烯（PDX）层，也有用外镀锌钢管内涂敷聚乙烯（PE）等的钢型复合管。铝塑复合（PAP）管材是通过挤出成型工艺而生产制造的新型复合管材，根据中间铝层焊接方式不同，分为搭接焊铝塑复合管和对接焊铝塑复合管。铝塑复合管广泛应用于建筑物室内冷热水供应和地面辐射供暖。

埋地给水管道可用塑料给水管、有衬里的铸铁给水管、经可靠防腐处理的钢管。室内给水管道可采用塑料给水管、塑料和金属复合管、铜管、不锈钢管及经可靠防腐处理的钢管。聚乙烯的铝塑复合管，除具有塑料管的优点外，还有耐压强度好，耐热、可曲挠和美观的优点，可用于连接卫生器具的给水支管。

钢管连接方法有螺纹连接、焊接和法兰连接，为避免焊接时镀锌层破坏，镀锌钢管必须用螺纹连接或沟槽式卡箍连接。给水铸铁管采用承插连接，塑料管则有螺纹连接、挤压夹紧连接、法兰连接、热熔合连接、电熔合连接和粘接连接等多种方法。

4. 常用给水阀门的种类

常用的阀门有截止阀、闸阀、蝶阀、止回阀、液位控制阀、液压水位控制阀和安全阀等。

（1）截止阀，如图6.1.3（a）所示，关闭严密，但水流阻力较大，因局部阻力系数与管径成正比，故只适用于管径≤50mm的管道上。

（2）闸阀，如图6.1.3（b）所示，全开时水流直线通过，水流阻力小，宜在管径>50mm的管道上采用，但水中若有杂质落入阀座易产生磨损和漏水。

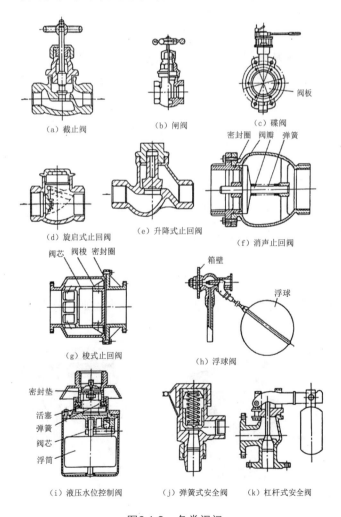

图6.1.3　各类阀门

（3）蝶阀，如图6.1.3（c）所示，阀板在90°翻转范围内可起调节、节流和启/闭作用，操作扭矩小，启闭方便，结构紧凑，体积小。

（4）止回阀，用以阻止管道中水的反向流动。如旋启式止回阀，如图6.1.3（d）所示，在水平、垂直管道上均可设置，但因启闭迅速，易引起水锤，不宜在压力大的管道系统中采用；升降式止回阀，如图6.1.3（e）所示，靠上下游压差值使盘自动启闭，水流阻力较大，宜用于小管径的水平管道上；消声止回阀，如图6.1.3（f）所示，当水向前流动时，推动阀瓣压缩弹簧阀门开启，停泵时阀瓣在弹簧作用下在水锤到来前即关闭，可消除阀门关闭时的水冲击和噪声；梭式止回阀，如图6.1.3（g）所示，是利用压差梭动原理制造的新型止回阀，不但水流阻力小，且密闭性能好。

（5）液位控制阀，用以控制水箱、水池等贮水设备的水位，以免溢流。如浮球阀，如图6.1.3（h）所示，水位上升浮球上升关闭进水口，水位下降浮球下落开启进水口，但有浮球体积大，阀芯易卡住引起溢水等弊病。

（6）液压水位控制阀，如图6.1.3（i）所示，水位下降时阀内浮筒下降，管道内的压力将阀门密封面打开，水从阀门两边喷出，水位上升，浮筒上升，活塞上移阀门关闭停止进水，克服了浮球阀的弊病，是浮球阀的升级换代产品。

（7）安全阀，是保安器材，为避免管网、用具或密闭水箱超压破坏，需安装此阀，一般有弹簧式、杠杆式两种，分别如图6.1.3（j）、（k）所示。

5. 常用水表的种类

水表可以按以下几种分类方法进行分类：

（1）按计量元件运动原理分为容积式水表和速度式水表，容积式水表计量元件是"标准容器"；速度式水表计量元件是转动的叶（翼）轮，转动速度与通过水表的水流量成正比。

我国建筑中多采用速度式水表，速度式水表分为旋翼式和螺翼式两类，如图6.1.4所示。旋翼式水表又分为单流束和多流束两种；螺翼式水表则又分为水平螺翼式和垂直螺翼式两种。

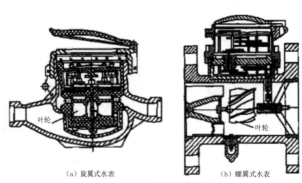

(a) 旋翼式水表　　　　　　　　(b) 螺翼式水表

图6.1.4　速度式水表

（2）按读数机构的位置分为现场指示型、远传型和远传、现场组合型。现场指示型的计数器读数机构不分离，与水表为一体；远传型的计数器示值远离水表安装现场，分无线和有线两种；远传、现场组合型即在现场可读取示值，在远离现场处也能读取示值。

（3）按水温度分为冷水表和热水表，冷水表的被测水温≤40℃；热水表的被测水温≤100℃。

（4）按计数器的工作现状分为湿式水表、干式水表和液封式水表，湿式水表的计数器浸没在被测水中；干式水表的计数器与被测水隔离开，表盘和指针是"干"的；液封式水表的计数器中的读数部分用特殊液体与被测水隔离。

（5）按被测水压力分为普通型水表和高压水表，普通型水表公称压力≤1.0MP；高压水表公称压力为1.6MPa、2.0MPa。

6.1.1.2 室内排水系统

室内排水系统的功能是将人们在日常生活和工业生产过程中使用过的、受到污染的水以及降落到屋面的雨水和雪水收集起来，及时排到室外。

1. 排水系统的分类

室内排水系统分为污废水排水系统（排除人类生产生活过程中产生的污水与废水）和屋面雨水排水系统（除自然降水）两大类；按照污废水的来源，污废水排水系统又分为生活排水系统和工业废水排水系统。按污水与废水在排放过程中的关系，生活排水系统和工业废水排水系统又分为合流制和分流制两种体制。

（1）生活排水系统。生活排水系统排除居住建筑、公共建筑及工业企业生活的污水与废水。由于污废水处理、卫生条件或杂用水水源的需要，生活排水系统又可分为生活污水排水系统和生活废水排水系统。

① 生活污水排水系统：排除大便器（槽）、小便器（槽）以及与此相似卫生设备产生的污水，污水需经化粪池或居住小区污水处理设施处理后才能排放。

② 生活废水排水系统：排除洗脸、洗澡、洗衣和厨房产生的废水。生活废水经过处理后，可作为杂用水，用来冲洗厕所、浇洒绿地和道路、冲洗汽车等，这类采用水又叫中水。

（2）工业废水排水系统。工业废水排水系统排除工业企业在工艺生产过程中产生的污水与废水，是合流制排水系统。为便于污废水的处理和综合利用，可将其分为生产污水排水系统和生产废水排水系统。

① 生产污水排水系统：排除工业企业在生产过程中被化学杂质（有机物、重金属离子、酸、碱等）、机械杂质（悬浮物及胶体物）污染较重的工业废水，需要经过处理，

达到排放标准后排放。

② 生产废水排水系统：排除污染轻或仅水温升高，经过简单处理后（如降温）可循环或重复使用的较清洁的工业废水。

（3）屋面雨水排水系统。屋面雨水排水系统收集除降落到工业厂房、大屋面建筑和高层建筑屋面上的雨雪水。

2.污废水排水系统的组成

建筑内部污废水排水系统应能满足以下三个基本要求，首先，系统能迅速畅通地将污废水排到室外；其次，排水管道系统内的气压稳定，有毒有害气体不进入室内，保持室内良好的环境卫生；最后，管线布置合理，简短顺直，工程造价低。

为满足上述条件，建筑内部污废水排水系统的基本组成部分有，卫生器具和生产设备的受水器、排水管道、清通设备和通气管道，如图6.1.5所示。在有些建筑物的污废水排水系统中，根据需要还设有污废水的提升设备和局部处理构筑物。排水系统更多组成形式可查阅给排水专业资料。

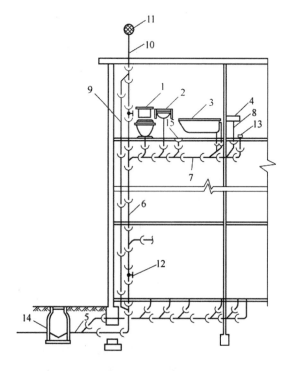

图6.1.5　建筑内部排水系统

1–坐便器；2–洗脸盆；3–浴盆；4–厨房洗涤盆；5–排水出户管；6–排水立管；7–排水横支管；8–器具排水管（含存水弯）；9–专用通气管；10–伸顶通气管；11–通风帽；12–检查口；13–清扫口；14–排水检查井；15–地漏；16–污水泵。

（1）卫生器具和生产设备受水器。卫生器具和生产设备受水器满足人们在日常生活和生产过程中的卫生和工艺要求。其中，卫生器具又称卫生设备或卫生洁具，是接受、排出人们在日常生活中产生的污废水或污物的容器或装置，如坐便器、洗脸盆等。生产设备受水器是接受、排出工业企业在生产过程中产生的污废水或污物的容器或装置。

（2）排水管道。排水管道包括器具排水管（含存水弯）、横支管、立管、埋地干管和排出管。其作用是将各个用水点产生的污废水及时、迅速地输送到室外。

（3）清通设备。污废水中含有固体杂物和油脂，容易在管内沉积、黏附，减小通水能力甚至堵塞管道，为疏通管道保障排水畅通，需设清通设备。清通设备包括设在横支管顶端的清扫口、设在立管或较长横干管上的检查口和设在室内较长的埋地横干管上的检查井。

（4）提升设备。工业与民用建筑的地下室、人防建筑、高层建筑的地下技术层和地铁等处标高较低，在这些场所产生、收集的污废水不能自流排至室外的检查井，须设污废水提升设备，比如排污泵等。

（5）污水局部处理构筑物。当室内污水未经处理不允许直接排入市政排水管网或水体时，须设污水局部处理构筑物，如处理民用建筑生活污水的化粪池，降低锅炉、加热设备排污水水温的降温池，去除含油污水的隔油池，以及以消毒为主要目的的医院污水处理等。

（6）通气系统。室内排水管道内是水气两相流，为使排水管道系统内空气流通，压力稳定，避免因管内压力波动使有毒有害气体进入室内，需要设置与大气相通的通气管道系统，通气系统有排水立管延伸到屋面上的伸顶通气管、专用通气管以及专用附件。

6.1.2 给排水管道的公称直径和管道压力

1. 公称直径

与工业管道的定义相同。管道工程中公称直径又称工程通径，常用字母DN表示，其后附加公称直径的尺寸。如DN150表示公称直径150mm。但在一般情况下，公称直径既不是内径，也不是外径，而是一个与内径相近的整数。常用给排水公称直径与外径对照表，见表6.1.1。

2. 管道压力

管道系统的压力分为公称压力、试验压力和工作压力。各种压力的定义及相关介绍详见本书第5章5.1.1.1节，此处不再赘注。

表 6.1.1　常用给排水公称直径与外径对照表

序号	公称直径 DN（mm）	外径 De（mm）					
		焊接钢管	无缝钢管	螺旋管	塑料管、复合管	铜管	铸铁排水管
1	15	21.3	–		20	18	20
2	20	26.8	28	–	25	22	25
3	25	33.5	32	–	32	28	32
4	32	42.3	38	–	40	35	40
5	40	48	48	–	50	42	50
6	50	60	57	–	63	54	63
7	65	75.5	76	–	75	76	75
8	80	88.5	89	–	90	89	90
9	100	114	108	–	110	108	110
10	125	140	133	–	125	–	–
11	150	165	159	–	160	–	–
12	200	–	219	219	200	–	–
13	250	–	273	273	250	–	–
14	300	–	325	325	315	–	–
15	350	–	377	377	–	–	–
16	400	–	426	426	400	–	–
17	450	–	480	480	–	–	–
18	500	–	530	530	–	–	–
19	600	–	630	630	–	–	–

6.2　给排水工程施工图识读

　　本章主要完成一～六层办公建筑的公共卫生间给排水工程的计价。与其他单位工程的造价过程一样，首先还是要读懂图纸，熟悉图纸的设计要求、各种材料的型号、规格。给排水的图纸通常包括平面图、系统轴测图、大样图等。读图时，平面图与系统图相对应，按管道中流体流动的路程了解管路的走向、规格和确切位置等信息。本项目给排水工程案例的识图简介请扫描视频二维码6-1观看。

视频二维码 6-1：给排水工程识图

根据给排水工程的设计说明、平面图及系统图，可以读出以下和工程造价相关的信息：

1. "设计说明"的识读（本项目设计说明主要内容如下，本书不再单独提供设计说明）

该六层办公楼建筑物设计室外地坪至檐口底的高度为21.6m，该楼每层卫生间设高水箱蹲式大便器、挂式小便器、洗脸盆、洗涤盆、地漏。

给水管均采用 PPR 给水管（热熔连接），引入管至建筑物外墙皮长度为1.5m，排水管采用 UPVC 排水塑料管（零件粘接），排水口距室外第一个检查井距离为5m。

排水管道穿屋面设刚性防水套管，给水管道穿楼板套管不计。

给水管道安装完毕需水压试验及消毒水冲洗。

墙厚度 0.24m；给水管距离墙面尺寸 0.12m；排水管管中心距墙尺寸 0.13m。

2. 系统图的识读

从系统图可知，De50的PPR给水管埋深1.3m，进入室内后穿楼板经给水立管给1～6层卫生间供水，立管底部设截止阀J11T-1.6 DN40。洗脸盆排水管出地面0.45m，挂式小便器排水管出地面0.5m。

6.3 给排水工程预算定额基本规定

本节以浙江省通用安装工程预算定额的相关内容说明给排水工程造价定额基本规定，如第3章所述，我国全统定额和各省、直辖市、自治区的定额规定基本相似，学习者在某地域从事安装工程造价行业时，应注意查阅当地实施定额的相关规定，并根据这些规定查阅相关的其他定额。

浙江省通用安装工程预算定额中第十册《给排水、采暖、燃气工程》规定：

1. 适用性规定

第十册《给排水、采暖、燃气工程》适用于新建、扩建、改建项目中的生活用给排水，采暖空调水，燃气管道系统中的管道、附件、配件、器具及附属设备等安装工程。

2. 相关定额界限划分规定

（1）工业管道、生产生活共用的管道、锅炉房、泵房管道以及建筑物内加压泵间、空调制冷机房的管道、管道焊缝热处理，无损探伤，医疗气体管道执行本定额第八册

《工业管道工程》相应定额。

（2）水暖设备、器具等的电气检查、接线工作执行本定额第四册《电气设备安装工程》相应定额。

（3）刷油、防腐蚀、绝热工程执行本定额第十二册《刷油、防腐蚀、绝热工程》相应定额。

（4）各种套管、支架的制作与安装执行本定额第十三册《通用项目和措施项目工程》相应定额。

（5）给水、采暖管道与市政管道界限以水表井为界，无水表井者以与市政管道碰头点为界。

（6）室外排水管道以与市政管道碰头井为界。

（7）燃气管道进小区调压站前的管道及附件执行《浙江省市政工程预算定额》（2018版）；调压站内的设备、装置、仪表和阀件等执行本定额第八册《工业管道工程》相应定额，出调压站后进小区的管道及附件执行本册定额相应项目。

（8）厂区范围燃气管道无调压站的，以出口第一个计量表（阀门）为界，界线以外为市政工程。

3.定额换算的规定

设置于管道井、封闭式管廊内的管道、法兰、阀门、支架、水表，相应定额人工费乘以系数1.20。

6.4 给排水工程工程量计算依据及规则

本节结合项目任务，学习并练习如何根据各种计价依据进行给排水工程量计算，作为编制合理的工程量清单的基础。

6.4.1 给排水工程工程量计算依据

给排水安装工程的工程量分为国标清单工程量和定额清单工程量。国标清单工程量应根据《通用安装工程工程量计算规范》（GB50856-2013）进行计算，定额清单工程量应参照相关定额规定进行计算，本书的给排水安装工程依据《浙江省通用安装工程预算定额》（2018版）中给排水相关计算工程量。另外，工程量计算依据还包括设计图纸、施工组织设计或施工方案及其他该工程相关技术经济文件。

6.4.2 国标清单工程量计算规则

国标清单工程量应根据《通用安装工程工程量计算规范》（GB50856-2013）进行，工程量计算原则参照第3章3.4.2节所述，本章不再赘述。

6.4.3 定额清单工程量计算规则

定额清单工程量应参照"给排水工程"定额的定额说明及工程量计算规则进行计算，本书的给排水安装工程造价依据《浙江省通用安装工程预算定额》（2018版）《第十册 给排水、采暖、燃气工程》计算工程量，其定额说明及工程量计算规则阐述如下。

6.4.3.1 管道安装

1. 定额章说明

（1）本章定额包括室内外生活用给水、排水、雨水、采暖热源管道、空调冷媒管道的安装。

（2）界限划分：

① 室内外给水管道以建筑物外墙皮1.5m为界，入口处设阀门者以阀门为界。

② 室内外排水管道以出户第一个排水检查井为界。

③ 与工业管道以锅炉房或泵站外墙皮1.5m为界。

④ 与设在建筑物内的泵房管道以泵房外墙皮为界。

（3）有关说明：

① 给水管道安装项目中，均包括水压试验及水冲洗工作内容，如需消毒，执行本册定额第八章的相应项目；排（雨）水管道包括灌水（闭水）及通球试验工作内容。

② 钢管焊接安装项目中均综合考虑了成品管件和现场煨制弯管、摔制大小头、挖眼三通。

③ 管道安装项目中除室内塑料管道等项目外，其余均不包括管道型钢支架、管卡、托钩等的制作与安装，发生时，执行本定额第十三册《通用项目和措施项目工程》相应定额。

④ 管道穿墙、过楼板套管制作与安装等工作内容，发生时，执行本定额第十三册《通用项目和措施项目工程》的"一般穿墙套管制作、安装"相应子目，其中过楼板套管执行"一般穿墙套管制作、安装"相应子目时，主材按0.2m计，其余不变。

如设计要求穿楼板的管道要安装刚性防水套管，执行本定额第十三册《通用项目和措施项目工程》中"刚性防水套管安装"相应子目，基价乘以系数0.3，"刚性防水套管"主材费另计。若"刚性防水套管"由施工单位自制，则执行本定额第十三册《通用项目和措施项目工程》中"刚性防水套管制作"相应子目，基价乘以系数0.3，焊接钢管按相应定额主材用量乘以0.3计算。

⑤ 雨水管安装定额（室内虹吸塑料雨水管安装除外）已包括雨水斗的安装，雨水斗主材另计；虹吸式雨水斗安装执行本册定额第二章"管道附件"的相应项目。

⑥ 室外管道碰头适用于新建管道与已有管道的破口开三通碰头连接，执行本册定额第六章"燃气工程"相应定额。如已有水源管道已做预留接口则不执行相应安装项目。

⑦ 管道预安装（即二次安装，指确实需要且实际发生管子吊装上去进行点焊预安装，然后拆下来经镀锌再二次安装的部分），其定额人工费乘以系数2.0。

⑧ 若设计或规范要求钢管需要热镀锌，其热镀锌及场外运输费用另行计算。

⑨ 卫生间（内周长在12m以下）暗敷管道每间补贴1.0工日，卫生间（内周长在12m以上）暗敷管道每间补贴1.5工日，厨房暗敷管道每间补贴0.5工日，阳台暗敷管道每个补贴0.5工日，其他室内管道安装，不论明敷或暗敷，均执行相应管道安装定额子目不做调整。

⑩ 室内钢塑给水管沟槽连接执行室内钢管沟槽连接的相应项目。

⑪ 排水管道消能装置中的四个弯头可另计材料费，其余仍按管道计算；H形管计算连接管的长度，管件不再另计。

⑫ 室内螺旋消音塑料排水管（粘接）安装执行室内塑料排水管（粘接）安装定额项目，螺旋管件单价按实补差，定额管件总含量保持不变。

⑬ 楼层阳台排水支管与雨水管接通组成排水系统，执行室内排水管道安装定额，雨水斗主材另计。

⑭ 弧形管道制作、安装按相应管道安装定额，定额人工费和机械费乘以系数1.40。

⑮ 室内雨水镀锌钢管（螺纹连接）项目，执行室内镀锌钢管（螺纹连接）定额基价乘以系数0.8。

⑯ 钢骨架塑料复合管执行塑料管安装的相应定额项目。

⑰ 预制直埋保温管安装项目中已包括管件安装，但不包括接口保温，发生时执行接口保温安装项目。

⑱ 空调凝结水管道安装项目是按集中空调系统编制的，并适用于户用单体空调设备的凝结水管道系统的安装。

⑲ 辐射供暖供冷系统管道执行本册定额第五章"供暖器具"的相应项目。

2. 工程量计算规则

（1）各类管道安装工程量均按设计管道中心线长度以"m"为计量单位，不扣除阀门、管件、附件（包括器具组成）及井类所占长度。

（2）室内给排水管道与卫生器具连接的分界线：

① 给水管道工程量计算至卫生器具（含附件）前与管道系统连接的第一个连接件（角阀、三通、弯头、管箍等）止。

② 排水管道工程量自卫生器具出口处的地面或墙面的设计尺寸算起，与地漏连接的排水管道自地面设计尺寸算起，不扣除地漏所占长度。

（3）方形补偿器所占长度计入管道安装工程量。方形补偿器的制作、安装应执行本册定额第二章"管道附件"相应项目。

（4）直埋保温管保温层补口分管径以"个"为计量单位。

6.4.3.2 管道附件

1. 定额章说明

（1）本章包括螺纹阀门、法兰阀门、塑料阀门、沟槽阀门、法兰、减压器、疏水器、水表、热量表、倒流防止器，水锤消除器、方形补偿器、软接头（软管）、虹吸式雨水斗、浮标液面计、节水灌溉设备附件、喷泉设备附件的安装。

（2）法兰阀门安装，如仅为一侧法兰连接时，定额中的法兰、带帽螺栓及垫圈数量减半。

（3）用沟槽式法兰短管安装的"法兰阀门安装"应执行本定额第八册《工业管道工程》相应法兰阀门安装子目，螺栓不得重复计算。

（4）每副法兰和法兰式附件安装项目中，均包括一个垫片和一副法兰螺栓的材料用量。各种法兰连接用垫片均按石棉橡胶板考虑，如工程要求采用其他材质可按实调整。

（5）减压器、疏水器安装均按成组安装考虑，分别依据国家建筑标准设计图集《常用小型仪表及特种阀门选用安装》01SS105和《蒸汽凝结水回收及疏水装置的选用与安装》05R407编制。疏水器成组安装未包括止回阀安装，若安装止回阀执行阀门安装相应项目。单独安装减压器、疏水器时执行阀门安装相应项目。

（6）单个过滤器安装执行阀门安装相应项目。

（7）成组水表安装是依据国家建筑标准设计图集《室外给水管道附属构筑物》05S502编制的。法兰水表（带旁通管）成组安装中三通、弯头均按成品管件考虑。

（8）热量表组成安装是依据国家建筑标准设计图集《暖通动力施工安装图集（一）（水系统）》10K509 10R504编制的。实际组成与此不同时，可按法兰、阀门等附件安装相应项目计算或调整。

（9）倒流防止器成组安装是根据国家建筑标准设计图集《倒流防止器选用及安装》12S108-1编制的，按连接方式不同分为带水表与不带水表安装。

（10）法兰式软接头安装适用于法兰式橡胶及金属挠性接头安装。

（11）浮标液面计依据《采暖通风国家标准图集》N102-3编制的，设计与标准图集不符时，主要材料可做调整，其他不变。

（12）电动阀门安装依据连接方式执行相应的阀门安装定额，检查接线执行本定额第四册《电气设备安装工程》相应定额。

2. 工程量计算规则

（1）各种阀门、补偿器、软接头、水锤消除器安装均按照不同连接方式、公称直径以"个"为计量单位。

（2）减压器、疏水器、水表、倒流防止器、热量表成组安装，按照不同组成结构、连接方式、公称直径以"组"为计量单位。减压器安装按高压侧的直径计算。

（3）卡紧式软管按照不同管径以"根"为计量单位。

（4）法兰均区分不同公称直径以"副"为计量单位。承插盘法兰短管按照不同连接方式、公称直径以"副"为计量单位。

（5）浮标液面计区分不同的型号，以"组"为计量单位。

（6）各种喷头、滴头以"个"为计量单位，喷泉过滤设备中过滤网以"m²"为计量单位，过滤池以"m³"为计量单位，过滤箱以"个"为计量单位，过滤器以"台"为计量单位，滴灌管以"m"为计量单位。

（7）各种伸缩器的制作、安装均以"个"为计量单位。

6.4.3.3 卫生器具

1. 定额章说明

（1）本章卫生器具是参照国家建筑标准设计图集《排水设备及卫生器具安装》（2010年合订本）中有关标准图集编制的，包括浴盆、净身盆、洗脸盆、洗涤盆、化验盆、大便器、小便器、拖布池、淋浴器、整体淋浴房、桑拿浴房、水龙头、排水栓、地漏、地面扫除口、蒸汽-水加热器、冷热水混合器、饮水器、隔油器等器具安装项目以及大小便槽自动冲洗水箱和小便槽冲洗管制作、安装。

（2）各类卫生器具安装项目除另有标注外，均适用于各种材质。

（3）各类卫生器具安装项目包括卫生器具本体、配套附件、成品支托架安装。各类卫生器具配套附件是指给水附件（水嘴、金属软管、阀门、冲洗管、喷头等）和排水附件（下水口、排水栓、器具存水弯、与地面或墙面排水口间的排水连接管等）。

（4）各类卫生器具所用附件已列出消耗量，如随设备或器具配套供应时，其消耗量不得重复计算。各类卫生器具支托架如现场制作，执行本定额第十三册《通用项目和措施项目工程》相应定额。

（5）浴盆冷热水带喷头若采用埋入式安装，混合水管及管件消耗量应另行计算。按摩浴盆包括配套小型循环设备（过滤罐、水泵、按摩泵、气泵等）安装，其循环管路材料、配件等均按成套供货考虑。浴盆底部所需要填充的干砂材料消耗量另行计算。

（6）台式洗脸盆（冷水）安装执行台式洗脸盆（冷热水）安装的相应定额，基价乘以系数0.8，软管与角型阀的未计价主材含量减半，其余未计价主材含量不变。

（7）液压脚踏卫生器具安装执行本章相应定额，人工乘以系数1.3，液压脚踏阀及控制器等主材另计（如水嘴或喷头等配件随液压脚踏阀及控制器成套供应时，应扣除相应定额中的主材）。

（8）除带感应开关的小便器、大便器安装外，其余感应式卫生器具安装执行本章相应定额，人工乘以系数1.2，感应控制器等主材另计（如感应控制器等配件随卫生器具成套供应，则不得另行计算）。

（9）大小便器冲洗（弯）管均按成品考虑。大便器安装已包括了柔性连接头或胶皮碗。

（10）大小便槽自动冲洗水箱安装中，已包括水箱和冲洗管的成品支托架、管卡安装。

（11）各类卫生器具的混凝土或砖基础周边砌砖、瓷砖粘贴，蹲式大便器蹲台砌筑、台式洗脸盆的台面，浴厕配件安装，执行《浙江省房屋建筑与装饰工程预算定额》（2018版）的有关定额。

2. 工程量计算规则

（1）各种卫生器具均按设计图示数量计算，以"组"或"套"为计量单位。

（2）大便槽、小便槽自动冲洗水箱安装分容积按设计图示数量，以"套"为计量单位。

（3）小便槽冲洗管制作与安装按设计图示长度以"m"为计量单位，不扣除阀门的长度。

（4）湿蒸房依据使用人数，以"座"为计量单位。

（5）隔油器区分安装方式和进水管径，以"套"为计量单位。

6.4.3.4 采暖、给排水设备

1. 定额章说明

（1）本章包括采暖、生活给排水系统中的各种给水设备、热能源装置、水处理、净化消毒设备、热水器、开水炉、水箱制作与安装等项目。

（2）本章设备安装定额中均包括设备本体以及与其配套的管道、附件、部件的安装和单机试运转或水压试验、通水调试等内容，均不包括与设备外接的第一片法兰或第一个连接口以外的安装工程量，应另行计算。设备安装项目中包括与本体配套的压力表温度计等附件的安装，如实际未随设备供应附件时，其材料另行计算。

（3）给水设备、地源热泵机组均按整体组成安装编制，随设备配备的各种控制箱（柜）、电气接线及电气调试等，执行本定额第四册《电气设备安装工程》相应定额。

（4）水箱安装适用于玻璃钢、不锈钢、钢板等各种材质，不分圆形、方形，均按箱体容积执行相应项目。水箱安装按成品水箱编制，如现场制作、安装水箱，水箱主材不得重复计算。水箱消毒冲洗及注水试验用水按设计图示容积或施工方案计入。组装水箱的连接材料是按随水箱配套供应考虑的。

（5）本章设备安装定额中均未包括减震装置机械设备的拆装检查、基础灌浆、地脚螺栓的埋设，发生时执行本定额第一册《机械设备安装工程》和第十三册《通用项目和措施项目工程》相应定额。

（6）本章设备安装定额中均未包括设备支架或底座制作、安装，如采用型钢支架执行本定额第十三册《通用项目和措施项目工程》相应定额。混凝土及砖底座执行《浙江省房屋建筑与装饰工程预算定额》（2018版）有关定额。

（7）太阳能集热器是按集中成批安装编制的，如发生4m²以下工程量，人工、机械乘以系数1.1。

2. 工程量计算规则

（1）各种设备安装项目除另有说明外，按设计图示规格、型号、重量，均以"台"为计量单位。

（2）给水设备按同一底座重量计算，不分泵组出口管道公称直径，按设备重量列项，以"套"为计量单位。

（3）太阳能集热装置区分平板、玻璃真空管形式，以"m²"为计量单位。

（4）地源热泵机组按设备重量列项，以"组"为计量单位。

（5）水箱自洁器分外置式、内置式，电热水器分挂式、立式安装，以"台"为计量单位。

（6）水箱安装项目按水箱设计容量，以"台"为计量单位；钢板水箱制作分圆形、矩形，按水箱设计容量，以箱体金属重量"kg"为计量单位。

6.4.3.5 供暖器具

1. 定额章说明

（1）本章包括铸铁散热器组对安装、钢制及其他成品散热器安装、辐射供暖供冷管道敷设、热媒集配装置安装。

（2）散热器安装项目系参考国家建筑标准设计图集《暖通动力施工安装图集（一）（水系统）》10K509 10R504编制。除另有说明外，各型散热器均包括散热器成品支托架（钩、卡）安装和安装前的水压试验以及系统水压试验。

（3）各型散热器不分明装、暗装均按材质、类型执行同一定额子目。

（4）铸铁散热器按柱型（柱翼型）编制，区分挂式、落地式两种安装方式。成组铸铁散热器、光排管散热器发生现场进行除锈刷漆时，执行本定额第十二册《刷油、防腐蚀、绝热工程》相应定额。

（5）钢制板式散热器安装不论是否带对流片，均按安装形式和规格执行同一项目。钢制卫浴散热器执行钢制单板板式散热器安装项目。钢制扁管散热器执行双板钢制板式散热器安装定额项目，其人工乘以系数1.2。

（6）钢制翅片管散热器安装项目包括安装随散热器供应的成品对流罩，工程不要求安装随散热器供应的成品对流罩时，每组扣减0.03工日。

（7）钢制板式散热器、金属复合散热器、艺术造型散热器的固定组件，按随散热器配套供应编制，如散热器未配套供应，应增加相应材料的消耗量。

（8）手动放气阀的安装执行本册定额第二章相应项目。如随散热器已配套安装就位时，不得重复计算。

（9）辐射供暖供冷塑料管道敷设项目包括了固定管道的塑料卡钉（管卡）安装、局部套管敷设及地面浇筑的配合用工。工程要求固定管道的方式与定额不同时，固定管道的材料可按设计要求进行调整，其他不变。

（10）隔热板项目中的塑料薄膜是指在接触土壤或室外空气的楼板与绝热层之间所铺设的塑料薄膜防潮层。如隔热板带有保护层（铝箔），应扣除塑料薄膜材料消耗量。

（11）辐射供暖供冷塑料管道在跨越建筑物的伸缩缝、沉降缝时所铺设的塑料板条，应按照边界保温带安装项目计算，塑料板条材料消耗量可按设计要求的厚度、宽度进行调整。

（12）成组热媒集配装置包括成品分集水器和配套供应的固定支架及与分支管连接的部件。固定支架如不随分集水器配套供应，需现场制作时，执行本定额第十三册《通用项目和措施项目工程》相应定额。

2. 工程量计算规则

（1）铸铁散热器安装分落地安装、挂式安装。铸铁散热器组对安装以"片"为计量单位，成组铸铁散热器安装按每组片数以"组"为计量单位。

（2）钢制柱式散热器安装按每组片数以"组"为计量单位，闭式散热器安装以"片"为计量单位，其他成品散热器安装以"组"为计量单位。

（3）艺术造型散热器按与墙面的正投影（高×长）计算面积，以"组"为计量单位。不规则形状以正投影轮廓的最大高度乘以最大长度计算面积。

（4）辐射供暖供冷管道区分管道外径，按设计图示中心线长度计算，以"m"为计量单位。保护层（铝箔）、隔热板、钢丝网按设计图示尺寸计算实际铺设面积，以"m²"为计量单位。边界保温带按设计图示长度以"m"为计量单位

（5）热媒集配装置安装区分带箱、不带箱，按分支管环路数以"组"为计量单位。

6.4.3.6　燃气工程

1. 定额章说明

（1）本章定额包括室内外燃气管道的安装、室外管道碰头、氮气置换及警示带、示踪线、地面警示标志桩、燃气开水炉、燃气采暖炉、沸水器、消毒器、热水器、燃气表、燃气灶具、气嘴、调压器、调压箱（柜）安装及引入口保护罩安装等项目。

（2）界线划分：

①地下引入室内的管道以室内第一个阀门为界。

②室内管道部分无阀门的有引入管以引入管为界，无引入管以建筑物外墙皮1.5m为界。

（3）燃气管道安装项目适用于工作压力≤0.4MPa（中压A）的燃气系统。铸铁管道工作压力＞0.2MPa时，安装人工乘以系数1.3。

（4）室外管道安装不分地上与地下，均执行同一子目。

（5）有关说明：

① 管道安装项目中均包括管道及管件安装、强度试验、严密性试验、空气吹扫等内容。

② 管道安装项目中均不包括管道支架、管卡、托钩等的制作、安装以及管道穿墙、楼板套管制作，安装等工作内容，发生时执行本定额第十三册《通用项目和措施项目工程》相应定额。

③ 已验收合格未及时投入使用的管道，使用前需做强度试验、严密性试验、空气吹扫的执行本定额第八册《工业管道工程》相应定额。

④ 燃气检漏管安装执行相应材质的管道安装定额。

⑤ 成品防腐管道需做电火花检测的，可另行计算。

⑥ 燃气管道的室外管道碰头定额按不带介质施工考虑。室外碰头项目适用于新建管道与已有管道的破口开三通碰头连接，如已有管道预留接口处已安装阀门则不执行相应安装项目，如预留接口处未安装阀门则执行室外管道碰头定额，基价乘以系数0.6；如实际为带介质施工则执行相应碰头定额，基价乘以系数1.5。

与已有管道碰头项目中，不包含氮气置换、连接后的单独试压以及带气施工措施

费，应根据施工方案另行计算。

⑦ 聚乙烯燃气阀门安装参照本册定额第二章塑料阀门安装相应定额，其中热熔连接的，执行塑料阀门（热熔连接）的定额，基价乘以系数1.2；电熔连接的，执行塑料阀门（热熔连接）的定额，基价乘以系数1.45，电熔套筒不再另行计算。

⑧ 各种燃气炉（器）具安装项目均包括本体及随炉（器）具配套附件的安装。

⑨ 壁挂式燃气采暖炉安装子目考虑了随设备配备的托盘、挂装支架的安装。

⑩ 膜式燃气表安装项目适用于螺纹连接的民用或公用膜式燃气表，IC卡膜式燃气表安装按膜式燃气表安装项目，其人工乘以系数1.1。

膜式燃气表安装项目中列有2个表接头，随燃气表配套表接头时，应扣除所列表接头。膜式燃气表安装项目中不包括表托架制作、安装，发生时根据工程要求另行计算。

⑪ 燃气流量计适用于法兰连接的腰轮（罗茨）燃气流量计、涡轮燃气流量计。

⑫ 法兰式燃气流量计、流量计控制器、调压器、燃气管道调长器安装项目均包括与法兰连接一侧所用的螺栓、垫片。

⑬ 燃气管道调长器安装项目适用于法兰式波纹补偿器和套筒式补偿器的安装。

⑭ 燃气调压箱安装按壁挂式和落地式分别列项，其中落地式区分单路和双路。调压箱安装不包括与进出口管道连接及支架制作、安装，保护台、底座的砌筑，发生时执行其他相应项目。

⑮ 燃气管道引入口保护罩安装按分体型保护罩和整体型保护罩分别列项。砖砌引入口保护台及引入管的保温、防腐应执行其他相关定额。

⑯ 户内家用可燃气体检测报警器与电磁阀成套安装的，执行本册定额第二章"管道附件"中螺纹阀门项目，人工乘以系数1.3。

2. 工程量计算规则

（1）各类管道安装工程量均按设计管道中心线长度以"m"为计量单位，不扣除阀门、管件、附件及井类所占长度。

（2）室外钢管喷头按主管管径以"处"为计量单位。

（3）氮气置换区分管径以"m"为计量单位。

（4）警示带、示踪线安装以"m"为计量单位。

（5）地面警示标志桩安装以"个"为计量单位。

（6）燃气开水炉、采暖炉、沸水器、消毒器、热水器以"台"为计量单位。

（7）膜式燃气表安装按不同规格型号，以"块"为计量单位；燃气流量计安装区分不同管径，以"台"为计量单位；流量计控制器区分不同管径，以"个"为计量单位。

（8）燃气灶具区分民用灶具和公用灶具，以"台"为计量单位。

（9）气嘴安装以"个"为计量单位。

（10）调压器、调压箱（柜）区分不同进口管径，以"台"为计量单位。

（11）引入口保护罩安装以"个"为计量单位。

6.4.3.7 医疗气体设备及附件

1. 定额章说明

（1）本章定额包括常用医疗气体设施器具安装，包括制氧机、液氧罐、二级稳压箱、气体汇流排、集污罐、刷手池、医用真空罐、气水分离器、干燥机、储气罐、空气过滤器、集水器、医疗设备带及气体终端等。

（2）本章设备安装包括随本体配备的管道及附件安装。与本体配备的第一片法兰或第一个连接口的工程量应另行计算，设备安装项目中支架地脚螺栓按随设备配备考虑，如需现场加工，另行计算。

（3）气体汇流排安装项目适用于氧气、二氧化碳、氮气、笑气、氩气、压缩空气等汇流排安装。

（4）刷手池安装项目按刷手池自带全部配件及密封材料编制，本定额中只包括刷手池安装、连接上下水管。

（5）干燥机安装项目适用于吸附式和冷冻式干燥机安装。

（6）空气过滤器安装项目适用于压缩空气预过滤器、精过滤器、超精过滤器等的安装。

（7）本章安装项目均不包括试压、脱脂、阀门研磨及无损探伤检验、设备氮气置换等工作内容，如设计要求应另行计算。

（8）设备地脚螺栓预埋、基础灌浆应执行本定额第一册《机械设备安装工程》相应定额。

2. 工程量计算规则

（1）各种医疗设备及附件均按设计图示数量计算。

（2）制氧机按氧产量，储氧罐按储液氧量，以"台"为计量单位。

（3）气体汇流排按左右两侧钢瓶数量，以"套"为计量单位。

（4）刷手池按水嘴数量，以"组"为计量单位。

（5）集污罐、医用真空罐、气水分离器、储气罐均按罐体直径，以"台"为计量单位。

（6）集水器、二级稳压箱、干燥机以"台"为计量单位。

（7）气体终端、空气过滤器以"个"为计量单位。

（8）医疗设备带以"m"为计量单位。

6.4.3.8 其他

1. 定额章说明

（1）本章定额包括成品防火套管安装，碳钢管道保护管制作、安装，塑料管道保护管制作、安装，阻火圈安装，管道二次压力试验，管道消毒、冲洗，成品表箱安装及系统调试费等项目。

（2）管道保护管是指在管道系统中，为避免外力（荷载）直接作用在介质管道外壁上，造成介质管道受损而影响正常使用，在介质管道外部设置的保护性管段。

（3）管道二次压力试验仅适用于因工程需要而发生且非正常情况的管道水压试验。管道安装定额中已经包括了规范要求的水压试验，不得重复计算。

（4）因工程需要再次发生管道冲洗时，执行本章消毒冲洗定额项目，同时扣减定额中漂白粉消耗量，其他消耗量乘以系数0.6。

（5）成品表箱安装适用于水表、热量表、燃气表箱的安装。

2. 工程量计算规则

（1）阻火圈、成品防火套管安装按工作介质管道直径，区分不同规格以"个"为计量单位。

（2）管道保护管制作与安装分为钢制和塑料两种材质，区分不同规格，按设计图示管道中心线长度以"m"为计量单位。

（3）管道水压试验、消毒冲洗按设计图示管道长度，区分不同规格以"m"为计量单位。

（4）成品表箱安装按箱体半周长，以"个"为计量单位。

（5）系统调试费按水系统工程人工总工日数，以"100工日"为计量单位。

6.5 给排水工程工程量计算

按照造价的编制步骤，项目组在识读、分析过图纸之后，了解了工程量计算规则和相关规定，就可以进行工程量计算了。如前面章节所描述相似，工程量计算过程中项目划分、项目名称、计量单位和工程量计算规则等按照定额与《通用安装工程工程量计算规范》（GB50856-2013）相关规定来确定。

如6.4.1节所述，工程量分为国标清单工程量和定额清单工程量，二者的主要区别在项目名称、计量单位、工程内容和工程量计算规则中均有体现，一般而言国标清单工程量会等于或包含定额清单工程量内容，所以通常同步计算国标清单工程量和定额清单工程量，便于后续编制工程量清单；或者首先计算定额清单工程量，保证定额清单工程量计算齐全，后续再根据《通用安装工程工程量计算规范》（GB50856-2013）的附录编制国标工程量清单。这里说明一下，针对定额计量单位有系数的项目，工程量计算时单位可不加系数，但是套用定额时必须用带系数的定额计量单位。

如附图1.2.13所示，本书案例给排水工程量计算包括给排水管道、卫生器具及各种附件等内容，可扫描视频二维码6-2了解工程量计算任务；工程量的计算过程讲解请扫描视频二维码6-3、6-4观看，计算结果如表6.5.1，工程量汇总表如表6.5.2。

 视频二维码 6-2：给排水工程量计算任务

 视频二维码 6-3：给水管道及消毒冲洗工程量计算

 视频二维码 6-4：排水管道及卫生器具工程量计算

表 6.5.1　给排水分部分项工程量计算表

序号	分部工程名称	单位	计算式	合计
1	DN15 聚丙烯 (PPR) 塑料给水管（De20）	m	[（1 + 0.7−0.24 + 3.6−0.24×2）小便器水平管 + (19.2−18.7) 立管]×6	30.48
2	DN15 聚丙烯 (PPR) 塑料给水管（De20）管道消毒、冲洗	m	同上	30.48
3	DN20 聚丙烯 (PPR) 塑料给水管（De25）	m	（20.2−19）立管 ×6 +（1.1×4 + 0.7−0.24）×6 水平管	36.36
4	DN20 聚丙烯 (PPR) 塑料给水管（De25）管道消毒、冲洗	m	同上	36.36
5	DN25 聚丙烯 (PPR) 塑料给水管（De32）	m	3.6 + 0.3	3.9
6	DN25 聚丙烯 (PPR) 塑料给水管（De32）管道消毒、冲洗	m	同上	3.9
7	DN40 聚丙烯 (PPR) 塑料给水管（De50）	m	（14.4 + 0.7）立管 + 1.3 埋深 +（0.24 + 0.12 + 1.5）引入管及墙	18.26
8	DN40 聚丙烯 (PPR) 塑料给水管（De50）管道消毒、冲洗	m	同上	18.26

序号	分部工程名称	单位	计算式	合计
9	聚氯乙烯 UPVC 塑料排水管 DN50	m	[（1 + 0.7−0.25 + 3.6−0.25×2）水平管 +（18−17.42）×3 地漏小便器 +（18−17.67）洗脸盆]×6	39.72
10	聚氯乙烯 UPVC 塑料排水管 DN100	m	（21.6 + 0.7 + 2 + 5）立管 + [（1.1×4 + 0.7−0.25）水平管]×6	58.4
11	截止阀 J11T−1.6DN40	个		1
12	立式冷水洗脸盆	套		6
13	高水箱蹲式大便器	套		24
14	感应开关埋入式壁挂式小便器	套		12
15	地漏 DN50	个		6

表 6.5.2　给排水工程量汇总表

序号	分部工程名称	单位	合计
1	DN15 聚丙烯 (PPR) 塑料给水管（De20），管道消毒、冲洗	m	30.48
2	DN20 聚丙烯 (PPR) 塑料给水管（De25），管道消毒、冲洗	m	36.36
3	DN25 聚丙烯 (PPR) 塑料给水管（De32）管道消毒、冲洗	m	3.9
4	DN40 聚丙烯 (PPR) 塑料给水管（De50），管道消毒、冲洗	m	18.26
5	聚氯乙烯 UPVC 塑料排水管 DN50	m	39.72
6	聚氯乙烯 UPVC 塑料排水管 DN100	m	58.4
7	截止阀 J11T−1.6DN40	个	1
8	立式洗脸盆	套	6
9	蹲式大便器	套	24
10	感应开关埋入式壁挂式小便器	套	12
11	地漏 DN50	个	6

　　特别说明：根据《浙江省通用安装工程预算定额》（2018版）第十册《给排水、采暖、燃气工程》第一章的定额章说明第3条"有关说明"中第9款规定：卫生间（内周长在12m以下）暗敷管道每间补贴1.0工日，卫生间（内周长在12m以上）暗敷管道每间补贴1.5工日，厨房暗敷管道每间补贴0.5工日，阳台暗敷管道每个补贴0.5工日，其他室内管道安装，不论明敷或暗敷，均执行相应管道安装定额子目不做调整。本项目有6个卫生间管道明敷设，因此不需要补贴工日。

6.6 给排水工程工程量清单编制

本书招标案例招标控制价编制要求采用国标工程量清单计价，因此，完成工程量计算后，就可以根据《通用安装工程工程量计算规范》（GB50856–2013）（以下简称《规范》）编制国标工程量清单了。《规范》第4节对国标工程量清单的编制做出了规定，主要内容参照第3章中3.6.1节介绍，本节不再赘述。

查阅《规范》"附录J给排水、采暖、燃气工程"内容，在表6.5.2的基础上，编制本书招标项目给排水工程的国标工程量清单，编制过程请扫描视频二维码6-5观看，清单编制结果如表6.6.1所示。

视频二维码 6-5：给排水工程量清单编制

表 6.6.1 给排水工程量清单

序号	项目编码	项目名称	项目特征	计量单位	工程量
	0310 给排水、采暖、燃气工程				
1	031001006001	塑料管	DN15 聚丙烯 (PPR) 塑料给水管（De20）安装、管道消毒、冲洗	m	30.48
2	031001006002	塑料管	DN20 聚丙烯 (PPR) 塑料给水管（De25）安装、管道消毒、冲洗	m	36.36
3	031001006003	塑料管	DN25 聚丙烯 (PPR) 塑料给水管（De32）安装、管道消毒、冲洗	m	3.90
4	031001006004	塑料管	DN40 聚丙烯 (PPR) 塑料给水管（De50）安装、管道消毒、冲洗	m	18.26
5	031001006006	塑料管	聚氯乙烯 UPVC 塑料排水管 DN50	m	39.72
6	031001006005	塑料管	聚氯乙烯 UPVC 塑料排水管 DN100	m	58.40
7	031003001001	螺纹阀门	截止阀 J11T–1.6DN40	个	1
8	031004003001	洗脸盆	立柱式冷水洗脸盆安装:含水嘴、角型阀、软管含附件	套	6
9	031004006001	大便器	蹲式大便器安装 瓷高水箱，含：高水箱、角阀、软管、冲洗管等配件及附件	套	24

续表

序号	项目编码	项目名称	项目特征	计量单位	工程量
10	031004007001	小便器	壁挂式小便器安装 感应开关埋入式，含：埋入式感应控制器、冲洗管等配件及附件	套	12
11	031004014001	给、排水附（配）件	地漏 DN50	个	6

6.7 给排水工程综合单价及分部分项工程费计算

　　根据造价步骤，清单编制结束，需要计算每个清单项目的综合单价。本书招标项目计价采用一般计税方法计税，企业管理费和利润按照《浙江省建设工程计价规则》（2018版）规定计取，取费基数为"定额人工费"与"定额机械费"之和。根据规定，编制招标控制价时，企业管理费和利润费率按照费率区间中值计取，企业管理费费率为21.72%，利润费率为10.4%。查阅《浙江省通用安装工程预算定额》（2018版）第十册及相关定额，并查阅"市场信息价"相关资料或进行主材市场价格的询价获得主材价格，编制给排水工程的综合单价计算表，部分综合单价计算表节选如表6.7.1所示，综合单价计算过程请扫描视频二维码6-6观看。

　　计算投标报价时，综合单价所含人工费、材料费、机械费可按照企业定额或参照各"专业定额"中的人工、材料、施工机械（仪器仪表）台班消耗量乘以当时当地相应市场价格由企业自主确定。企业管理费、利润费率可参考相应施工取费费率由企业自主确定。即可按照《浙江省建设工程计价规则》（2018版）按照费率区间的任意值计取，企业管理费的费率区间为16.29% ～ 27.15%，利润的费率区间为7.8% ～ 13.00%，本工程风险费用不计。本书不再进行投标报价的综合单价计算，读者可根据自主确定的费率等信息自行计算。

视频二维码 6-6：给排水工程综合单价与分部分项工程费计算

表6.7.1 工程量清单综合单价计算表

专业工程名称：给排水安装工程　　　　　　　　　　　　　标段：　　　　　　　　　共 页 第 页

序号	项目编码（定额编码）	清单（定额）项目名称	计量单位	数量	综合单价（元）						合计（元）
					人工费	材料（设备）费	机械费	管理费	利润	小计	
		0310 给排水、采暖、燃气工程									
1	031001006001	塑料管，DN15 聚丙烯（PPR）塑料给水管（De20）安装、管道消毒、冲洗	m	30.48	6.53	6.52	0.11	1.44	0.69	15.29	466.07
	10-1-229	室内塑料给水管（热熔连接）公称直径（mm以内）15	10m	3.048	62.24	63.06	1.07	13.75	6.58	146.71	447.16
	主材	聚丙烯（PPR）塑料给水管（De20）	m	10.16		4.00				4.00	40.64
	10-8-31	管道消毒、冲洗公称直径（mm以内）50	100m	0.3048	30.65	21.55		6.66	3.19	62.04	18.91
	主材	水	m³	4.25		5.00				5.00	21.25
	……	……	…	…	…	…	…	…	…	…	…
4	031001006004	塑料管，DN40 聚丙烯（PPR）塑料给水管（De50）	m	18.26	11.73	21.42	0.11	2.50	1.20	36.96	674.86
	10-1-233	DN40 室内塑料给水管（热熔连接），聚丙烯（PPR）塑料给水管（De50）	10m	1.826	114.21	212.03	1.09	25.04	11.99	364.36	665.33
	主材	聚丙烯（PPR）塑料给水管（De50）	m	10.16		15.00				15.00	152.40
	10-8-31	管道消毒、冲洗公称直径（mm以内）50	100m	0.1826	30.65	21.55	0.00	6.66	3.19	62.04	11.33
	主材	水	m³	4.25		5.00				5.00	21, 25
5	031001006005	塑料管，聚氯乙烯 UPVC 塑料排水管 DN50	m	39.72	8.24	15.23	0.00	1.79	0.86	26.11	1037.01
	10-1-276	DN50 UPVC 室内排水塑料管（粘接）	10m	3.972	82.35	152.28	0.00	17.89	8.56	261.08	1037.01

续表

序号	项目编码（定额编码）	清单（定额）项目名称	计量单位	数量	综合单价（元）						合计（元）
					人工费	材料（设备）费	机械费	管理费	利润	小计	
	主材	DN50 UPVC室内排水塑料管（粘接）	m	10.12		12.00				12.00	121.44
	……	……	…	…	…	…	…	…	…	…	…
7	031003001001	螺纹阀门，截止阀J11T-1.6DN40	个	1	16.74	60.90	0.56	3.76	1.80	83.76	83.76
	10-2-5	螺纹阀门，截止阀J11T-1.6DN4	个	1	16.74	60.90	0.56	3.76	1.80	83.76	83.76
	主材	截止阀J11T-1.6DN40		1.01		50.00				50.00	50.50
8	031004003001	洗脸盆，立式洗脸盆	套	6	31.31	982.38	0.00	6.80	3.26	1023.74	6142.43
	10-3-14	立柱式洗脸盆（冷水）	10组	0.6	313.07	9823.75	0.00	68.00	32.56	10237.38	6142.43
	主材	立柱式洗脸盆（冷水）	个	10.1		800				800.00	8080.00
	主材	洗脸盆排水附件	套	10.1		80				80.00	808.00
	主材	立式水嘴DN15	个	10.1		50				50.00	505.00
	主材	角形阀（带铜活）DN15	个	10.1		20				20.00	202.00
	主材	金属软管	根	10.1		15				15.00	151.50
	……	……	…	…	…	…	…	…	…	…	…
11	031004014001	给（排）水附配件，地漏DN50	个	6	9.49	15.40	0.00	2.06	0.99	27.94	167.64
	10-3-79	地漏DN50	10个	0.6	94.91	154.00	0.00	20.61	9.87	279.40	167.64
	主材	地漏DN50	个	10.1		15				15.00	151.50
	合计										41428

说明：表中汇总价格为假设价格，如果读者自行算出总价不同，以实际计算为准，本书重在说明计算方法

根据所得的综合单价计算表，将各项综合单价带入表6.6.1所列清单中，该过程如视频"给排水工程综合单价与分部分项工程费计算"中所示，得到如表6.7.2所示的招标项目给排水工程分部分项工程项目清单与计价表。

表 6.7.2　给排水工程分部分项工程项目清单与计价表

专业工程名称：给排水安装工程　　　　　　　　　标段：　　　　　　　　　共 页 第 页

号	项目编码	项目名称	项目特征	计量单位	工程量	金额（元）					备注
						综合单价	合价	其中			
								人工费	机械费	暂估价	
1	031001006001	塑料管	DN15 聚丙烯 (PPR) 塑料给水管（De20）安装、管道消毒、冲洗	m	30.48	15.29	466.07	199.05	3.26	0.00	
……	……	……	…	…	…	…	…	…	…	…	
4	031001006004	塑料管	DN40 聚丙烯 (PPR) 塑料给水管（De50）	m	18.26	36.96	674.86	214.14	1.99	0.00	
5	031001006005	塑料管	聚氯乙烯 UPVC 塑料排水管 DN50	m	39.72	26.11	1037.01	327.09	0.00	0.00	
……	……	……	…	…	…	…	…	…	…	…	
11	031004014001	给、排水附（配）件	地漏 DN50	个	6	27.94	167.64	56.95	0.00	0.00	
合　计							41428	3706	10	0	

6.8　给排水工程措施项目费计算

　　完成了给排水工程分部分项工程费计算，根据造价步骤，下一步进行给排水工程的措施项目费计算，可以扫描视频二维码6-7观看计算过程。

　　措施项目费分为施工技术措施项目费和施工组织措施项目费。因施工组织措施项目费的计算基数包括施工技术措施项目费中的"人工费和机械费"，所以我们先计算施工技术措施项目费。

视频二维码 6-7：给排水工程措施项目费计算

6.8.1 给排水工程施工技术措施项目费计算

现在说明施工技术措施项目费的计算过程：

第一步，根据招标文件的规定及项目实际情况，确定本项目施工技术措施项目费计取内容。本项目施工技术措施项目费应包括：① 脚手架搭拆费；② 建筑物超高增加费，因设计说明该六层办公楼建筑物设计室外地坪至檐口底的高度为21.6m，符合建筑物超高增加费的计取条件：施工中施工高度超过6层或20m，因此，给排水工程造价中我们计取建筑物超高增加费。

第二步，计算施工技术措施项目费。

施工技术措施项目费依据定额计价，与分部分项工程费的计算过程相同，先编制清单，再计算综合单价，最后汇总得到技术措施项目费。

1. 编制施工技术措施项目清单

根据《通用安装工程工程量计算规范》（GB50856-2013），查到脚手架搭拆费的施工技术措施项目清单编码031301017，自行编制顺序码001，12位编码为：031301017001，项目特征描述为第几册，本项目给排水为第十册；同样，查到建筑物超高增加费（也就是高层施工增加费）的清单编码031302007，自行编制顺序码001，12位编码为：031302007001，项目特征同样描述为给排水第十册。施工技术措施的清单项目计量单位均为项，数量为1。本项目施工技术措施项目清单编制如表6.8.1所示。

表 6.8.1　给排水工程施工技术措施项目清单

序号	项目编码	项目名称	项目特征	计量单位	数量
1	031301017001	脚手架搭拆	脚手架搭拆费，第十册	项	1
2	031302007001	建筑物超高增加费	脚手架搭拆费，第十册	项	1

2. 计算施工技术措施项目综合单价

施工技术措施项目综合单价计算方法和分部分项工程项目综合单价计算方法相同，计算结果如表6.8.2所示，计算过程见视频"给排水工程措施项目费计算"，此处不再赘述。这里重点说明给排水工程施工技术措施项目费综合单价计算时定额清单工程量的确定方法。

表 6.8.2　给排水工程施工技术措施项目综合单价计算表

单位及专业工程名称：给排水安装工程　　　　　　　　　　标段：　　　　　　第 1 页　共 1 页

清单序号	项目编码（定额编码）	清单（定额）项目名称	计量单位	数量	综合单价（元）						合计（元）
					人工费	材料（设备）费	机械费	管理费	利润	小计	
		0313 措施项目									
1	031301 017001	脚手架搭拆费，第十册	项	1	46.32	130.63	0.00	10.06	4.82	191.84	192
	13-2-10	脚手架搭拆费，第十册	100 工日	0.27	168.75	475.88	0.00	36.65	17.55	698.83	192
2	031302 007001	建筑物超高增加费，第十册	项	1	55.59	0.00	52.25	23.42	11.22	142.48	142
	13-2-64	建筑物超高增加费，第十册	100 工日	0.27	202.50	0.00	190.35	85.33	40.86	519.03	142
合　计											334

　　脚手架搭拆费和建筑物超高增加费，都属于综合取费，其工程量的工日数按照分部分项工程项目清单与计价表中得到的人工费汇总 3706 元除以现有定额采用的二类人工单价 135 元得到 27 个工日，因定额计量单位为 100 工日，折合为 0.27 个 100 工日。

　　3. 编制施工技术措施项目清单与计价表

　　施工技术措施项目清单与计价表，编制方法和分部分项工程相同，此处不再赘述，编制结果如表 6.8.3 所示。与分部分项工程项目清单与计价表相似，这里依然要汇总出如表中所示的施工技术措施项目费总价 334 元和其中的人工费 102 元、机械费 52 元，作为后续计算施工组织措施项目费和规费等费用的依据。

表 6.8.3　给排水工程施工技术措施项目清单与计价表

专业工程名称：给排水安装工程　　　　　　　　　　　　标段：　　　　　　第 1 页　共 1 页

序号	项目编码	项目名称	项目特征	计量单位	工程量	金额（元）					备注
						综合单价	合价	其中			
								人工费	机械费	暂估价	
		0313 措施项目					203	49	0	0	
1	031301 017001	脚手架搭拆	脚手架搭拆费，第十册	项	1	191.84	192	46.32	0.00	0.00	
2	031302 007001	建筑物超高增加费	脚手架搭拆费，第十册	项	1	142.48	142	55.59	0.00	0.00	
本页小计							334	102	52	0	
合　计							334	102	52	0	

6.8.2 给排水工程施工组织措施项目费计算

施工技术措施项目费计算完成，即可计算施工组织措施项目费。

针对本项目，根据招标文件说明，确定安全文明施工基本费和省标化工地增加费两项施工组织措施费项目。如表6.8.4所示，查阅《浙江省建设工程计价规则》（2018版）4.2节"通用安装工程施工取费费率表4.2.3"（本书表3.8.5），依据本项目为市区工程，可以得到安全文明施工基本费的费率为7.10%，省标化工地增加费的费率为2.03%。

两项取费的取费基数均为"定额人工费"与"定额机械费"之和，包括分部分项工程中的"人工费＋机械费"和施工技术措施项目费中的"人工费＋机械费"，计算得到二者之和为（3706＋10）＋（102＋52）=3870元，分别乘以上述两项费率7.10%和2.03%，得到两项施工组织措施项目费分别为275元和79元，其中省标化工地增加费在招投标阶段计入暂列金额。

表 6.8.4 给排水工程施工组织措施项目清单与计价表

单位及专业工程名称：给排水安装工程 　　　　　　　　标段： 　　　　　　第 1 页 共 1 页

序号	项目名称	计算基础	费率 (%)	金额（元）	备注
1	安全文明施工费	定额人工费＋定额机械费		274.71（275）	
1.1	安全文明施工基本费	定额人工费＋定额机械费（3870）	7.1	274.77（275）	
2	省标化工地增加费	定额人工费＋定额机械费（3870）	2.03	78.56（79）	
3	提前竣工增加费	定额人工费＋定额机械费			
4	二次搬运费	定额人工费＋定额机械费			
5	冬雨季施工增加费	定额人工费＋定额机械费			
合 计				353（354）	

说明：本表总价汇总，结果与各项组织措施费取整后求和汇总有1元四舍五入引起的误差。

6.9 给排水工程造价汇总及编制说明

6.9.1 给排水工程招标控制价汇总计算

基于6.7、6.8节的计算，进行招标项目的给排水工程造价汇总，并同步计算造价所应包含的其他项目费、规费和税金等费用。其他项目费根据招标文件规定计取，规费和税金根据项目实际情况，按照《浙江省建设工程计价规则》（2018版）的规定计取，计算得到招标项目给排水工程造价汇总如表6.9.1所示。汇总计算过程扫描视频二维码6-8观看。

视频二维码6-8：给排水工程其他项目费、规费和税金计算及造价汇总

表 6.9.1　招标项目给排水工程造价汇总表（有其他项目费）

单位工程名称：给排水安装工程　　　　　　　　　　标段：　　　　　　　　　　第1页　共1页

序号	费用名称	计算公式	金额（元）	备注
1	分部分项工程费	∑（分部分项工程数量 × 综合单价）	41428	
1.1	其中 人工费 + 机械费	∑分部分项（人工费 + 机械费）	3716	
2	措施项目费	2.1 + 2.2	609	
2.1	施工技术措施项目	∑（技术措施工程数量 × 综合单价）	334	
2.1.1	其中 人工费 + 机械费	∑技措项目（人工费 + 机械费）	154	
2.2	施工组织措施项目	按实际发生项之和进行计算	275	
2.2.1	其中 安全文明施工基本费	∑计费基数 × 费率	275	
3	其他项目费	3.1 + 3.2 + 3.3 + 3.4 + 3.5	804	
3.1	暂列金额	3.1.1 + 3.1.2 + 3.1.3	0	
3.1.1	标化工地增加费	（人工费 + 机械费）×2.03%	79	
3.1.2	优质工程增加费	按招标文件规定额度列计	0	
3.1.3	其他暂列金额	按招标文件规定额度列计	0	
3.2	暂估价	3.2.1 + 3.2.2 + 3.2.3	0	
3.2.1	材料（工程设备）暂估价	按招标文件规定额度列计（或计入综合单价）	0	
3.2.2	专业工程暂估价	按招标文件规定额度列计	0	
3.2.3	专项技术措施暂估价	按招标文件规定额度列计	0	
3.3	计日工	∑计日工（暂估数量 × 综合单价）	0	
3.4	施工总承包服务费	3.4.1 + 3.4.2	725	

续表

序号	费用名称	计算公式	金额（元）	备注
3.4.1	专业发包工程管理费	按招标范围内的中标价的1.5%计取总承包管理、协调费	725	
3.4.2	甲供材料设备管理费	甲供材料暂估金额×费率＋甲供设备暂估金额	0	
3.5	建筑渣土处置费	按招标文件规定额度列计	0	
4	规费	计算基数×费率＝3870×30.63%	1185	
5	税前总造价	1＋2＋3＋4	44026	
6	税金	计算基数×费率＝44026×10%	4403	
招标控制价合计		1＋2＋3＋4＋6	48429	

如果本次给排水工程不含有其他项目费，只要把分部分项工程费和措施项目费两部分的计算结果填入招标控制价汇总表，算出规费和税金，就可以汇总得到招标控制价。请扫描视频二维码6-9观看视频，为大家展示不含其他项目费时的给排水工程造价汇总计算过程，计算结果如表6.9.2所示。

视频二维码6-9：给排水工程无其他项目费的造价汇总表计算

表6.9.2　招标项目给排水工程造价汇总表（无其他项目费）

单位工程名称：给排水安装工程　　　　　　　标段：　　　　　　　第1页　共1页

序号	费用名称	计算公式	金额（元）	备注
1	分部分项工程费	∑（分部分项工程数量×综合单价）	41428	
1.1	其中 人工费＋机械费	∑分部分项（人工费＋机械费）	3716	
2	措施项目费	2.1＋2.2	609	
2.1	施工技术措施项目	∑（技术措施工程数量×综合单价）	334	
2.1.1	其中 人工费＋机械费	∑技措项目（人工费＋机械费）	154	
2.2	施工组织措施项目	按实际发生项之和进行计算	275	
2.2.1	其中 安全文明施工基本费	∑计费基数×费率	275	
3	其他项目费	3.1＋3.2＋3.3＋3.4＋3.5	0	

续表

序号	费用名称	计算公式	金额（元）	备注
3.1	暂列金额	3.1.1 + 3.1.2 + 3.1.3	0	
3.1.1	标化工地增加费	（人工费 + 机械费）× 2.03%	0	
3.1.2	优质工程增加费	按招标文件规定额度列计	0	
3.1.3	其他暂列金额	按招标文件规定额度列计	0	
3.2	暂估价	3.2.1 + 3.2.2 + 3.2.3	0	
3.2.1	材料（工程设备）暂估价	按招标文件规定额度列计（或计入综合单价）	0	
3.2.2	专业工程暂估价	按招标文件规定额度列计	0	
3.2.3	专项技术措施暂估价	按招标文件规定额度列计	0	
3.3	计日工	∑计日工（暂估数量 × 综合单价）	0	
3.4	施工总承包服务费	3.4.1 + 3.4.2	0	
3.4.1	专业发包工程管理费	不计	0	
3.4.2	甲供材料设备管理费	甲供材料暂估金额 × 费率 + 甲供设备暂估金额	0	
3.5	建筑渣土处置费	按招标文件规定额度列计	0	
4	规费	计算基数 × 费率 3870×30.63%	1185	
5	税前总造价	1 + 2 + 3 + 4	43222	
6	税金	计算基数 × 费率 =43301×10%	4322	
招标控制价合计		1 + 2 + 3 + 4 + 6	47544	

6.9.2 给排水工程投标报价编制

在本书的第3章至第5章，在思考与启示中，请大家思考并观看视频，了解各个单位工程投标报价的编制过程，本书结合招标控制价的编制，简要说明投标报价的编制需要注意的不同之处，供大家参考。请大家回顾第3章至第5章的投标报价编制视频，扫描视频二维码6-10观看给排水投标报价编制过程，注意体会招标控制价和投标报价的区别之处。

视频二维码 6-10：给排水工程投标报价的计算

投标报价的计算过程与招标控制价基本相同，两者之间存在的差异主要有以下几点：

1. 施工组织措施项目费

编制招标控制价时，施工组织措施项目费应以分部分项工程费与施工技术措施项目费中的"定额人工费＋定额机械费"之和乘以各施工组织措施项目相应费率进行计算。其中，安全文明施工基本费费率应按相应基准费率（即施工取费费率的中值）计取，其余施工组织措施项目费（"标化工地增加费"除外）费率均按相应施工取费费率的中值确定。

编制投标报价时，施工组织措施项目费同样是以分部分项工程费与施工技术措施项目费中的"定额人工费＋定额机械费"之和乘以各施工组织措施项目相应费率进行计算。但是，安全文明施工基本费费率应以不低于相应基准费率的90%（即施工取费费率的下限）计取，其余施工组织措施项目费（"标化工地增加费"除外）可参考相应施工取费费率，由企业自主确定。

2. 其他项目费

（1）计日工综合单价。计日工综合单价应以除税金以外的全部费用进行计算。编制招标控制价时，应按有关计价规定并充分考虑市场价格波动因素计算；编制投标报价时，可由企业自主确定。

（2）专业发包工程管理费。编制招标控制价时，专业发包工程管理费费率应根据要求提供的服务内容，按相应区间费率的中值计算；编制投标报价时，专业发包工程管理费费率可参考相应区间费率由企业自主确定。

（3）甲供材料设备管理费。编制招标控制价时，甲供材料和甲供设备保管费费率应按相应区间费率的中值计算；编制投标报价时，甲供材料和甲供设备保管费费率可参考相应区间费率，由企业自主确定。

3. 规费

编制招标控制价时，规费应以分部分项工程费与施工技术措施项目费中的"定额人工费＋定额机械费"之和乘以规费相应费率进行计算；编制投标报价时，投标人应根据本企业实际交纳"五险一金"情况自主确定规费费率，规费应以分部分项工程费与施工技术措施项目费中的"人工费＋机械费"之和乘以自主确定规费费率进行计算。

读者可根据以上不同点自行进行投标报价的计算，本书不再进行详细计算。

6.9.3 给排水工程造价编制说明的编写

单位工程造价完成时，应对实际计价过程进行详细全面的说明，包括计价依据、费用计取的费率取值、工程类别的划分等，给排水工程的造价编制说明要求可以参照第4章通风空调安装工程造价中表4.9.3，本项目给排水工程的编制说明可参照表6.9.3。

表6.9.3 招标项目给排水工程造价编制说明

工程名称：给排水工程　　　　　　　　　　　　　　　　　　　　第1页　共1页

一、工程概况

1、本工程为：某六层办公楼的卫生间给排水系统，该六层办公楼建筑物设计室外地坪至檐口底的高度为 21.6 m，该楼每层卫生间设高水箱蹲式大便器、挂式小便器、洗脸盆、地漏。给水管均采用 PPR 给水管（热熔连接），引入管至建筑物外墙皮长度为 1.5m，排水管采用 UPVC 排水塑料管（零件粘接），排水口距室外第一个检查井距离为 5m。排水管道穿屋面设刚性防水套管，给水管道穿楼板套管不计。给水管道安装完毕需水压试验及消毒水冲洗。墙厚度 0.24m，给水管距离墙面尺寸 0.12m，排水管管中心距墙尺寸 0.13m。

二、编制依据

1. 相关专业提供的图纸及工程预算相关资料；

2.《浙江省安装工程预算定额》（2018版）；

3.其他有关国家及地方的现行规程，规范及标准。

三、预算范围

本工程预算为以下给排水系统：1）生活给水系统管路及配件；2）生活排水系统管路及配件。

四、计价说明

本工程企业管理费的费率取为21.72%，利润的费率取为10.40%；安全文明施工费费率取为7.1%，安装工程规费费率取为30.63%，税金费率为10%。

具体编制说明内容应根据实际项目的情况而定，每个项目均不尽相同。

思考与启示

1. 基于第3章至第6章所讲述的4个单位工程招标控制价和投标报价编制过程和视频学习，请大家结合招标控制价编制或投标报价编制，总结造价的一般步骤。

2. 请结合第3章至第6章的学习，总结投标报价与招标控制价编制过程中的不同之处。

3. 请大家思考结算造价的编制过程，及其与招标控制价和投标报价编制过程的不同之处。

习 题

1. 跟随二维码视频学习，完成学习过程测试。

2. 完成本书配套作业案例中给排水工程练习项目的工程量计算、清单编制、定额套用取费、造价汇总计算，可根据教学需要自行选择编制招标控制价或投标报价。作业资料下载二维码见第3章习题。

3. 请结合给排水定额说明给排水工程计价包括哪些分部工程。

第7章　建筑消防与智能化安装工程造价

▶ 工程概况说明

　　本项目的消防工程为第1章1.2.5节所描述的多功能报告厅的消防报警及联动控制系统，平面图和系统图如附图1.2.14–1.2.16所示，相关图例说明如附表1.2.3所示。智能化系统为第1章1.2.6节所描述的多功能报告厅的综合布线系统，其平面图和系统图如附图1.2.17–1.2.19所示。

▶ 造价任务

　　请以造价从业人员的身份，依据《浙江省通用安装工程预算定额》（2018版）和国家现行有关计价依据，完成以下工作任务：

　　（1）完成本项目消防与智能化工程的工程量计算；

　　（2）完成消防与智能化工程招标清单的编制；

　　（3）完成智能化招标控制价的编制；

　　（4）尝试投标报价的编制（注意：实际工作中，根据《浙江省建设工程计价规则》（2018版）7.3节规定，工程造价咨询人接受招标人委托编制招标控制价，不得再就同一工程接受投标人委托编制投标报价）。

▶ 说明

　　由于所有单位工程的综合单价、措施项目费、其他项目费、规费、税金计算方法以及造价汇总过程均相同，本章针对举例的消防工程和智能化工程，分别进行工程量计算和清单编制，综合单价、措施项目费、其他项目费、规费、税金计算以及造价汇总过程均以智能化工程为例来完成。

7.1　建筑消防与智能化工程基础知识

7.1.1　建筑消防工程基础知识

　　建筑消防系统主要由三大部分组成：一部分为感应机构，即火灾自动报警系统，另一部分为执行机构，即灭火系统；第三部分为避难诱导系统。后两部分也可称为消防联动系统。

7.1.1.1　火灾自动报警系统

火灾自动报警系统是人们为了及早发现和通报火灾，并及时采取有效措施控制和扑灭火灾而设在建筑物中或其他场所的一种自动消防设施。火灾报警系统通常由触发装置、火灾报警装置、火灾警报装置及电源组成的通报火灾发生的全套设备。根据火灾报警控制器及建筑复杂程度，火灾自动报警系统分为区域报警系统、集中报警系统和控制中心报警系统三种基本形式。

1. 区域报警系统。

区域报警系统是由区域火灾报警控制器、火灾探测器、手动火灾报警按钮、警报装置等组成。

火灾报警控制器是一种具有对火灾探测器供电，接收、显示和传输火灾报警等信号，并能对消防设备发出控制指令的自动报警装置。根据对火灾参数（如烟、温、光等）响应不同，火灾探测器可分为感温探测器，感烟探测器、气体探测器等类型。手动火灾报警按钮是用手动方式产生火灾报警信号、启动火灾自动报警系统的器件，手动火灾报警按钮应安装在墙壁上，在同一火灾报警系统中，应采用型号、规格、操作方法相同的同一类型的手动火灾报警按钮。

2. 集中报警系统。

集中报警系统是由集中火灾报警控制器、区域火灾报警控制器、火灾探测器、手动火灾报警按钮、警报装置等组成的功能较复杂的火灾自动报警系统，集中报警系统通常用于功能较多的建筑，如高层宾馆、饭店等场合。这时，集中火灾控制器应设置在有专人值班的消防控制室或值班室内，区域火灾报警控制器设置在各层的服务台处。

3. 控制中心报警系统。

控制中心报警系统由设置在消防控制室的消防控制设备、集中火灾报警控制器、区域火灾报警控制器、火灾探测器、手动火灾报警按钮等组成的功能复杂的火灾自动报警系统。其中消防控制设备主要包括：火灾警报装置、火警电话、火灾应急照明、火灾应急广播、防排烟、通风空调、消防电梯等联动装置，以及固定灭火系统的控制装置等。

7.1.1.2　灭火系统

消防灭火系统类型一般分为：水灭火系统和特殊灭火系统。

1. 水灭火系统

（1）消火栓给水系统。在民用建筑消防中，以水作为灭火工具来扑灭建筑物中一般物质的火灾是最经济有效的方法，而消火栓给水系统是目前使用最广泛的灭火方式，常分为室外消火栓系统和室内消火栓系统。

室外消火栓是设置于室外供消防车用水或直接接出水带水枪进行灭火的供水设备。根据压力的不同，可分为低压消火栓和高压消火栓。高压消火栓可直接接出水带水枪进行灭火，无须消防车或其他移动式消防水泵加压。

室内消火栓系统则由消火栓、水枪、水龙带、消防管道、水泵结合器、消防水池、消防水箱、消防水泵、稳压设备等组成，如图7.1.1给出了利用水箱稳压的消火栓给水系统图。

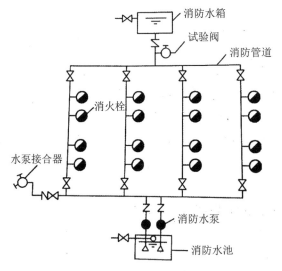

图7.1.1　室内消火栓给水系统

① 室内消火栓。室内消火栓和水龙带、水枪一起安装在铝合金或钢板制作的消防箱内。消火栓是具有内扣式接口的球形阀式龙头，与消防管道相连，当使用时水龙带与消火栓卡口相接，打开阀门出水。

② 室内消防给水管网。室内消防给水管网包括进户管、消防干管、消防立管等，其管材多采用镀锌钢管，建筑消防给水管道系统多为独立供水系统，在要求不高的建筑中也可与生产、生活给水管道共用，消防管道管径不得小于DN100。

③ 消防设备。消防设备包括消防水箱、消防水池、气压给水设备、消防水泵、水泵结合器等。消防水箱通常应储存10min的消防用水量，用于火灾初期供水，常用的水箱容积为6m³、12m³、18m³。气压给水设备主要是气压罐和稳压泵，以保证最不利点消火栓的正常供水压力，当建筑较高、市政供水压力不能满足消防压力需求时，还应设置消防泵来确保火灾时消防管供水水量与水压。水泵结合器由闸阀、安全阀和结合器组成，其作用是当室内消防水泵发生故障或室内消防用水量不能满足灭火需求时，消防车

从室外消火栓或消防水池取水，通过水泵结合器将水送到室内，补充灭火用水量。

（2）自动喷水灭火系统。自动喷水灭火系统也称喷淋系统，是设置在消防要求较高的建筑物内的一种消防灭火系统，如商场、宾馆、剧院、办公室、商店等场所，当建筑内发生火灾时，室内温度升高，达到作用温度时自动打开闭式喷头进行灭火，并发出信号报警通知值班人员。

自动喷水灭火系统主要有湿式自动喷水灭火系统、干式自动喷水灭火系统、干湿式自动喷水灭火系统、预作用自动喷水灭火系统等类型，湿式自动喷水灭火系统是最常用的一种自动喷水灭火系统，由闭式喷头、管网、报警阀组、探测器、喷淋泵、稳压装置、消防水池、消防水箱等组成，如图7.1.2所示。

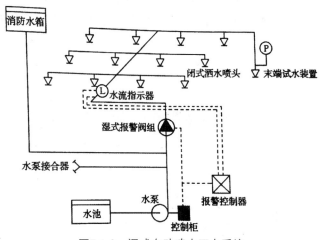

图7.1.2　湿式自动喷水灭火系统

① 喷头。自动喷水灭火系统的喷头分为闭式和开式两种类型，在冬季温度较高的南方地区民用建筑中闭式自动喷水灭火系统使用较多。湿式自动喷水灭火系统常用闭式喷头，它由喷水口、控制器和溅水盘三部分组成，喷水口平时被控制器封闭。控制器是由易熔合金锁片或玻璃球热敏元件组成，当环境温度达到设定温度时，易熔合金熔化或玻璃球炸裂，喷头就立即打开喷水。闭式喷头的安装方式可有普通型、吊顶式、侧边型等。

② 报警阀组。报警阀组是由报警阀、水力警铃、压力开关、延时器等组成。报警阀是自动喷水灭火系统中接通或切断水源、并启动报警器的装置。在自动喷水灭火系统中，报警阀是主要的组件，其作用有三：一是接通或切断水源，二是输出报警信号和防止水流倒回供水源，三是对系统的供水装置和报警装置进行检验。报警阀根据系统的不同可分为湿式报警阀、干式报警阀和雨淋阀。

③ 水流指示器。水流指示器是一种由管网内水流作用启动、发出电信号的组件，是用于湿式灭火系统中做电报警和区域报警用的设备，安装在每层或每个分区的干管上

或支管的始端上。水流指示器按叶片的形状,可分为板式和桨式两种;按安装基座分,可分为鞍座式、管式和法兰式。

④ 末端试水装置。末端试水装置是安装在喷淋系统管网或分区管网的末端,检验系统启动、报警及联动等功能的装置。末端试水装置包括压力表和试水阀门等,它是喷洒系统的重要组成部分。

⑤ 其他设备。湿式自动喷水灭火系统的消防设备,还包括水箱、水池、气压给水设备、喷淋水泵、水泵结合器等,其作用与功能与消火栓灭火系统相同。

2.特殊消防灭火系统

有些建筑物因使用功能不一样,可燃物质和设备可燃性也不同,不宜采用水来进行灭火,则要采取其他的非水灭火剂来进行灭火,常见的非水灭火系统有泡沫灭火系统、卤代烷灭火系统、二氧化碳灭火系统等。

(1)泡沫灭火系统。泡沫灭火系统主要由泡沫液贮罐、比例混合器、消防泵、水池、泡沫产生器和喷头等组成,如图7.1.3所示,广泛应用于油田、炼油厂、油库、发电厂、汽车库等场所。泡沫灭火系统根据泡沫灭火剂发泡性能的不同,分为低倍数泡沫、中倍数泡沫和高倍数泡沫灭火系统,还可以根据安装方式分为固定式、半固定式和移动式等。

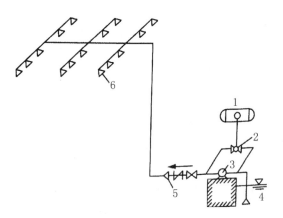

图7.1.3 固定式泡沫喷淋灭火系统

1-泡沫储液罐;2-比例混合器;3-消防泵;4-水池;5-泡沫产生器;6-喷头

(2)卤代烷灭火系统。卤代烷灭火系统是把具有灭火功能的卤代烷碳氢化合物作为灭火剂的一种气体灭火系统,如图7.1.4所示。过去常用的灭火剂主要有二氟一氯一溴甲烷（CF_2ClBr,简称1211）、三氟一溴甲烷（CF_3Br,简称1301）等,这类灭火剂也常称为哈龙灭火剂。这类灭火剂因对大气中的臭氧层有极强的破坏作用而被淘法,国际标准化组织推荐用于替代哈龙的气体灭火剂共有14种,目前应用较多的有FM-200（七氟丙烷）和 INERGEN（烟烙尽）。卤代烷灭火系统适用于不能用水灭火的场所，如计算机房、图书档案室、文物资料库等建筑物。

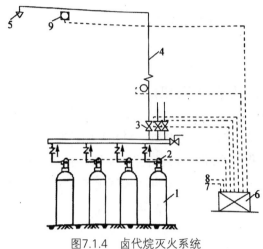

图7.1.4　卤代烷灭火系统

1–灭火剂贮罐；2–容器阀；3–选择阀；4–管网；5–喷嘴；6–自控系统；7–控制联动；
8–报警；9–火灾探测器

（3）二氧化碳灭火系统。二氧化碳灭火系统可以用于扑灭某些气体、固体表面、液体和电器火灾，一般可以使用卤代烷灭火系统的场所均可采用二氧化碳灭火系统，但这种系统造价高，对人体有害。其主要组成部分为CO_2贮存容器、启用用气容量、总管、连接管、操作管、安全阀、选择阀、报警阀、手动启动装置、探测器、控制盘和检测盘等，如图7.1.5所示。

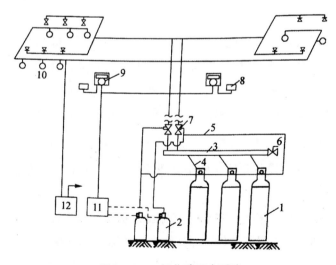

图7.1.5　二氧化碳灭火系统

1–CO_2贮存容器；2–启用用气容量；3–总管；4–连接管；5–操作管；6–安全阀；7–选择阀；8–报警阀；
9–手动启动装置；10–探测器；11–控制盘；12–检测盘

7.1.1.3 疏散诱导系统

疏散诱导系统包含以下子系统：安全疏散指示系统、消防应急照明系统、消防应急广播系统等。这些系统在电气工程、智能化工程中分别计价，因此本节对疏散诱导系统不做介绍。

7.1.2 建筑智能化工程基础知识

智能建筑是以现代技术的集成为基础，对相应的控制系统进行智能化集成设计，并通过集成实施，最后获得一个综合性的智能大系统，它是对楼宇自动化、通信自动化、办公自动化进行智能化集成的实施，常见的智能化子系统有：智能化集成系统、综合布线系统、建筑设备自动化系统、安全防范系统（视频安防监控系统、入侵报警系统、出入口控制监控、访客对讲系统、停车场管理系统、电子巡查系统）、公共广播系统、有线电视系统、智能照明控制系统等。由于智能化系统包含的内容多而杂，难以在本书的有限篇幅做详细介绍，本节只对以综合布线为主的几个主要的智能化系统做简要介绍。

7.1.2.1 综合布线系统

为了实现对建筑分散设备进行监视与控制，用线缆及终端插座等将相关的控制、仪表、信号显示等装置连成系统，传输与发送相应的控制信号，称为传统布线系统。

由于这种布线方式建成的是独立体系，但各体系之间与设备之间互不联系又不兼容，所以，我们用具有各种功能的标准化接口，通过各种线缆，将设备、体系之间相互连接起来，综合集成一个既模块化又智能化，灵活性、可靠性极高，可独立、可兼容、可扩展，既经济又易维护的一种优越性很高的信息传输系统，即为综合布线系统。

综合布线系统是建筑或建筑群中以商务环境和办公自动化环境为主的布线系统，由工作区子系统、配线（水平）子系统、管理子系统、干线（垂直主干）子系统、设备间子系统、建筑群子系统、进线间子系统等7个子系统组成，如图7.1.6所示。

1. 工作区子系统

工作区子系统是终端设备到信息插座之间的一个工作区间，由信息插座、跳线、终端设备组成，如图7.1.7所示。

（1）终端设备：指通用和专用的输入和输出设备，如语音设备（电话机）、传真机、电视机、计算机（PC）、监视器、传感器或综合业务数字网终端等。

（2）线缆或跳线：配三类、五类或超五类及以上双线缆，配接RJ45插头的光缆或铜缆直通式数据跳线或电视同轴电缆连接线等，一根长度不超过3m。

（3）线缆插头、插座：与线缆配套，有明装、暗装、墙面、地板上安装。

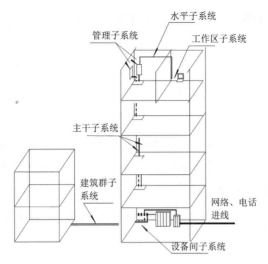

图 7.1.6　综合布线系统的组成

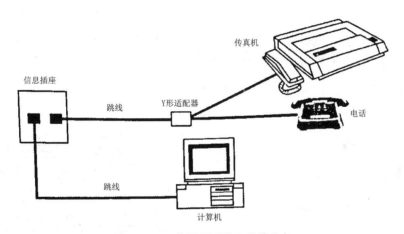

图7.1.7　工作区子系统及终端设备

（4）导线分支与接续：可用Y形适配器、两用盒、中途转点盒、RJ45标准接口、无源或有源转接器等。

2.配线（水平）子系统

配线子系统由建筑物内各层的配线间至各工作子系统（信息插座）之间的配线、配管和配线架等组成。

（1）配管：又叫导管（线管），用金属、非金属管或线槽，沿墙、沿顶（天花板或吊顶）或沿地面敷设。

（2）配线：常用的有非屏蔽双绞线缆（UTP，4对100Ω）、屏蔽双绞线缆（STP，4对100Ω）、大对数电缆（25对、50对）、多模光纤（62.5/125μm）、单模光纤（8.3/125μm）。

双绞线缆：长度一般不大于90m，加上桌面跳线6m，配线跳线3m，总长不超过100m。

光纤缆：以盘（轴）型供货，每盘线缆长500m或1000m。

接地口：为了保证系统安全，每一个设备室必须设置适当的等电位接地口。

3. 管理子系统

设置在建筑物每层楼的配线间内，故称配线间子系统，也可放在弱电竖井中，由配线设备（双绞线或光纤配线架），输入/输出设备及机柜等组成。其主要功能是将垂直干线子系与水平布线子系统连接起来。

（1）机柜（配线柜，盘、盒）有挂式、落地式箱柜，光纤接线盘及盒，网络交换机等。

（2）配线架：是管理子系统中最重要的组件，是实现垂直干线和水平布线两个子系统交叉连接的枢纽，通过附件主要作语音与数据配线与跳线的连接作用，可以全线满足UTP、STP、同轴电缆、光纤、音视频的需要。配线架有双绞线和光纤配线架，还有常用的110系列配线架，与跳线架、理线器（IHU）、RJ45接口配套使用。配线架有配备纸质标签的传统配线架和配有LED显示屏标签的电子配线架。配线架可安装在机柜内、墙上、吊架上或钢框架上，如图7.1.8、图7.1.9所示。

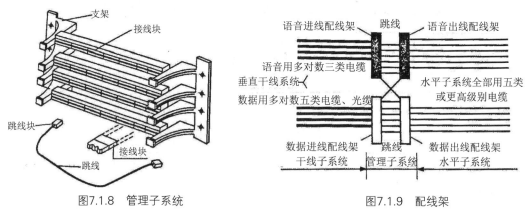

图7.1.8 管理子系统　　　　　　　　　图7.1.9 配线架

（3）线缆：主要是跳线，用屏蔽、非屏蔽双绞线及光缆做成RJ45接口跳线，RJ45转110等线与配线架相配。

4. 干线（垂直）子系统

干线子系统，指从主配线间（设备间子系统）至各楼层管理间子系统之间连接的线缆，通常分为数据干线、语音干线和电视干线。

系统垂直方向电缆敷设在电缆竖井中，用梯架、线槽、导管等敷设；水平方向用线槽、托盘、桥架或导管等沿走廊墙面、平顶敷设。系统线缆用大对数铜缆和光缆，线缆应具有足够的长度，即应有备用和弯曲长度（净长的10%），还要有适量的端接容量。按配线标准要求，双绞线长度应＜100m；多模光缆长度在500m或2km内；单模光纤＜3km。

5. 设备间子系统

在建筑物设备间内，由主配线架连接各种公共设备，如计算机数字程控交换主机或计算机式小型电话交换机、各种控制系统，网络互联设备等组成。设备间外接进户线，内连主干线，是网络管理人员值班的场所，因大量主要设备安置其间，故称为设备间子系统。

在一般设备间内通常有：机柜，其中安装网络交换机、服务器、配线架、理线器、数据跳线和光纤跳线等。大型设备间设备数量较多，设置专业机柜，如语音端接机柜、数据端接机柜、应用服务机柜等，设备间内供电系统用三相五线制供电电源，有市电直供电源、不间断电源UPS、普通稳压器、柴油发电机组等供电设备。

6. 建筑群子系统

建筑群（商业建筑群、大学校园、住宅小区、工业园区）各建筑物之间的语音、数据、监视等的信息传输，可用微波通信，无线通信及有线通信手段互相连接达到目的，一般用有线通信，以综合布线方式作为建筑群子系统的信息传递。使用线缆一般为铜缆，包括双绞线缆、同轴线缆及一般铜芯线缆；另一类就是光纤缆。线缆在室外布设时通常有架空、直埋、穿埋地导管、电缆沟及地下巷（隧）道等方式敷设，线缆长度不得超过1500m。

7. 进线间子系统

进线间是建筑物外部通信和信息管线的入口部位，并可作为入口设施和建筑群配线设备的安装场地，位置一般设置在负1层或1层方便室外线缆引入处，也可与设备间共用，内部做分隔。

7.1.2.2 建筑设备自动化系统

建筑设备自动化系统又称建筑设备监控系统，是智能建筑的主要系统之一，它对通风与空调、照明、消防、安防、供配电、冷热源给排水、电梯及停车场等设备的运行状态进行监视、控制、集中管理。

1. 系统组成

（1）中央管理工作站，如一台微机。

（2）操作分站，由若干区域智能分站（直接数字控制器，又称DDC）组成。用通信网络，上连中央管理站，下连现场控制机，是系统中交换数据的中枢神经。

（3）系统通信网络，有现场总线网络式、电力线路载波式、市话线路或CATV线路载波式，现在主要用现场总线网络，以一对或两对屏蔽双绞线，如RVVP等线，连接成星型或环型的总线型网络，各通讯节点并联或串联在总网络上，形成系统通信网络。

（4）系统尾端，是各种传感器、执行器与相应的取源部件。传感器是在测量过程中将物理量、化学量转变成电信号的器件或装置。传感器常有温度、湿度、压力、流量等传感器，变送器是将传感器得到的电信号再转变成标准电信号的装置，有压力变送器、电量变送器等。执行器是得到变送器的标准信号后，直接对被控设备发生动作的装置，由执行机构和调节机构组成。

2. 系统基本软件

系统基本软件有两类：系统运行环境软件和用户端软件。目前多采用商业化的工控软件或厂商开发的专用软件，主要有系统运行情况记录存储、统计分析、设备管理及功能显示、故障诊断及声光报警、设备操作及定时控制等功能。

7.1.2.3 有线电视、卫星接收系统

有线电视系统，从城市有线电视公用网引入信号，用同轴电缆或光缆将相应设备及许多用户电视接收机连接起来，传输电视图像信号，音频信号的分配网络系统，称为有线电视系统，建筑物内的有线电视系统实质上就是城市有线电视系统的用户分配部分。独立的有线电视系统通常由4个主要部分组成。

（1）信号接收系统。信号接收系统有无线接收天线、卫星电视地球接收站、微波站和内办节目源等，用电缆将信号输入前端系统。

（2）前端系统。前端系统有信号处理器、A音频/V视频解调器、信号电平放大器、滤波器、混合器及前端稳压电源、自办节目的录像机、摄像机、VCD、DVD及特殊服务设备等，将信号调制混合后送出高稳定的电平信号。

（3）信号传输系统图。信号传输系统将前端送来的电平信号用单模光缆、同轴电缆连接各种类型的放大器，以减少电平信号衰减，使用户端接收到高稳定的信号。我国常用同轴射频电缆SYV-75-5,SWY-75-5及单模光缆作为电视信号传输系统的干线和支线。

（4）用户分配系统。在支线上连接分配器、分支器、线路放大器，将信号分配到各个用户终端盒（TV/FM）的设备

7.1.2.4 音频、视频系统

使用电力扩声音响系统传播声音信号，因扩声是公开的，故称为公共广播系统。它由一般扩声系统发展到模拟音响第二代AM、FM系统，到现在的第三代数字多体移动广播系统。

公共广播系统按使用性质和功能可分为三大类。无论是单信道或立体声系统、固定

式或移动式系统、室内式或室外式系统，根据功能需求，可与火灾或事故广播系统进行互相切换。

（1）业务性广播系统：办公楼、商业写字楼、学校，医院、铁路客运站、航空港、车站等，设置以满足业务和行政管理要求为主的业务广播。这类系统多为双信道立体声系统。

（2）服务性广播系统：主要是背景音乐系统。宾馆、旅馆、商场、娱乐设施及大型公共活动场所，以服务为主要宗旨，所以设置服务性广播系统。

（3）火灾或事故广播系统：主要用于火灾或事故发生时，在消防保安控制室的监督管理人员通过火灾事故广播系统，引导人们迅速撤离危险场所。

所有广播系统均是将声音信号转变为电信号，经过加工处理，由传输线路传给扬声器，再转变为声音信号播出，并和听众区的建筑声学环境共同产生音响效果的系统，所以都由下列4部分设备组成：

（1）节目信号源设备：传声器（话筒）、激光唱机（CD）、数字信息播放器或电子乐器，以及辅助设备如电源及电源控制器、消防报警广播、监听检测盘等组成。

（2）信号放大处理设备：功率放大器（功放）、均衡器、调音台（调音桌）及音响加工设备等。

（3）声音信号传输线路：为了减少信号传输损耗，用阻尼系数小的无氧铜RVS（2×4）专用导线，或RVB导线。

（4）声音播出设备：扬声器、音箱、音柱等。

7.1.2.5　安全防范系统

安全防范系统，是指以维护社会公共安全为目的，为了防入侵、防被盗、防破坏、防火、防爆和安全检查等采取的技术措施，将防范的设备用通信传输网络系统联合成整体的体系。安全防范系统由探测器、传输网络和显示监视等三部分组成。

（1）信息的传感或探测器。如电磁，红外线、微波等传感器、探测器。

（2）传输网络。传输方式分为有线式或无线式。有线网络式是用传统布线或综合布线方式组成总线制、多线制网络传输信号；也可用电话线、电力线发送载波或音频传输音频信号，用同轴电缆传输图像信号，无线传输式是用无线发射机发送信号。

（3）显示监测。信号显示、处理、控制是通过控制主机，操作人员可发出指令，将处理的信号进行记录并储存，并随时发送信号。

另外，楼宇可视对讲机，也是属于楼宇安全防范系统出入口目标识别设备。它广泛使用有线式系统，设置有小功率增音机、受话器和送话器，通过导线连接，双方便能互通信息的一种系统。如果增加视频的显示功能就成为可视对讲系统。

7.2 建筑消防和智能化工程施工图识读

本章在开始造价编制时，依然首先识读施工图。本书案例中消防和智能化工程的识图简介请扫描视频二维码7-1观看。

视频二维码 7-1：消防与智能化工程识图及计价说明

7.2.1 识图方法

7.2.1.1 识图顺序

识读图纸可先读设计说明、图例。设计说明是图纸的提纲，可把握设计意图、内容等。不同的设计图例不同，准确理解图例含义，有助于读懂系统图和平面图。

针对消防和智能化工程，系统图和平面图的关联性更强一些，说明如下：

（1）系统图，相当于一本书的目录，读懂它就知道整个系统的工作状态及连接方式。

（2）平面图，是对系统图的进一步细化，表明设备的安装方式、位置及连接方式等。读图时应将平面图与系统图进行对照，用以将整个系统联系起来。

因此，消防和智能化工程读图顺序可总结如下：

总平面图（分清各建筑）→图纸设计说明和图例→系统图→消防、智能化平面图。

7.2.1.2 消防图纸分类及造价识读要点

1. 图纸分类

消防工程图纸一般分给排水（自动喷淋、消火栓、气体灭火）、电气（火灾自动报警）和防排烟部分。

2. 造价识读要点

（1）分类识图：以消防预算为例，造价根据专业分类进行，消防特定的设备安装费用在消防安装定额里都能找到，如喷头、水喷淋管道、支吊架、消火栓、报警阀、探头、模块、报警设备等，而像应急照明、应急广播等其他通用部分就套相应专业定额，比如消火栓管道安装套给排水管道定额、泵房的管道安装套工业管道定额、消防泵的安装套机械设备安装定额、阀门法兰安装套工业管道定额、报警部分的线管安装套电气安装定额等。同样，智能化工程也存在类似特点。因此，识读消防图纸，首先做好专业分类，根据专业分类逐一识读，为算量造价打好基础。

（2）系统识图：消防和智能化系统材料的算法，一般设备数量按图计数即可，管道、线管需自行量取计算。因此，应结合图纸的系统图、平面图、图例及材料表，熟悉系统的走向、连接关系等完整的系统组成信息，不能片面地了解系统组成就开始算量。这样，容易出现漏项、项目划分不准确等问题，造成造价的不准确。下面，以消防图纸中电气线路为例说明图纸识读过程。

根据系统图结合平面图来确定每层管线走向，一般先找到电信号进入点，再按系统管线的布置来对应找到管线、设备等在每一层平面图的具体位置。一般系统图只是为了表示管线连接方式和规格，平面图电气的回路需要看线的标识，如某消防广播总线标识为采用2xZRBV–1.5mm^{2}线，表示2根1.5平方铜芯阻燃聚氯乙烯绝缘电线（ZRBV）。由两根线组成回路，在系统图上只画一根线表示，计算线长度时，要以两根算。而消防电话总线采用ZRRVVP–2x1.0线，表示一根阻燃屏蔽双绞线电缆，内含两芯，每芯横截面积为1mm^2，在系统图上示意也是一根线表示，计算长度时，按一根计。

（3）准确识图：识图时，应该准确了解图中各种图例和标识的含义。不同的设计可能图例和标识不一样，识图时，应首先在设计说明或者平面图的绘图区域空白处，寻找相关图例或标识说明，本书不再赘述。

7.2.2 报告厅消防工程施工图的识读

本工程的消防工程为学校建筑群的消防报警及联动控制系统。结合图纸和设计说明，本消防系统设计的内容描述如下：

建筑群消防系统采用集中报警系统，消控室设置3台具有集中控制功能的火灾报警控制器和消防联动控制器。系统不仅需要报警，同时需要联动自动消防设备。设计相关规定如下：

（1）系统由火灾探测器、手动火灾报警按钮、火灾声光警报器、消防应急广播、消防专用电话、消防控制室图形显示装置、火灾报警控制器、消防联动控制器等组成。

（2）系统中的火灾报警控制器、消防联动控制器和消防控制室图形显示装置、消防应急广播的控制装置、消防专用电话总机等起集中控制作用的消防设备，设置在消防控制室内。

（3）系统设置的消防控制室图形显示装置要求具有传输《火灾自动报警系统设计规范》（GB50116–2013）附录A和附录B规定的有关信息的功能。

本书的造价仅需完成多功能报告厅的消防报警及联动控制系统的内容。更多读图内容可参照7.3.4节消防工程工程量计算内容。

7.2.3 报告厅综合布线工程施工图的识读

根据第1章招标工程案例介绍，本工程的智能化安装工程包括多功能报告厅一层和夹层综合布线系统。作为工程造价从业人员，首先应结合设计说明和图纸，认真识读图纸，分析出和造价有关的信息。智能化施工图由首页、室外弱电总平面图、系统图（含主要设备材料表）、平面图、大样图组成。首先要读懂图纸说明，熟悉图纸中未能详尽标注的设计要求、施工规范以及各种材料的型号、规格。在清单计价中这些均为显著的项目特征，应详细、准确表述，以便正确选择清单编码和设置项目。其次，平面图与系统图相对应，按网络中心机房总柜→各建筑物设备间→垂直主干→楼层管理间→水平子系统→工作区子系统→工作区终端面板的顺序读图，了解各线路的走向、敷设方式和工作区终端面板的确切位置。

根据设计说明（设计说明内容在读图内容中体现，不再单独提供设计说明资料）、附图1.2.17–1.2.19所示的平面图和系统图，可以读出以下和工程造价相关的信息：

（1）网络通信系统。本工程网络信号来源由运营商引来外线电缆，进入低年段教学楼一层网络中心机房，引入端设置过电压保护装置。与外部通信，应充分考虑安全性有效防止外界非法入侵。

（2）语音通信系统。本系统采用虚拟程控交换模式。由运营商进行设计并实施。通信机房位于低年段教学楼一层中心机房，运营商引来的电缆均进入该机房，并设置过电压保护装置，本设计仅负责总配线架以下的配线系统。

（3）设备、线缆选型及安装。

① 系统按六类非屏蔽标准进行设计，电脑信息插座、电话信息插座均采用六类RJ45插口模块。

② 数据主干采用8芯单模光缆；语音主干采用室外3类25对/50对/100对大对数电缆，留有20%以上的余量。楼层机柜位于每幢楼一层或二层，UPS AC220V集中供电到位。

③ 每个电脑信息插座需配备一只强电插座，强、弱电插座间隔为30cm，由电气专业实施。

④ 在报告厅设置无线AP，并预留扩充空间。

⑤ 室内均采用KBG管墙内敷设，室外穿镀锌钢管SC管敷设，室外保护管埋地深度不小于400mm，强电保护管和弱电保护管应间隔300mm以上。

⑥ 如果管线或桥架穿越沉降缝或伸缩缝时，应作沉降或伸缩处理；过人防区域时

做好防护密闭处理；过防火分区时做好防火封堵。

⑦ 在垂直桥架内布线时，绑扎距离不宜大于1.5m。扣间距均匀，松紧适度，不可交叉，垂直桥架内应每隔1m处有线缆固定支架。

⑧ 预埋电线管不可有直角弯或S弯，弯角超过两个时必须配置过线盒。

⑨ 穿线管预埋完毕应用木质堵头封堵，以防泥沙进入管内。

⑩ 所有设备用箱及桥架需做好接地工作。

⑪ 平战转换时所有人防区线路全部撤除，并用相应密闭材料封堵，人防区内所有设备箱明装。

⑫ 强弱电桥架交叉时弱电桥架局部上翻跨越。

⑬ 其他有关信息：报告厅一层层高为5m，夹层层高为3m，网络机柜BF6-1规格为宽 600×深 600×高2000，电线管采用埋地或嵌墙或楼板内暗敷，埋入地坪或楼顶板的深度均按0.1m计。

7.3 建筑消防工程工程量计算及清单编制

7.3.1 消防工程工程量计算依据

消防工程的工程量计算除依据《通用安装工程工程量计算规范》(GB50856-2013)和相关《预算定额外》，还应依据设计图纸、施工组织设计或施工方案及该工程相关技术经济文件。

7.3.2 消防工程国标清单工程量计算规则

国标清单工程量应根据《通用安装工程工程量计算规范》(GB50856-2013)进行，工程量计算原则参照第3章3.4.2节，本节不再赘述。

7.3.3 消防工程定额清单工程量计算规则

本节结合《浙江省通用安装工程预算定额》(2018版)(以下简称"本定额")来说明消防工程定额清单工程量计算相关规定及计算规则。

7.3.3.1　消防系统造价定额基本规定

1. 适用性规定

第九册《消防工程》适用于新建、扩建、改建项目中的消防工程。

2. 工作内容及相关定额套用规定

下列内容执行其他册相应定额：

（1）阀门、稳压装置、消防水箱安装，执行本定额第十册《给排水、采暖、燃气工程》相应定额。

（2）各种消防泵安装，执行本定额第一册《机械设备安装工程》相应定额。

（3）不锈钢管和管件、铜管和管件及泵房间管道安装，管道系统强度试验、严密性试验执行本定额第八册《工业管道工程》相应定额。

（4）刷油、防腐蚀、绝热工程，执行本定额第十二册《刷油、防腐蚀、绝热工程》相应定额。

（5）电缆敷设、桥架安装、配管配线、接线盒、电动机检查接线、防雷接地装置等的安装，执行本定额第四册《电气设备安装工程》相应定额。

（6）各种仪表的安装，执行本定额第六册《自动化控制仪表安装工程》相应定额。带电讯号的阀门、水流指示器、压力开关、驱动装置及泄漏报警开关的接线、校线等执行本定额第六册《自动化控制仪表安装工程》"继电线路报警系统4点以下"子目，定额基价乘以系数0.2。

（7）各种套管、支架的制作安装执行本定额第十三册《通用项目和措施项目工程》相应定额。

3. 相关定额界限划分规定

（1）消防系统室内外管道以建筑外墙皮1.5m为界，入口处设阀门者以阀门为界；消防泵房管道以泵房外墙皮为界；室外消防管道执行本定额第十册《给排水、采暖、燃气工程》中室外给水管道安装相应定额。

（2）厂区范围内的装置、站、罐区的架空消防管道执行本册定额相应子目。

（3）与市政给水管道的界限：以与市政给水管道碰头点（井）为界。

7.3.3.2　水灭火系统

1. 定额章说明

（1）本章内容包括水喷淋钢管、消火栓钢管、水喷淋（雾）喷头、报警装置、水流指示器、温感式水幕装置、减压孔板、末端试水装置、集热板、消火栓、消防水泵接合器、灭火器、消防水炮的安装。

（2）本章适用于工业和民用建（构）筑物设置的水灭火系统的管道、各种组件、消火栓、消防水炮等的安装。

（3）管道安装相关规定：

① 钢管（法兰连接）定额中包括管件及法兰安装，但管件、法兰数量应按设计图纸用量另行计算，螺栓按设计用量加3%损耗计算。

② 若设计或规范要求钢管需要热镀锌，其热镀锌及场外运输费用另行计算。

③ 消火栓管道采用钢管（沟槽连接或法兰连接）时，执行水喷淋钢管相关定额项目。

④ 管道安装定额均包括一次水压试验、一次水冲洗，如发生多次试压及冲洗，执行本定额第十册《给排水、采暖、燃气工程》相关定额。

⑤ 设置于管道间、管廊内的管道、法兰、阀门、支架安装，其定额人工乘以系数1.2。

⑥ 弧形管道安装执行相应管道安装定额，其定额人工、机械乘以系数1.4。

⑦ 管道预安装（即二次安装，指确实需要且实际发生管子吊装上去进行点焊预安装，然后拆下来，经镀锌后再二次安装的部分），其人工费乘以系数2.0。

⑧ 喷头追位增加的弯头主材按实计算，其安装费不另计取。

（4）其他有关说明：

① 报警装置安装项目，定额中已包括装配管、泄放试验管及水力警铃出水管安装，水力警铃进水管按图示尺寸执行管道安装相应项目，其他报警装置适用于雨淋、干湿两用及预作用报警装置。

② 水流指示器（马鞍形连接）项目，主材中包括胶圈、U形卡。

③ 喷头、报警装置及水流指示器安装定额均是按管网系统试压、冲洗合格后安装考虑的，定额中已包括丝堵、临时短管的安装、拆除及摊销。

④ 温感式水幕装置安装定额中已包括给水三通至喷头、阀门间的管道、管件、阀门、喷头等全部安装内容，但管道的主材数量按设计管道中心长度另加损耗计算，喷头数量按设计数量计算。

⑤ 末端试水装置安装定额中已包括2个阀门、1套压力表（带表弯、旋塞）的安装费。

⑥ 集热板安装项目，主材中应包括所配备的成品支架。

⑦ 室内消火栓箱箱体暗装时，钢丝网及砂浆抹面执行《浙江省房屋建筑与装饰工程预算定额》（2018版）的有关定额。

⑧ 组合式消防柜安装，执行室内消火栓安装的相应定额项目，基价乘以系数1.1。

⑨ 单个试火栓安装参照本定额第十册《给排水、采暖、燃气工程》阀门安装相应定额项目，试火栓带箱安装执行室内消火栓安装定额项目。

⑩ 室外消火栓、消防水泵接合器安装，定额中包括法兰接管及弯管底座（消火栓三通）的安装，本身价值另行计算。

⑪ 消防水炮安装定额中仅包括本体安装，不包括型钢底座制作、安装和混凝土基础砌筑。型钢底座制作、安装执行本定额第十三册《通用项目和措施项目工程》设备支架制作、安装相应定额项目，混凝土基础执行《浙江省房屋建筑与装饰工程预算定额》（2018版）的有关定额。

2. 工程量计算规则

（1）管道安装按设计图示管道中心线长度以"m"为计量单位。不扣除阀门、管件及各种组件所占长度，管件含量见表7.3.1–7.3.3。

表7.3.1 水喷淋镀锌钢管接头管件（丝接）含量表

计量单位：10m

材料名称	公称直径（mm 以内）						
	25	32	40	50	70	80	100
	含量（个）						
四通	0.02	1.20	1.20	1.20	1.20	1.60	2.00
三通	2.29	3.24	3.03	2.50	2.00	2.00	0.50
弯头	4.92	0.98	0.10	0.10	0.08	0.06	0.02
管箍	–	2.65	1.25	1.25	1.25	1.25	1.00
异径管箍	–	–	3.03	3.03	3.03	2.50	1.50
小计	7.23	8.07	8.61	8.08	7.56	7.41	5.20

表7.3.2 消火栓镀锌钢管接头管件（丝接）含量表

计量单位：10m

材料名称	公称直径（mm 以内）			
	50	70	80	100
	含量（个）			
三通	1.85	1.64	0.90	0.50
弯头	2.47	1.87	1.23	1.10
管箍	1.25	1.25	1.25	1.25
异径管箍	1.00	1.20	0.86	1.02
小计	6.57	5.96	4.24	3.87

表7.3.3 消火栓钢管接头管件（焊接）含量表

计量单位：10m

材料名称	公称直径（mm 以内）					
	65	80	100	125	150	200
	含量（个）					
成品弯头	0.88	0.85	0.83	1.22	0.96	0.88
成品异径管	0.29	0.26	0.19	0.19	0.16	0.15
成品管件合计	1.17	1.11	1.02	1.41	1.12	1.03

材料名称	公称直径（mm 以内）					
	65	80	100	125	150	200
	含量（个）					
煨制弯头	0.88	0.85	0.83	–	–	–
挖眼三通	1.92	1.92	1.56	1.00	0.76	0.64
制作异径管	0.29	0.26	0.19	–	–	–
制作管件合计	3.09	3.03	2.58	1.00	0.76	0.64

（2）喷头、水流指示器、减压孔板按设计图示数量计算。按安装部位、方式分规格以"个"为计量单位。

（3）报警装置、消火栓、消防水泵接合器均按设计图示数量计算，分形式按成套产品以"套""组"为计量单位。

（4）末端试水装置按设计图示数量计算，分规格以"组"为计量单位。

（5）温感式水幕装置安装以"组"为计量单位。

（6）灭火器按设计图示数量计算，分形式以"套""组"为计量单位。

（7）消防水炮按设计图示数量计算，分规格以"台"为计量单位。

（8）集热板安装按设计图示数量计算，以"套"为计量单位。

（9）成套产品包括内容见表7.3.4。

表 7.3.4　成套产品包括内容

序号	项目名称	包括内容
1	湿式报警装置	湿式阀、供水压力表、装置压力表，试验阀、泄放试验阀、试验管流量计、过滤器、延时器、水力警铃、报警截止阀、漏斗、压力开关
2	干湿两用报警装置	两用阀、装置截止阀、加速器、加速器压力表、供水压力表、试验阀、泄放阀、泄放试验阀（湿式）、泄放试验阀（干式）、挠性接头、试验管流量计、排气阀、截止阀、漏斗、过滤器、延时器、水力警铃、压力开关
3	电动雨淋报警装置	雨淋阀、压力表、泄放试验阀、流量表、截止阀、注水阀、止回阀、电磁阀、排水阀应急手动球阀、报警试验阀、漏斗、压力开关、过滤器、水力警铃
4	预作用报警装置	干式报警阀、压力表（2块）、流量表、截止阀、排放阀、注水阀、止回阀、泄放阀、报警试验阀、液压切断阀、气压开关（2个）、试压电磁阀、应急手动试压器、漏斗、过滤器、水力警铃
5	室内消火栓	消火栓箱、消火栓、水枪、水龙带、水龙带接扣、挂架
6	室外消火栓	消火栓、法兰接管、弯管底座或消火栓三通
7	室内消火栓（带自动卷盘）	消火栓箱、消火栓、水枪、水龙带、水龙带接扣、挂架、消防软管卷盘、球阀
8	消防水泵接合器	消防接口本体、止回阀、安全阀、闸（蝶）阀、弯管底座、标牌

7.3.3.3　气体灭火系统

1. 定额章说明

（1）本章内容包括钢管、选择阀、气体喷头、贮存装置、称重检漏装置、无管网气体灭火装置、管网系统试验的安装工程。

（2）本章适用于工业和民用建筑中设置的七氟丙烷、IG541、二氧化碳灭火系统中的管道、管件、系统装置及组件等的安装。

（3）高压二氧化碳灭火系统执行本章定额时，人工、机械乘以系数1.2。

（4）管道及管件安装定额：

① 无缝钢管（螺纹连接）定额不包括钢制管件连接内容，应按设计用量执行钢制管件连接内容。

② 无缝钢管（法兰连接）定额包括管件及法兰安装，但管件法兰数量应按设计用量另行计算，螺栓按设计用量加3%损耗计算。

③ 若设计或规范要求钢管需要热镀锌，其热镀锌及场外运输费用另行计算。

（5）有关说明：

① 管道预安装，其人工费按直管安装和实际管件连接的人工之和乘以系数2.0（二次安装指确实需要且实际发生管子吊装上去进行点焊预安装，然后拆下来，经镀锌后再二次安装的部分）。

② 喷头追位增加的弯头主材按实计算，其安装费不另计取。

③ 贮存装置安装定额包括灭火剂贮存容器和驱动瓶的安装固定支框架、系统组件（集流管、容器阀、气液单向阀、高压软管）、安全阀等贮存装置和驱动装置的安装及氮气增压。二氧化碳贮存装置安装不需增压，执行定额时应扣除高纯氮气，其余不变。称重装置价值含在贮存装置设备价中。

④ 二氧化碳称重检漏装置包括泄漏报警开关、配重及支架安装。

⑤ 管网系统包括管道、选择阀，气、液单向阀，高压软管等组件。

⑥ 气体灭火系统调试费执行本册定额第五章《消防系统调试》相应子目。

⑦ 本章阀门安装（选择阀除外）分压力执行本定额第八册《工业管道工程》相应定额。

2. 工程量计算规则

（1）管道安装按设计图示管道中心线长度，以"m"为计量单位，不扣除阀门、管件及各种组件所占长度。

（2）钢制管件连接分规格以"个"为计量单位。

（3）气体驱动装置管道按设计图示管道中心线长度计算，以"m"为计量单位。

（4）选择阀、喷头安装按设计图示数量计算，分规格、连接方式，以"个"为计量单位。

（5）贮存装置、称重检漏装置、无管网气体灭火装置安装按设计图示数量计算，以"套"为计量单位。

（6）管网系统试验按贮存装置数量，以"套"为计量单位。

7.3.3.4　泡沫灭火系统

1. 定额章说明

（1）本章内容包括泡沫发生器、泡沫比例混合器的安装工程。

（2）有关说明：

① 本章定额适用于高、中、低倍数固定式或半固定式泡沫灭火系统的发生器及泡沫比例混合器安装。

② 泡沫发生器及泡沫比例混合器安装中包括整体安装、焊法兰、单体调试及配合管道试压时隔离本体所消耗的人工和材料。

③ 本章设备安装工作内容中不包括支架的制作、安装和二次灌浆，另行计算。

④ 泡沫灭火系统的管道管件、法兰、阀门等的安装及管道系统试压及冲（吹）洗，执行本定额第八册《工业管道工程》相应定额。

⑤ 泡沫发生器、泡沫比例混合器安装定额中不包括泡沫液充装，泡沫液充装另行计算。

⑥ 泡沫灭火系统的调试应按批准的施工方案另行计算。

2. 工程量计算规则

泡沫发生器、泡沫比例混合器安装按设计图示数量计算，均按不同型号以"台"为计量单位。

7.3.3.5　火灾自动报警系统

1. 定额章说明

（1）本章内容包括点型探测器，线型探测器，按钮，消防警铃、声光报警器，空气采样型探测器，消防报警电话，广播功率放大器及广播录放盘，消防广播，消防专用模块（模块箱），远程控制盘，消防报警备用电源，报警联动一体机的安装。

（2）本章包括以下工作内容：

① 设备和箱、机及元件的搬运，开箱检查，清点，杂物回收，安装就位，接地，密封，箱、机内的校线、接线、压接端头（挂锡）、编码，测试、清洗，记录整理等。

② 本体调试。

（3）有关说明：

① 感烟探测器（有吊顶）、感温探测器（有吊顶）安装执行相应探测器（无吊顶）安装定额，基价乘以系数1.1。

② 闪灯执行声光报警器安装定额子目。

③ 电气火灾监控系统：

1）探测器模块执行消防专用模块安装定额项目。

2）剩余电流互感器执行相关电气安装定额项目。

3）温度传感器执行线性探测器安装定额项目。

④ 本章不包括事故照明及疏散指示控制装置安装内容，执行本定额第四册《电气设备安装工程》相关定额。

⑤ 按钮安装定额适用于火灾报警按钮和消火栓报警按钮，带电话插孔的手动报警按钮执行按钮定额，基价乘以系数1.3。

⑥ 短路隔离器安装执行本章消防专用模块安装定额项目。

⑦ 火灾报警控制微机（包括计算机主机、显示器、打印机安装、软件安装及调试等）执行本定额第五册《建筑智能化工程》相应定额。

2. 工程量计算规则

（1）火灾报警系统按设计图示数量计算。

（2）点型探测器按设计图示数量计算，不分规格、型号、安装方式与位置，以"个""对"为计量单位。探测器安装包括了探头和底座的安装及本体调试。红外光束探测器是成对使用的，在计算时一对为两只。

（3）线型探测器依据探测器长度按设计图示数量计算，分别以"m"为计量单位。

（4）空气采样管依据图示设计长度计算，以"m"为计量单位；空气采样报警器依据探测回路数按设计图示计算，以"台"为计量单位。

（5）报警联动一体机按设计图示数量计算，区分不同点数，以"台"为计量单位。

7.3.3.6　消防系统调试

1. 定额章说明

（1）本章内容包括自动报警系统调试、水灭火控制装置调试、防火控制装置调试、气体灭火系统装置调试。

（2）本章适用于工业与民用建筑项目中的消防工程系统调试。

（3）有关说明：

① 系统调试是指消防报警和防火控制装置灭火系统安装完毕且联通，并达到国家有关消防施工验收规范、标准而进行的全系统检测、调整和试验。

② 定额中不包括气体灭火系统调试试验时采取的安全措施，应另行计算。

③ 自动报警系统装置包括各种探测器、手动报警按钮和报警控制器，灭火系统控制装置包括消火栓、自动喷水、七氟丙烷、二氧化碳等固定灭火系统的控制装置。

④ 防火门监控系统、消防电源监控系统、电气火灾监控系统的调试，执行自动报警系统调试的相应定额。

2. 工程量计算规则

（1）自动报警系统调试区分不同点数根据报警控制器台数按系统计算。自动报警系统点数按实际连接的具有地址编码的器件数量计算。火灾事故广播、消防通信系统调试按消防广播喇叭及音箱、电话插孔和消防通信的电话分机的数量分别以"只"或"部"为计量单位。

（2）自动喷水灭火系统调试按水流指示器数量以"点"为计量单位，消火栓灭火系统按消火栓启泵按钮数量以"点"为计量单位，消防水炮控制装置系统调试按水炮数量以"点"为计量单位。

（3）防火控制装置调试按设计图示控制装置的数量计算。

（4）切断非消防电源的点数以执行切除非消防电源的模块数量确定点数。

（5）气体灭火系统装置调试按调试、检验和验收所消耗的试验容量总数计算，以"点"为计量单位。

7.3.4 消防工程工程量计算

本工程的消防工程为多功能报告厅的消防报警及联动控制系统。平面图和系统图如附图1.2.14-1.2.16所示，相关图例说明如附表1.2.3所示。据此，其工程量计算如下，便于读者学习中参考。特别说明，相关尺寸均在配套CAD图纸中测量、读取获得，读者如尝试计算，请扫描附录一二维码在本教材网站获取电子材料作为参照依据。

1. 进线预埋管SC50

预埋管SC50位置局部大图如图7.3.1所示。由附图1.2.14和设计说明可知，埋深0.7m，进线接到S1所在的报警控制器，控制器底面离地1.5m。水平距离可以在本书配套CAD图纸中量出。各类电缆、电线在箱体处的预留，按箱体"宽+高"为1m计算。其工程量计算式如下：

（1.5[外墙皮]+4.2[水平长度]+0.7[埋深]+0.3[室内外地坪标高差]+1.5[控制器底面安装高度]）×5=41.00m

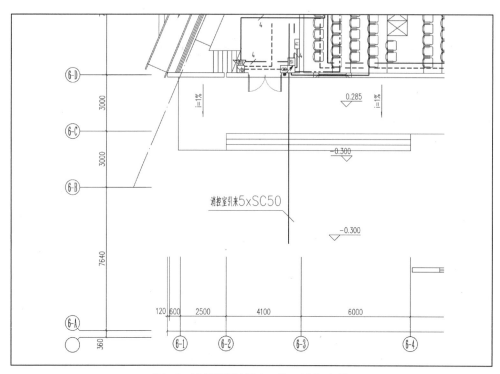

图7.3.1进线预埋管SC50位置局部大图

2. 通讯线＋电源线＋电线管

电线管JDG25：1.5[垂直]＋0.1[埋深]＋2[水平长度]＋1.5[垂直]＋0.1[埋深]＝5.20m

WDZN-RYJS-2×1.0：1[预留]＋5.2＝6.20m

WDZN-BYJ-2.5：（1[预留]＋5.2）×2＝12.40m

3. 模块声光报警

信号线＋电源线＋电线管：

电线管JDG25：1.5[垂直]＋0.1[埋深]＋（30＋34.3＋0.96＋33.2＋5＋1.5）[水平长度]＋（2.3[垂直]＋0.1[埋深]）×17＝147.36m

WDZN-RYJS-2×1.5：1[预留]＋147.36＝148.36m

WDZN-BYJ-2.5：（1[预留]＋147.36）×2＝296.72m

4. 电话线

电线管JDG20：1.5[垂直]＋0.1[埋深]＋（13.8＋85）[水平长度]＋（1.5[垂直]＋0.1[埋深]）×15＝124.40m

WDZN-RYJS-2×1.0：1[预留]＋124.4＝125.40m

5. 信号线

电线管JDG20：1.5＋0.1[埋深]＋（17＋18.1＋27.9＋4.4＋16.7＋5＋8.6＋3.5＋18.7＋

26.4+13.9）[水平长度]+（1.5[垂直]+0.1[埋深]）×2+9.2+0.1[埋深]+5+0.1[埋深]+2.7×2=184.80m

WDZN-RYJS-2×1.0：1[预留]+184.8=185.80m

6. 电气火灾

电线管JDG20：1.5[垂直]+0.1[埋深]+31.7[水平长度]+0.1[埋深]+5+1.5=39.90m

WDZN-KYJE-2×1.5：1[预留]+39.9+1[预留]×3=43.90m

7. 消防电源电压监控

电线管JDG25：（3.5+18.6）[水平长度]+1.5[垂直]=23.60m

WDZN-KYJE-2×1.5：23.6+1[预留]×2=25.60m

WDZN-KYJE-2×2.5：23.6+1[预留]×2=25.60m

8. 手动控制线

电线管JDG25：（3.5+10.3+6.9+4.2+2.7）[水平长度]×2+1.5[垂直]×2=58.20m

WDZN-BYJ-2.5：（1×2×2+58.2）×4=248.80m

9. 广播

电线管JDG20：（7.7+17.3+29.4+26.9）[水平长度]+1.5[垂直]=82.80m

WDZN-RYJS-2×2.5：1[预留]+82.8=83.80m

10. 其他工程量的计算

根据《建筑消防工程定额》所规定的工程量计算规则，本项目中接线箱或接线盒、火灾显示盘、短路隔离器、点型烟感探测器及各种可计价安装工程项目的工程量均需要计算。本次招标范围仅计算消防报警及联动控制系统。计算说明如下：

接线箱或接线盒：1台；

火灾显示盘：1台；

短路隔离器：1个；

点型烟感探测器：24个；

消火栓按钮：6个；

火灾声、光警报器：8个；

带电话插孔的手动报警按钮：8个；

输入输出模块：5个；

输入模块：2个；

火灾应急广播扬声器3W：6个；

广播切换模块：1个。

消防报警及联动控制系统工程量汇总表如表7.3.5所示。

表7.3.5 消防报警及联动控制系统各个回路的工程量汇总表

序号	定额工程量名称	单位	工程量计算式	数量
1	进线预埋管镀锌钢管 SC50	m	（1.5 + 4.2 + 0.7 + 0.3 + 1.5）×5	41
2	电线管 JDG25	m	5.2 + 147.36 + 23.6 + 58.2	234.36
3	电线管 JDG20	m	124.4 + 184.8 + 39.9 + 82.8	431.9
4	86 型钢制接线盒	个	60 + 1 + 24 + 6 + 8 + 8 + 6	113
5	WDZN–BYJ–2.5	m	12.4 + 296.72 + 248.8	557.92
6	WDZN–RYJS–2x1.0	m	6.2 + 125.4 + 185.8	317.4
7	WDZN–RYJS–2x1.5	m	148.36	148.36
8	WDZN–RYJS–2x2.5	m	83.8	83.8
9	WDZN–KYJE–2x1.5	m	25.6 + 43.9	69.5
10	WDZN–KYJE–2x2.5	m	25.6	25.6
11	接线箱	台		1
12	火灾显示盘	台		1
13	短路隔离器	个		1
14	点型烟感探测器	个		24
15	消火栓按钮	个		6
16	火灾声光报警器	个		8
17	带电话插孔的手动报警按钮	个		8
18	输入输出模块	个	2 + 1 + 2 + 2	7
19	火灾应急广播扬声器	个		6
20	广播切换模块	个		1

7.3.5 消防工程国标工程量清单编制

7.3.5.1 国标工程量清单编制有关规定

《通用安装工程工程量计算规范》（GB50856-2013）第4节对国标工程量清单编制做出了以下规定，造价人员工作中应严格遵守，内容详见"第3章电气设备安装工程造价"3.6节。

7.3.5.2 消防工程国标工程量清单编制实例

在工程量计算的基础上，查阅《通用安装工程工程量计算规范》（GB50856-2013）

编制本书招标项目报告厅消防工程量的清单如表7.3.6所示，清单编制方法在本书前面几章已详述，本章不再重复。

表 7.3.6　消防报警及联动控制系统的分部分项工程量清单

序号	项目编码	项目名称	项目特征	单位	数量
1	030411001001	配管	进线预埋管镀锌钢管 SC50 砖、混凝土结构暗配	m	41.00
2	030411001002	配管	电线管 JDG25 砖、混凝土结构暗配	m	234.36
3	030411001003	配管	电线管 JDG20 砖、混凝土结构暗配	m	431.90
4	030411006001	接线盒	接线盒钢制 86 型暗装	个	113
5	030411004001	配线	铜芯导线管内穿放 WDZN–BYJ–2.5	m	557.92
6	030411004002	配线	多芯软导线管内穿放 WDZN–RYJS–2x1.0	m	317.40
7	030411004003	配线	多芯软导线管内穿放 WDZN–RYJS–2x1.5	m	148.36
8	030411004004	配线	多芯软导线管内穿放 WDZN–RYJS–2x2.5	m	83.80
9	030408002001	控制电缆	控制电缆敷设管内穿放 WDZN–KYJE–2x1.5	m	69.50
10	030408002002	控制电缆	控制电缆敷设管内穿放 WDZN–KYJE–2x2.5	m	25.60
11	030404032001	端子箱	接线箱或接线盒底距地 1.5m	台	1
12	030904009001	区域报警控制箱	总线制火灾显示盘距地 1.5m 挂装	台	1
13	030904008001	模块（模块箱）	总线型短路隔离器	个	1
14	030904001001	点型探测器	探测器总线制点型感烟含专用底座	个	24
15	030904003001	按钮	消火栓按钮	个	6
16	030904005001	声光报警器	火灾声光报警器，距地 2.3m 安装	个	8
17	030904006001	消防报警电话插孔（电话）	带电话插孔的手动报警按钮距地 1.5m 安装	个	8
18	030904008002	模块（模块箱）	输入输出模块	个	7
19	030904007001	消防广播（扬声器）	火灾应急广播扬声器 3W 吸顶	个	6
20	030904008003	模块（模块箱）	广播切换模块	个	1
21	030905003001	防火控制装置联动调试	广播喇叭及音箱、电话插孔调试	个	14
22	030905003002	防火控制装置联动调试	切断非消防电源调试	个	1
23	030905001002	自动报警系统调试	自动报警系统调试 64 点以内	系统	1

7.4 建筑智能化工程工程量计算及清单编制

7.4.1 智能化工程工程量计算依据

工程量计算除依据《通用安装工程工程量计算规范》（GB50856–2013）和相关《预算定额》外，尚应依据以下文件：

（1）经审定通过的施工设计图纸及说明；

（2）经审定通过的施工组织设计或施工方案；

（3）经审定通过的其他有关技术经济文件。

7.4.2 智能化工程国标清单工程量计算规则

清单工程量应根据《通用安装工程工程量计算规范》（GB50856–2013）进行，工程量计算原则参照第3章3.4.2节，本节不再赘述。

7.4.3 智能化工程定额清单工程量计算规则

定额清单工程量应参照"建筑智能化工程"定额的定额说明及工程量计算规则进行计算，《浙江省通用安装工程预算定额》（2018版）中第五册《建筑智能化工程》定额说明及工程量计算规则阐述如下。

7.4.3.1 计算机网络系统工程

1. 定额章说明

（1）本章内容包括输入设备、输出设备、存储设备、路由器设备、防火墙设备、服务器及相关设备、无线设备等的安装、调试，互联电缆制作、安装，计算机及网络系统联调，计算机及网络系统试运行，网络系统软件安装、调试。

（2）机柜、机架、抗震底座安装执行本册定额第二章"综合布线系统工程"相应定额。

（3）本章不包括以下工作内容。

①计算机及网络系统互联及调试项目：

1）系统中设备本身的功能性故障排除；

2）与计算机系统以外的外系统联试、校验或统调。

② 计算机软件安装、调试项目：

1）排除由于软件本身缺陷造成的故障；

2）排除软件不配套或不兼容造成的运转失灵，排除硬件系统的故障引起的失灵、操作系统发生故障中断、诊断程序运行失控等故障；

3）在特殊环境条件下的软件安装、防护；

4）与计算机系统以外的外系统联试、校验或统调。

2. 工程量计算规则

（1）机箱（柜）、网络传输设备、网络交换设备、网络控制设备、网络安全设备、存储设备安装及软件安装，以"台（套）"为计量单位。

（2）互联电缆制作、安装，以"条"为计量单位。

（3）计算机及网络系统联调及试运行，以"系统"为计量单位。

7.4.3.2 综合布线系统工程

1. 定额章说明

（1）本章内容包括机柜、机架，大对数线缆，双绞线缆，光缆，跳线，配线架，跳线架，信息插座，光纤连接，光缆终端盒，布放尾纤，线管理器，测试，视频同轴电缆，系统调试、试运行等。

（2）各类信息插座（包括铜缆、光缆、有线电视及多媒体等）计价规则为面板和模块分别单独计价。

（3）本章所涉及双绞线缆的敷设及模块、配线架、跳线架等的安装、打接等定额量，是按超五类非屏蔽布线系统编制的，高于超五类的布线所用定额子目人工乘以系数1.1，屏蔽布线所用定额子目人工乘以系数1.2。

（4）在已建天棚内敷设线缆时，所用定额子目人工乘以系数1.2。

2. 工程量计算规则

（1）双绞线缆、光缆、同轴电缆敷设、穿放、明布放，以"m"为计量单位。线缆敷设按单根延长米计算，预留长度按进入机柜（箱）2m计算，不另计附加长度。

（2）制作跳线以"条"为计量单位，跳线架、配线架安装，以"架"为计量单位。跳线为成品时，定额基价乘以系数0.5，跳线主材另计。

（3）安装各类信息插座、光缆终端盒和跳块打接，以"个"为计量单位。

（4）双绞线缆、光缆测试，以"链路"为计量单位。双绞线以4对即8芯为1个"链路"计量单位。光缆、大对数线缆以1对，即2芯为1个"链路"计量单位。

（5）光纤连接，以"芯"（磨制法以"端口"）为计量单位。

（6）布放尾纤，以"条"为计量单位。

（7）系统调试、试运行，以"系统"为计量单位。

7.4.3.3　建筑设备自动化系统工程

1. 定额章说明

（1）本章内容包括建筑设备监控系统、能耗监测系统。

（2）本章定额传感器、执行器的制作与安装，不包括设备的支架、支座制作。

（3）本系统中用到的服务器、网络设备、工作站、软件等项目执行本册定额第一章"计算机及网络系统工程"相关定额，跳线制作、跳线安装、机柜安装、箱体安装等项目执行本册定额第二章"综合布线系统工程"相关定额。

2. 工程量计算规则

（1）基表及控制设备、第三方设备通信接口安装、系统安装、调试，以"个"为计量单位。

（2）中心管理系统调试、控制网络通信设备安装、控制器安装、流量计安装、调试，以"台"为计量单位。

（3）建筑设备监控系统中央管理系统安装、调试，以"系统"为计量单位。

（4）温/湿度传感器、压力传感器、电量变送器和其他传感器及变送器，以"支"为计量单位。

（5）电动阀门执行机构安装、调试，以"个"为计量单位。

（6）系统调试、系统试运行，以"系统"为计量单位。

7.4.3.4　有线电视、卫星接收系统工程

1. 定额章说明

（1）本章内容包括有线广播电视、卫星电视、闭路电视系统设备的安装、调试工程。

（2）本章不包括以下工作内容：

① 同轴电缆敷设、电缆头制作等项目执行本册定额第二章"综合布线系统工程"相关定额。

② 监控设备等项目执行本册定额第六章"安全防范系统工程"相关定额。

③ 其他辅助工程项目执行本册定额第二章"综合布线系统工程"相关定额。

④ 所有设备按成套设备购置考虑，在安装时如再需额外材料按实计算。

2. 工程量计算规则

（1）前端射频设备安装、调试，以"套"为计量单位。

（2）卫星电视接收设备、光端设备、有线电视系统管理设备安装调试，以"台"为计量单位。

（3）干线传输设备、分配网络设备安装、调试，以"个"为计量单位。

（4）数字电视设备安装、调试，以"个"为计量单位

7.4.3.5　音频、视频系统工程

1. 定额章说明

（1）本章内容包括扩声系统设备，扩声系统调试，扩声系统测量，扩声系统试运行；公共广播、背景音乐系统设备，公共广播、背景音乐系统调试，公共广播、背景音乐系统试运行；视频系统设备安装工程。

（2）线阵列音箱安装按单台音箱重量分别套用定额子目。

（3）有关传输线缆敷设等项目执行本册定额第二章"综合布线系统工程"相关定额。

（4）各种拼接屏间的粘接辅材及连接信号电缆已包含在定额基价内。

2. 工程量计算规则

（1）信号源设备安装，以"只"为计量单位。

（2）卡座、CD机、VCD/DVD机、DJ搓盘机、MP3播放机安装，以"台"为计量单位。

（3）耳机安装，以"副"为计量单位。

（4）调音台、周边设备、功率放大器、音箱、机柜、电源和会议设备安装，以"台"为计量单位。

（5）扩声设备级间调试，以"个"为计量单位。

（6）公共广播、背景音乐系统设备安装，以"台"为计量单位。

（7）公共广播、背景音乐、分系统调试、系统测量、系统调试、系统试运行，以"系统"为计量单位。

7.4.3.6　安全防范系统工程

1. 定额章说明

（1）本章内容包括入侵探测设备安装、调试，出入口设备安装、调试，巡更设备安装、调试，电视监控摄像设备安装、调试，安全检查设备安装、调试，停车场管理设备安装、调试，安全防范分系统调试，安全防范系统调试，安全防范系统工程试运行。

（2）安全防范系统工程中的显示装置等项目执行本册定额第五章"音频视频系统工程"相关定额。

（3）安全防范系统工程中的服务器、网络设备、工作站、软件、存储设备等项目执行本册定额第一章"计算机及网络系统工程"相关定额。机柜（机箱）、跳线制作、安

装等项目执行本册定额第二章"综合布线系统工程"相关定额。

（4）有关场地电气安装工程项目执行本定额第四册《电气设备安装工程》相应定额。

（5）用于智能小区的相关系统应执行本册定额第八章"住宅小区智能化系统设备安装工程"。

2. 工程量计算规则

（1）入侵探测设备安装、调试，以"个、台、套"为计量单位。

（2）报警信号接收机安装、调试，以"系统"为计量单位。

（3）出入口控制设备安装、调试，以"台"为计量单位。

（4）巡更设备安装、调试，以"套"为计量单位。

（5）电视监控设备安装、调试，以"台"为计量单位。

（6）防护罩安装，以"套"为计量单位。

（7）摄像机支架安装，以"套"为计量单位。

（8）安全检查设备安装，以"台"或"套"为计量单位。

（9）停车场管理设备安装，以"台（套）"为计量单位。

（10）安全防范分系统调试及系统工程试运行，均以"系统"为计量单位。

7.4.3.7　智能建筑设备防雷接地

1. 定额章说明

（1）本章内容包括电涌保护器安装、调试，信号电涌保护器安装、调试，智能检测系统避雷安装、调试。

（2）本章防雷、接地装置按成套供应考虑。

（3）有关电涌保护器布放电源线缆等项目执行本定额第四册《电气设备安装工程》相应定额。

2. 工程量计算规则

（1）电涌保护器安装、调试，以"台"为计量单位。

（2）信号电涌保护器安装、调试，以"个"为计量单位。

（3）智能检测型SPD安装，以"台"为计量单位。

（4）智能检测SPD系统配套设施安装、调试，以"套"为计量单位。

（5）等电位连接，以"处"为计量单位。

7.4.3.8　住宅小区智能化系统设备安装工程

1. 定额章说明

（1）本章内容包括家居控制系统设备安装、家居智能化系统设备调试、小区智能化

系统设备调试、小区智能化系统试运行。

（2）有关综合布线、通信设备、计算机网络、有线电视设备、背景音乐设备、防雷接地装置、停车场设备、视频监控和防盗报警设备等的安装、调试参照本册相应定额子目。

（3）本章设备按成套购置考虑。

（4）已经属于"建筑设备监控系统""楼宇安全防范系统"的工程内容，不得在本章重复计算。

2. 工程量计算规则

（1）住宅小区智能化设备安装工程，以"台"计算。

（2）住宅小区智能化设备系统调试，以"套"（管理中心调试以"系统"）计算。

（3）小区智能化系统试运行、测试，以"系统"计算。

7.4.4 智能化工程工程量计算

按照招标任务的完成需要，项目组在识读、分析过图纸之后，就应该进行工程量计算。智能化工程中各个分部工程的工程量计算分别讲述如下。

7.4.4.1 综合布线系统工程量计算所需信息

多功能报告厅综合布线系统工程平面图和系统图如附图1.2.17–1.2.19所示，本多功能报告厅综合布线系统设计说明描述如下：

（1）由运营商引来外线电缆，进入低年段教学楼一层中心机房，引入端设置过电压保护装置。与外部通信，应充分考虑安全性有效防止外界非法入侵。

（2）系统按六类标准进行设计，电脑信息插座、电话信息插座均采用六类RJ45插口模块。

（3）数据主干采用8芯单模光缆；语音主干采用室外3类25对/50对/100对大对数电缆，留有20%以上的余量。楼层机柜位于每幢楼一层或二层，UPS AC220V集中供电到位。

（4）每个电脑点需配备一只强电插座，强、弱电插座间隔为30cm，由电气专业实施。

（5）在报告厅设置无线AP，并预留扩充空间。

7.4.4.2 综合布线系统工程量计算过程

（1）配管配线的计算。报告厅一层层高按5m，夹层层高按3m考虑结合信息点位安装高度计工程量。由系统图可知，报告厅的BF6-1机柜出线至三条路径，分别是①路径至西侧门卫；②路径至多功能报告厅一层；③路径至多功能报告厅夹层。由于西侧门卫施工平面图未设计，①路径至西侧门卫本次不计。BF6-1机柜（42U机柜宽600mm×深600mm×高2000mm）②③路径的工程量详细标识计算如下：

②路径：

C2=UTP6 KBG20-FC，WC；D=2UTP6 KBG25-WC，CC

C2，KBG20敷设：0.2[⊥代表垂直高度（余同），此处指埋深，也就是水平穿管在顶棚内的高度，余同]+22.74[水平距离]+0.2[⊥]+19.48[水平距离]+0.2[⊥]+3.41[水平距离]=46.23(m)

C2，UTP6穿管敷设：0.2[⊥]+22.74[水平距离]+0.2[⊥]+19.48[水平距离]+0.2[⊥]+3.41[水平距离]=46.23(m)

C2，150×100桥架安装：（8-5）[⊥顶棚至夹层控制室地面]+3.3[夹层控制室垂直桥架与一层垂直桥架之间的距离，应有一段沿一层梁底的水平桥架，余同]=6.3m

C2，UTP6桥架内布放：（8-5）[⊥顶棚至夹层控制室地面]+3.3[夹层控制室垂直桥架与一层垂直桥架之间的距离]+（2+0.6）[机柜内预留]+（8-5）[⊥顶棚至夹层控制室地面]+3.3[夹层控制室垂直桥架与一层垂直桥架之间的距离]+（2+0.6）[机柜内预留]+（8-5）[⊥顶棚至夹层控制室地面]+3.3[夹层控制室垂直桥架与一层垂直桥架之间的距离]+（2+0.6）[机柜内预留]=26.7m

D，KBG25敷设：34.07[水平距离]+0.3[⊥，0.3为点位安装高度，余同]+31.7[水平距离]+0.3[⊥]=66.37m

D，2UTP6穿管敷设：34.07[水平距离]+0.3[⊥，0.3为点位安装高度，余同]+31.7[水平距离]+0.3[⊥]=66.37m

D，150×100桥架安装：5[⊥夹层控制室地面或一层梁底至一层地面的距离]=5m

D，2UTP6桥架内布放：5[⊥夹层控制室地面或一层梁底至一层地面的距离]+3.3[夹层控制室垂直桥架与一层垂直桥架之间的距离]+（2+0.6）[机柜内预留]+5[⊥夹层控制室地面或一层梁底至一层地面的距离]+3.3[夹层控制室垂直桥架与一层垂直桥架之间的距离]+（2+0.6）[机柜内预留]=21.8m

②路径工程量汇总：

KBG20：46.23m

KBG25：66.37m

150×100桥架安装：6.3m+5m=11.3m

穿管UTP6：46.23+2×66.37=178.97m

桥架内布放UTP6：26.7+21.8×2=70.3m

③路径：

C3=2UTP6 KBG25-WC，CC；D=2UTP6 KBG25-WC，CC

C3，KBG25敷设：（3-0.3）[⊥]+7.03+（3-0.3）[⊥]+1.7+（3-0.3）[⊥]+0.54=17.37m

C3，2UTP6穿管敷设：（3-0.3）[⊥]+7.03+（3-0.3）[⊥]+1.7+（3-0.3）[⊥]+0.54=17.37m

C3，150×100桥架安装：（3-0.1）[垂直桥架,夹层层高-0.1桥架距离顶板的高度]=2.9m

C3，100×100桥架安装：2.2[夹层控制室梁底的水平桥架,余同]=2.2m

C3，2UTP6桥架内布放：（3-0.1）[垂直桥架]+（0.42+1.24）[1.24为垂直桥架至机柜的距离（余同)]+（2+0.6）[机柜内预留]+（3-0.1）[垂直桥架]+（0.55+1.24）+（2+0.6）[机柜内预留]+（3-0.1）[垂直桥架]+（1.45+1.24）+（2+0.6）[机柜内预留]=22.64m，[0.42、0.55、1.45分别为垂直桥架至3个C3线路的桥架距离]

D，KBG25敷设：（3-0.3）[⊥]+5.6+1.2=9.5m

D，2UTP6穿管敷设：（3-0.3）[⊥]+5.6+1.2=9.5m

D，2UTP6桥架内布放：（3-0.1）[垂直桥架]+（1.1+1.24）+（2+0.6）[机柜内预留]=7.84m[1.1为垂直桥架至D线路的桥架距离]

③路径工程量汇总：

KBG25：17.37+9.5=26.87m

穿管UTP6：2×（17.37+9.5）=53.74m

桥架内布放UTP6：2×（22.64+7.84）=60.69m

150×100桥架安装：2.9m

100×100桥架安装：2.2m

（2）其他工程量的计算。根据《建筑智能化工程定额》所规定的工程量计算规则，本项目中网络机柜、数据点+数据点（双口面板）、数据点+语音点（双口面板）、无线网络点及各种可计价安装工程项目的工程量均需要计算。本次招标范围仅计综合布线系统，本项目中涉及相关设备如交换机等属于计算机网络系统，不计入本次造价。综合布线管线外其他工程量计算说明如下：

网络机柜：按照图示以"台"为计量单位，数量为1台；网络机柜安装在10#基础槽钢上。

LC型24位光纤配线架，机架式安装，1个。

110配线架，机架式安装，1个。

24口配线架，机架式安装，2个；配金属理线器2个。

管理区六类数据跳线：9个TO＋3个AP共12个数据点，交换机与24口配线架之间需要6类数据跳线12根。

管理区语音跳线：3个语音点，配置3根语音跳线。

管理区光纤配件：按照交换机有4个光接口配置4个LC双工耦合器，配置8根LC单模尾纤接入管线配线架，配置4根2mLC/LC双芯单模OS2光纤跳线连接配线架与交换机耦合器。

面板及六类RJ45插口模块（数据/语音模块）：双口面板，下皮距地0.3米壁装，6只；配12个六类RJ45插口模块，6个86型钢制底盒。

无线网络点，单口面板，吸顶安装，3只；配3个六类RJ45插口模块，3个86型钢制底盒。

工作区六类数据跳线：工作区数据面板与计算机等设备的六类数据跳线经常需要配置，此处有9个数据接口，因此工作区配置六类数据跳线9根。

实体工程量计算完毕，设计系统调试等工程量需要特别注意，本项目智能化工程计算UTP6双绞线的测试和8芯单模光纤链路的测试两项工程量，计量单位都是链路，双绞线链路有12个数据点和3个语音点的链路需要测试，共15个链路；8芯光纤以1对为一个链路，共4个链路。

系统安装完毕后需进行调试，一般整个项目计算1个系统，按照点数套用定额计费。本项目把报告厅的BF6-1机柜管理的综合布线系统看做一个系统来计算，可以计算一个400点以下的综合布线系统调试项目和一个综合布线系统试运行项目。汇总表如表7.4.1所示。

表7.4.1 BF6-1网络机柜各个数据和语音回路的工程量汇总表

序号	定额工程量名称	单位	工程量计算式	数量
1	网络机柜BF6-1，规格宽600×深600×高2000	台		1
2	抗震底座10# 槽钢	个		1
3	UTP 六类24位非屏蔽数据配线架	个		1
4	UTP 六类24位非屏蔽语音配线架	个		1
5	1U 金属理线器	个		2
6	六类非屏蔽数据跳线，2米	条	管理区：3×2＋1×3＋1×3	12
7	100 对110 配线架	个		1
8	110-RJ45 1 对语音跳线2m	条		3
9	LC 型24位光纤配线架	个		1
10	LC 单芯单模OS2 尾纤1m	根		8

序号	定额工程量名称	单位	工程量计算式	数量
11	LC/LC 双芯单模 OS2 光纤跳线 2m	根		4
12	LC 双工单模耦合器	个		4
13	管内穿放六类非屏蔽双绞线	m	2×（17.37 + 9.5） + 46.23 + 2×66.37	232.71
14	桥架内布放六类非屏蔽双绞线	m	26.7 + 21.8×2 + 2×（22.64 + 7.84）	130.99
15	电线管 KBG20	m	46.23	46.23
16	电线管 KBG25	m	（17.37 + 9.5） + 66.37	93.24
17	150×100 桥架安装	m	6.3 + 5 + 2.9	14.2
18	100×100 桥架安装	m	2.2	2.2
19	双口面板（数据点 + 数据点 / 数据点 + 语音点）	个		6
20	单口面板（无线网络点）	个		3
21	六类非屏蔽跳线 2m	条	工作区：数据接口与计算机等设备间跳线	9
22	六类 RJ45 插口模块	个	6×2 + 3	15
23	86 型钢制接线盒	个	6 + 3	9
24	测试 4 对双绞线缆	链路	12 + 3	15
25	测试光纤	链路	1	1
26	综合布线系统调试，400 点以下	系统	1	1
27	综合布线系统试运行	系统	1	1

7.4.5 智能化工程国标工程量清单编制

7.4.5.1 国标工程量清单编制有关规定

《通用安装工程工程量计算规范》（GB50856-2013）（以后简称《规范》）第4节对工程量清单编制做出了以下规定，造价从业人员工作中应严格遵守，其中黑体字为强制条文，内容详见"第3章 电气设备安装工程造价"3.6.1节。

7.4.5.2 智能化工程国标工程量清单编制实例

在工程量计算的基础上，查阅《规范》，编制本书招标项目报告厅综合布线系统国标工程量清单如表7.4.2所示。并以此为例，阐述清单的编制过程和方法。在此提醒大家注意，综合布线系统调试和试运行由于在2013版清单中没有这一项内容，所以在《规范》的附录中找不到相应编码，造价从业人员可以在清单后，补充项目编码，补充编码方法也在本节详细描述。

表 7.4.2　报告厅综合布线系统工程分部分项工程项目清单

序号	项目编码	项目名称	项目特征	单位	数量
1	030502001001	机柜、机架	42U 网络机柜 BF6-1 规格为 600*600*2000	台	1
2	030502002001	抗震底座	10# 槽钢	个	1
3	030502010001	配线架	UTP 六类 24 位非屏蔽数据配线架，含 24 个六类 RJ45 插口模块。	个	1
4	030502010002	配线架	UTP 六类 24 位非屏蔽语音配线架，含 24 个六类 RJ45 插口模块。	个	1
5	030502010003	配线架	LC 型 24 位光纤配线架，含 4 个 LC 双工单模耦合器。	个	1
6	030502017001	线管理器	1U 金属理线器	个	2
7	030502009001	跳线	六类非屏蔽跳线 2m	条	12
8	030502009002	跳线	110-RJ45 1 对语音跳线 2m	条	3
9	030502009003	跳线	六类非屏蔽跳线 2m	条	9
10	030502011001	跳线架	100 对 110 配线架，含 4 对、5 对连接块，含背板。	个	1
11	030502016001	布放尾纤	LC 单芯单模 OS2 尾纤 1m	根	8
12	030502016002	布放尾纤	LC/LC 双芯单模 OS2 光纤跳线 2m	根	4
13	030502005001	双绞线缆	管内穿放六类非屏蔽双绞线	米	232.71
14	030502005002	双绞线缆	桥架内布放六类非屏蔽双绞线	米	130.99
15	030411001001	配管	电线管 KBG20	米	46.23
16	030411001002	配管	电线管 KBG25	米	93.24
17	030502012001	信息插座	双口面板（数据点 + 数据点 / 数据点 + 语音点），含 2 个六类 RJ45 插口模块，1 个 86 型钢制接线盒。	个	6
18	030502012002	信息插座	单口面板（无线网络点），含 1 个六类 RJ45 插口模块，1 个 86 型钢制接线盒。	个	3
19	030502019001	双绞线缆测试	测试 4 对双绞线缆	链路	15
20	030502020001	光纤测试	测试光纤	链路	1
21	03B001	系统调试	综合布线系统,15 点	系统	1
22	03B002	试运行	综合布线系统	系统	1

《规范》E.2综合布线系统工程的清单编制规定如表7.4.3所示。根据表7.4.3得到表

7.4.1中第一项机柜、机架的清单编码前9位是030502001。根据3.6.1节中所示《规范》的工程量清单编制规定，工程量清单的项目编码应采用十二位阿拉伯数字表示，一至九位应按附录的规定设置，十至十二位为顺序码应根据拟建工程的工程量清单项目名称和项目特征设置编号，同一招标工程的项目编码不得有重码。针对首次出现的机柜、机架项目，十至十二位编码编为001，如果尚有其他项目特征不同的机柜、机架，则一至九均相同，十至十二位编码可依次编为002、003……因此，本项目机柜、机架的清单编码为030502001001，如表7.4.2所示第一项。

本报告厅综合布线系统项目所涉及机柜、机架、双绞线缆、配线架、跳线架、信息插座等项目的清单编制规定分别如表7.4.3所示；配管、接线盒等项目的清单编制规定如本书第3章表3.6.5所示。

表7.4.3 E.2 综合布线系统工程（编码：030502）

项目编码	项目名称	项目特征	计量单位	工程量计算规则	工作内容
030502001	机柜、机架	1. 名称 2. 材质 3. 规格 4. 安装方式	台	按设计图示数量计算	1. 本体安装 2. 相关固定件的连接
030502002	抗震底座		个		1. 本体安装 2. 底盒安装
030502003	分线接线箱（盒）				
030502004	电视、电话插座	1. 名称 2. 安装方式 3. 底盒材质、规格			
030502005	双绞线缆	1. 名称 2. 规格 3. 线缆对数 4. 敷设方式	m		1. 敷设 2. 标记 3. 卡接
030502006	大对数电缆				
030502007	光缆				
030502008	光纤束、光缆外护套	1. 名称 2. 规格 3. 安装方式	m		1. 气流吹放 2. 标记
030502009	跳线	1. 名称 2. 类别 3. 规格	条		1. 插接跳线 2. 整理跳线
030502010	配线架	1. 名称 2. 规格 3. 容量	个（块）		安装、打接
030502011	跳线架				
030502012	信息插座	1. 名称 2. 类别 3. 规格 4. 安装方式 5. 底盒材质、规格			1. 端接模块 2. 安装面板

续表

项目编码	项目名称	项目特征	计量单位	工程量计算规则	工作内容
030502013	光纤盒	1. 名称 2. 类别 3. 规格 4. 安装方式	个 （块）	按设计图示数量计算	1. 端接模块 2. 安装面板
030502014	光纤连接	1. 方法 2. 模式	芯、端口		1. 接续 2. 测试
030502015	光缆终端盒	1. 光缆芯数	个		
030502016	布放尾纤	1. 名称 2. 规格 3. 安装方式	根		
030502017	线管理器		个		本体安装
030502018	跳块				安装、卡接
030502019	双绞线缆测试	1. 测试类别 2. 测试内容	链路、（点、芯）		测试
030502020	光纤测试				

注：1. 线缆敷设需要安装过路盒的参见增补清单。

2. 跳线，如主材为成品跳线则不能套用该定额。本定额仅适用于现场制作。

3. 跳线架不包含跳块清单，也不包含跳块定额，跳块应根据设计内容单独计量。

关于补充清单编码，根据本书3.6.1节描述，《规范》4.1.3规定，编制工程量清单出现附录中未包括的项目，编制人应做补充，并报省级或行业工程造价管理机构备案，省级或行业工程造价管理机构应汇总报住房和城乡建设部标准定额研究所。补充项目的编码由本规范的代码03与B和三位阿拉伯数字组成，并应从03B001起顺序编制，同一招标工程的项目不得重码。本项目中综合布线的两个补充编码可以编为：03B001和03B002，增补编码仅应用于本次招标项目。

另外说明：根据《浙江省建设工程工程量清单计价指引 通用安装工程》，浙江省的增补编码一般用字母Z加前9位编码来表示。本书查阅了《浙江省建设工程工程量清单计价指引 通用安装工程》，综合布线部分的编码最后一个为Z030502022，属于浙江省造价管理机构统一增补的清单编码，因此，我们也可以从Z030502023开始自行增补（Z＋前9位）编码Z030502023001和Z030502024001两项，如果没有经过上述备案过程，增补项目编码只能用于本项目。

本书采用国标《规范》规定统一编码，案例项目自行补充编制的清单如表7.4.2最后两项所示。

本书所介绍方法仅供参考，实际工作中，请参照当地造价管理部门规定自行补充清单编码。

7.5 智能化工程综合单价及分部分项工程费计算

根据造价步骤，清单编制结束，需要计算每个清单项目的综合单价。本书招标项目计价采用一般计税方法计税，企业管理费和利润按照《浙江省建设工程计价规则》（2018版）规定计取，取费基数为"定额人工费"与"定额机械费"之和。根据规定，编制招标控制价时，企业管理费和利润按照费率区间中值取费，企业管理费费率为21.72%，利润费率为10.4%。查阅《浙江省通用安装工程预算定额》（2018版）相关定额，并查阅主材"市场信息价"相关资料或进行主材市场价格的询价，获得相关主材价格，编制本项目智能化工程（综合布线）的综合单价计算表，部分计算表节选如表7.5.1所示，编制过程请扫描视频二维码7-2观看。

视频二维码 7-2：智能化工程综合单价与分部分项工程费计算

如前面几章所举例的单位工程相同，计算投标报价时，综合单价所含人工费、材料费、机械费可按照企业定额或参照预算"专业定额"中的人工、材料、施工机械（仪器仪表）台班消耗量以当时当地相应市场价格由企业自主确定。企业管理费、利润费率可参考相应施工取费费率由企业自主确定。即按照《浙江省建设工程计价规则》（2018版）按照费率区间的任意值计取，企业管理费费率区间为16.29% ～ 27.15%，利润的费率区间为7.8% ～ 13.00%，风险费用不计。本书不再进行投标报价综合单价计算表的具体计算，读者可根据自主确定的各项费率自行计算。

表 7.5.1 报告厅综合布线工程项目综合单价计算表（部分节选）

单位及专业工程名称：某建筑智能化　　　　　　　标段：　　　　　　　第 页 共 页

清单序号	项目编码（定额编码）	清单（定额）项目名称	计量单位	数量	综合单价（元）						合计（元）
					人工费	材料（设备）费	机械费	管理费	利润	小计	
		报告厅综合布线系统									
1	030502001001	机柜、机架1、名称：P2 系列网络机柜2、材质：合金3、规格：42U4、安装方式：落地安装	台	1	220.46	4014.61		47.88	22.93	4305.88	4306
	5-2-3	标准落地式机柜 19″	台	1	220.46	4014.61		47.88	22.93	4305.88	4306
	主材	P2 系列 42U 网络机柜	个	1		4000.00				4000.00	4000
2	030502002001	抗震底座1、名称：机柜安装基础2、材质：10# 槽钢 3、规格：100mm（h）*48mm（b）*5.3mm（d）4、安装方式：落地安装	个	1	22.01	141.45		4.78	2.29	170.53	171
	5-2-4	安装抗震底座	台	1	22.01	141.45		4.78	2.29	170.53	171
	主材	机柜安装基础 10# 槽钢	个	1		108.78				108.78	109
3	030502010001	配线架1、名称：六类非屏蔽数据配线架 2、规格：1U3、容量：24 口 4、其他：含 24 个六类 RJ45 插口模块	个	1	42.47	884.00		9.22	4.42	940.11	940
	5-2-30 换	模块式配线架 24 口～高于超五类的布线	架	1	42.47	884.00		9.22	4.42	940.11	940
	主材	六类 24 位非屏蔽数据配线架	架	1		874.00				874.00	874
4	030502010002	配线架1、名称：六类非屏蔽语音配线架 2、规格：1U3、容量：24 口 4、其他：含 24 个六类 RJ45 插口模块	个	1	42.47	884.00		9.22	4.42	940.11	940
	5-2-30 换	模块式配线架 24 口～高于超五类的布线	架	1	42.47	884.00		9.22	4.42	940.11	940
	主材	六类 24 位非屏蔽语音配线架	架	1		874.00				874.00	874
…	…	…	…	…	…	…	…	…	…	…	…

续表

清单序号	项目编码（定额编码）	清单（定额）项目名称	计量单位	数量	人工费	材料（设备）费	机械费	管理费	利润	小计	合计（元）
6	030502 017001	线管理器 1、名称：金属理线器 2、规格：1U 3、安装方式：机架式安装	个	2	22.01	74.17		4.78	2.29	103.25	207
	5-2-56	线管理器 1U	个	2	22.01	74.17		4.78	2.29	103.25	207
	主材	金属理线器	个	1.01		70.00				70.00	71
7	030502 009001	跳线 1、名称：跳线 2、类别：六类非屏蔽 3、规格：2 米	条	12	1.78	26.20		0.39	0.19	28.56	343
	5-2-25 换	制作、安装双绞线跳线～高于超五类的布线～跳线为成品	条	12	1.78	26.20		0.39	0.19	28.56	343
	主材	六类非屏蔽跳线 2 米	条	1		26.00				26.00	26
...	...	...	...	...	...	...	...	...	...	...	...
10	030502 011001	跳线架 1、名称：110 型语音跳线架 2、规格：1U 3、容量：100 对 4、其他：含4对、5对连接块，含背板	个	1	106.03	243.33		23.03	11.03	383.42	383
	5-2-34 换	卡接式配线架 100 对～高于超五类的布线	架	1	106.03	243.33		23.03	11.03	383.42	383
	主材	110 型 100 对语音配线架	架	1		230.00				230.00	230
...	...	...	...	...	...	...	...	...	...	...	...
13	030502 005001	双绞线缆 1、名称：六类双绞线缆 2、规格：非屏蔽 3、线缆对数：4 对 4、敷设方式：管内穿放	m	232.71	0.90	3.04	0.02	0.20	0.10	4.26	991
	5-2-13 换	双绞线缆 管内穿放≤4 对～高于超五类的布线	m	232.71	0.90	3.04	0.02	0.20	0.10	4.26	991
	主材	六类非屏蔽双绞线缆	m	1.05		2.86				2.86	3
14	030502 005002	双绞线缆 1、名称：六类双绞线缆 2、规格：非屏蔽 3、线缆对数：4 对 4、敷设方式：桥架内布放	m	130.99	0.87	3.04	0.02	0.19	0.09	4.21	551
	5-2-15 换	双绞线缆 线槽（桥架）内布放≤4 对～高于超五类的布线	m	130.99	0.87	3.04	0.02	0.19	0.09	4.21	551

续表

清单序号	项目编码（定额编码）	清单（定额）项目名称	计量单位	数量	综合单价（元）						合计（元）
					人工费	材料（设备）费	机械费	管理费	利润	小计	
	主材	六类非屏蔽双绞线缆	m	1.05		2.86				2.86	3
15	030411 001001	配管 1、名称：电线管 2、材质：KBG20 3、配置形式：砖、混凝土结构暗配	m	46.23	3.77	4.04	0.05	0.83	0.40	9.09	420
	4-11-8	砖、混凝土结构暗配 公称直径（mm）20	m	46.23	3.77	4.04	0.05	0.83	0.40	9.09	420
	29063 30001	KBG20	m	1.03		3.13				3.13	3
…	…	…	…	…	…	…	…	…	…	…	…
18	030502 012002	信息插座 1、名称：无线网络点 2、类别：单口 3、规格：RJ45 4、安装方式：吸顶安装 5、底盒材质、规格：86 型钢制接线盒	个	3	10.05	40.99		2.18	1.04	54.26	163
	5-2-35 换	信息插座 4 对模块安装 ~ 高于超五类的布线	个	3	3.56	28.78		0.77	0.37	33.48	100
	HY005	无线网络点	个	1.01		28.00				28.00	28
	5-2-39 换	信息插座 各类插座面板安装 ~ 高于超五类的布线	个	3	3.56	8.58		0.77	0.37	13.28	40
	B05110429	单口面板	个	1.01		8.00				8.00	8
	4-11-211	开关盒、插座盒安装	个	3	2.93	3.63		0.64	0.30	7.50	23
	29111 20055	86 型钢制接线盒	个	1.02		3.11				3.11	3
…	…	…	…	…	…	…	…	…	…	…	…
20	030502 020001	光纤测试 1、名称：测试 光纤	链路	1	16.47	0.09	0.34	3.65	1.75	22.30	22
	5-2-58	测试 光纤	对	1	16.47	0.09	0.34	3.65	1.75	22.30	22
…	…	…	…	…	…	…	…	…	…	…	…
合　计											14042

（说明：表中汇总价格为假设价格，如果读者自行算出总价不同，以实际计算为准。）

　　根据所得的综合单价计算表，将各项综合单价带入表7.4.2所列综合布线系统清单中得到如表7.5.2所示的招标项目智能化（报告厅综合布线）工程的分部分项工程项目清单与计价表，该过程如视频7-2"智能化工程综合单价与分部分项工程费计算"中所示。

表7.5.2 分部分项工程清单与计价表

单位及专业工程名称：某建筑智能化工程　　　　　　　　标段：　　　　　　　第 页 共 页

序号	项目编码	项目名称	项目特征	计量单位	工程量	金额（元）					备注
						综合单价	合价	其中			
								人工费	机械费	暂估价	
1	030502 001001	机柜、机架	1、名称：P2系列网络机柜 2、材质：合金 3、规格：42U 4、安装方式：落地安装	台	1	4305.88	4306	220.46	0.00	0.00	
2	030502 002001	抗震底座	1、名称：机柜安装基础 2、材质：10#槽钢 3、规格：100mm（h）*48mm（b）*5.3mm（d） 4、安装方式：落地安装	个	1	170.53	171	22.01	0.00	0.00	
3	030502 010003	配线架	1、名称：UTP六类非屏蔽数据配线架 2、规格：1U 3、容量：24口 4、其他：含24个六类RJ45插口模块	个	1	940.11	940	42.47	0.00	0.00	
…	…	…	…	…	…	…	…	…	…	…	
19	030502 019001	双绞线缆测试	1、名称：测试4对双绞线缆	链路	15	19.63	294	166.05	55.80	0.00	
20	030502 020001	光纤测试	1、名称：测试 光纤	链路	1	22.30	22	16.47	0.34	0.00	
…	…	…	…	…	…	…	…	…	…	…	
合计						14042	1932	77	0		

（说明：表中汇总价格为假设价格，如果读者自行算出总价不同，以实际计算为准。）

7.6　智能化工程措施项目费及各类取费计算

如第3至第6章所述，工程造价尚应包括施工技术措施项目费、施工组织措施项目费等各类费用的计取。根据施工组织设计和施工方案及招标文件，本项目施工技术措施项目费考虑脚手架搭拆费，施工组织措施项目费考虑安全文明施工基本费，省标化工地增加费按施工组织措施项目费计算，但汇总表列入其他项目费的暂列金额中。计算方法与本书前面几章所示计算案例相同，此处不再赘述。施工技术措施项目费计算如表7.6.1、7.6.2所示，施工组织措施项目费计算如表7.6.3所示。

表 7.6.1 施工技术措施项目综合单价计算表

单位及专业工程名称：某建筑智能化工程　　　　　　　　标段：　　　　　　第 1 页 共 1 页

清单序号	项目编码（定额编码）	清单（定额）项目名称	计量单位	数量	综合单价（元）						合计（元）
					人工费	材料（设备）费	机械费	管理费	利润	小计	
		0313 措施项目									
1	031301 017001	脚手架搭拆 1、名称：脚手架搭拆费，第五册	项	1	19.31	54.44		4.19	2.01	79.95	80
	13-2-5	脚手架搭拆费，第五册	100 工日	0.143	135	380.70		29.32	14.04	559.06	313
合　计											80

表 7.6.2 施工技术措施项目清单与计价表

单位及专业工程名称：某建筑智能化工程　　　　　　　　标段：　　　　　　第 1 页 共 1 页

序号	项目编码	项目名称	项目特征	计量单位	工程量	金额（元）					备注
						综合单价	合价	其中			
								人工费	机械费	暂估价	
		0313 措施项目					80	19	0	0	
1	031301 017001	脚手架搭拆	脚手架搭拆费，第五册	项	1	79.99	80	19.32	0.00	0.00	
本页小计							80	19	0	0	
合　计							80	19	0	0	

表 7.6.3 施工组织措施项目清单与计价表

单位及专业工程名称：某建筑智能化工程　　　　　　　　标段：　　　　　　第 1 页 共 1 页

序号	项目名称	计算基础	费率（%）	金额（元）	备注
1	安全文明施工费		7.1	144	
1.1	安全文明施工基本费	定额人工费＋定额机械费 1932＋77＋19＋0=2028	7.1	144	
2	提前竣工增加费	定额人工费＋定额机械费			
3	二次搬运费	定额人工费＋定额机械费			
4	冬雨季施工增加费	定额人工费＋定额机械费			
5	行车、行人干扰增加费	定额人工费＋定额机械费			
6	省标化工地增加费	定额人工费＋定额机械费 1932＋77＋19＋0=2028	2.03	41	
合　计				185	

7.7 智能化工程造价汇总及编制说明的编写

接下来计算其他项目费、规费和税金等费用。其他项目费根据招标文件规定计取，规费和税金根据项目实际情况，根据《浙江省建设工程计价规则》（2018版）的规定计取。各项费用计算在第3～6章已详细叙述，本章不再赘述。基于以上各项计算，得到招标项目智能化（综合布线系统）工程招标控制价汇总表如表7.7.1所示，汇总计算过程请扫描视频二维码7-3观看。

表 7.7.1 智能化工程招标控制价汇总表（有其他项目费）

单位工程名称：智能化安装工程　　　　　　　　标段：　　　　　　　　第1页 共1页

序号	费用名称	计算公式	金额（元）	备注
1	分部分项工程费	∑（分部分项工程数量 × 综合单价）	14042	
1.1	其中 人工费＋机械费	∑分部分项（人工费＋机械费）	2009	
2	措施项目费	2.1 ＋ 2.2	224	
2.1	施工技术措施项目	∑（技术措施工程数量 × 综合单价）	80	
2.1.1	其中 人工费＋机械费	∑技措项目（人工费＋机械费）	19	
2.2	施工组织措施项目	按实际发生项之和进行计算	144	
2.2.1	其中 安全文明施工基本费	∑计费基数 × 费率	144	
3	其他项目费	3.1 ＋ 3.2 ＋ 3.3 ＋ 3.4 ＋ 3.5	291	
3.1	暂列金额	3.1.1 ＋ 3.1.2 ＋ 3.1.3	41	
3.1.1	标化工地增加费	（人工费＋机械费）×2.03%	41	
3.1.2	优质工程增加费	按招标文件规定额度列计	0	
3.1.3	其他暂列金额	按招标文件规定额度列计	0	
3.2	暂估价	3.2.1 ＋ 3.2.2 ＋ 3.2.3	0	
3.2.1	材料（工程设备）暂估价	按招标文件规定额度列计（或计入综合单价）	0	
3.2.2	专业工程暂估价	按招标文件规定额度列计	0	
3.2.3	专项技术措施暂估价	按招标文件规定额度列计	0	
3.3	计日工	∑计日工（暂估数量 × 综合单价）	0	
3.4	施工总承包服务费	3.4.1 ＋ 3.4.2	250	
3.4.1	专业发包工程管理费	按招标范围内的中标价的 1.5% 计取总承包管理、协调费	250	
3.4.2	甲供材料设备管理费	甲供材料暂估金额 × 费率＋甲供设备暂估金额	0	
3.5	建筑渣土处置费	按招标文件规定额度列计	0	
4	规费	计算基数 × 费率 =2028×30.63%	621	
5	税前总造价	1 ＋ 2 ＋ 3 ＋ 4	15178	
6	税金	计算基数 × 费率 =15178×10%	1518	
招标控制价合计		1 ＋ 2 ＋ 3 ＋ 4 ＋ 6	16696	

<table>
<tr><td></td></tr>
</table>

视频二维码 7-3：智能化工程
其他项目费、规费和税金计算
及造价汇总

视频二维码 7-4：智能化工程无
其他项目费的造价汇总表计算

　　如果本次智能化工程不含有其他项目费，只要把分部分项工程费和措施项目费两部分的计算结果填入招标控制价汇总表，算出规费和税金，就可以汇总得到招标控制价。请扫描视频二维码7-4观看，为大家展示不含其他项目费时的智能化工程造价汇总计算过程，计算结果如表7.7.2所示。

表 7.7.2　智能化工程造价汇总表（无其他项目费）

单位工程名称：智能化安装工程　　　　　　　　　标段：　　　　　　第1页　共1页

序号	费用名称	计算公式	金额（元）	备注
1	分部分项工程费	∑（分部分项工程数量 × 综合单价）	14042	
1.1	其中 人工费＋机械费	∑分部分项（人工费＋机械费）	2009	
2	措施项目费	2.1＋2.2	224	
2.1	施工技术措施项目	∑（技术措施工程数量 × 综合单价）	80	
2.1.1	其中 人工费＋机械费	∑技措项目（人工费＋机械费）	19	
2.2	施工组织措施项目	按实际发生项之和进行计算	144	
2.2.1	其中 安全文明施工基本费	∑计费基数 × 费率	144	
3	其他项目费	3.1＋3.2＋3.3＋3.4＋3.5	0	
3.1	暂列金额	3.1.1＋3.1.2＋3.1.3	0	
3.1.1	标化工地增加费	（人工费＋机械费）×2.03%	0	
3.1.2	优质工程增加费	按招标文件规定额度列计	0	
3.1.3	其他暂列金额	按招标文件规定额度列计	0	
3.2	暂估价	3.2.1＋3.2.2＋3.2.3	0	
3.2.1	材料（工程设备）暂估价	按招标文件规定额度列计（或计入综合单价）	0	
3.2.2	专业工程暂估价	按招标文件规定额度列计	0	
3.2.3	专项技术措施暂估价	按招标文件规定额度列计	0	
3.3	计日工	∑计日工（暂估数量 × 综合单价）	0	
3.4	施工总承包服务费	3.4.1＋3.4.2	0	
3.4.1	专业发包工程管理费	按招标范围内的中标价的1.5%计取总承包管理、协调费	0	

续表

序号	费用名称	计算公式	金额（元）	备注
3.4.2	甲供材料设备管理费	甲供材料暂估金额 × 费率＋甲供设备暂估金额	0	
3.5	建筑渣土处置费	按招标文件规定额度列计	0	
4	规费	计算基数 × 费率 =2028×30.63%	621	
5	税前总造价	1＋2＋3＋4	14887	
6	税金	计算基数 × 费率 =14887×10%	1489	
招标控制价合计		1＋2＋3＋4＋6	16376	

　　单位工程造价完成时，应对实际计价过程进行详细全面的说明，包括计价依据、费用计取的费率取值、工程类别的划分等，本智能化工程的造价编制说明如表7.7.3所示。

表7.7.3　编制说明

造价工程名称：智能化工程　　　　　　　　标段：　　　　　　　　第　页　共　页

　　一、编制依据

　　1、建设单位提供的由宁波市XX设计研究院有限公司设计的《XX项目XX楼》的2018.07版施工图纸及其他相关资料等。

　　2、《浙江省通用安装工程预算定额》（2018版）、《浙江省建设工程计价规则》（2018版）、《浙江省建设工程施工取费定额》（2018版）、《建设工程工程量清单计价规范》（GB50500-2013）、《浙江省建设工程工程量清单计价指引》其他有关补充定额及建设工程造价管理部门发布的现行规定等。

　　二、编制原则及办法

　　1、工程量：根据建设单位提供的施工图纸计算。

　　2、材料信息价：依次顺序按《宁波市建设工程造价信息（综合版）》市区2019年第3期信息价（除税价），2019年第3期《浙江造价信息》（除税价），无信息价者经市场询价后按除税价计入。

　　3、人工价格按《宁波建设工程造价信息》（综合版）2019年第3月刊市区价（除税价）计取。

　　4、取费标准：①企业管理费费率、利润费率按水、电、暖通、消防、智能、自控及通信安装工程中值；②安全文明施工费按"市区一般工程"中值计取；③提前竣工增加费、创标化工地增加费不计。

　　5、规费按按"水、电、暖通、消防、智能、自控及通信安装工程"标准费率的30%计取。

　　6、税金不考虑浙建建发【2019】92号文件《关于增值税调整后我省建设工程计价依据增值税税率及有关计价调整的通知》，仍以税前工程造价的10%计入；

　　7、本工程费率均按一般计税法计取，不考虑浙建建发【2019】92号文件。

三、有关事项说明

1、机柜配置清单及报价参考品牌：威图、HP、IBM。

2、综合布线配置清单及报价参考康宁品牌。

3、光纤配线架适配器配置个数参考主干光缆8芯配置。

4、8芯室外单模OS2光缆及三类25对大对数电缆工程未提供施工图纸暂不计。

四、其他

附表一：建议定牌材料表

说明：本编制说明结合现行实际政策文件的使用，请读者实际工作中应该在编制工程造价文件时考虑当地发布的相关文件。

思考与启示

请结合第1章1.4节造价系列文件组成，思考本项目招标控制价和投标报价的汇总表如何编写。假设本书第3～6章的计价结果，即为每个单位工程的招标控制价或投标报价，试编制多个单位工程的造价汇总表，得到招标项目的招标控制价或投标报价。

习 题

1. 跟随二维码视频学习，完成学习过程测试。

2. 请完成本书配套作业案例中消防和智能化工程的工程量计算、清单编制、定额套用取费、造价汇总计算，可根据教学需要自行选择编制招标控制价或投标报价。作业资料下载二维码见第3章习题。

3. 请对照消防工程和智能化工程相关定额说明消防工程和智能化工程计价分别包括哪些分部工程。

参考文献

[1] 中华人民共和国国家标准GB50500-2013建设工程工程量清单计价规范[S].北京:中国计划出版社，2013.

[2] 中华人民共和国国家标准GB508562013通用安装工程工程量计算规范[S].北京:中国计划出版社，2013.

[3] 浙江省建设工程造价管理总站.浙江省通用安装工程预算定额（2018版）:第一册—第十三册[M].北京:中国计划出版社，2018.

[4] 浙江省建设工程造价管理总站.浙江省建设工程计价规则[M].北京:中国计划出版社，2018.

[5] 浙江省建设工程造价管理总站.浙江省建设工程造价从业人员培训教材（安装工程计价）2012版[M].

[6] 浙江省建设工程造价管理总站.浙江省建设工程造价从业人员培训教材（安装工程计价）2015版[M].

[7] 苗月季，等.建设工程计量与计价实务（浙江省二级造价工程师职业资格考试培训教材）[M].北京:中国计划出版社，2019.

[8] 尤朝阳，等.建筑安装工程造价[M].南京:东南大学出版社，2018.

[9] 丁云飞，等.建筑安装工程造价与施工管理（第2版）[M].北京:机械工业出版社，2016.

[10] 全国造价工程师执业资格考试培训教材编审委员会.建设工程技术与计量[M].北京:中国计划出版社，2017.

[11] 全国造价工程师执业资格考试培训教材编审委员会.建设工程计价[M].北京:中国计划出版社，2017.

[12] 全国一级建造师执业资格考试用书编写委员会.机电工程管理与实务[M].北京:中国建筑工业出版社，2018.

[13] 苗月季，刘临川.安装工程基础与计价[M].北京:中国电力出版社，2014.

[14] 巩学梅，等.建筑设备控制系统[M].北京:中国电力出版社，2007.

[15] 程琼，陈晴.智能建筑消防系统[M].北京:电子工业出版社，2018

[16] 李一力，张少军.图说建筑智能化系统及技术[M].北京:中国电力出版社，

[17] 中华人民共和国国家标准.GB50242-2002建筑给水排水及采暖工程施工质量验收规范[S].北京:中国计划出版社，2002.

[18] 中华人民共和国国家标准.GB50303-2015建筑电气工程施工质量验收规[S] .北京:中国计划出版社，2015.

[19] 中华人民共和国国家标准.CBT50243-2016通风与空调工程施工质量验规范[S] .北京:中国计划出版社，2016.

[20] 中华人民共和国国家标准.B50738-2011通风空调工程施工规范[S] .北京:中国建筑工业出版社，2011.

[21] 中华入民共和国国家标准.北京:BT504-2010暖通空调制图标准[S] .北京:中国建筑工业出版社，2010.

[22] 中华人民共和国国家标准GB50261-2017自动喷水灭火系统施工验收规范[S] .北京:中国计划出版社，2017.

[23] 中华人民共和国国家标准.GB/T50312-2016综合布线系统工程验收规范[S] .北京:中国计划出版社，2016.

[24] 中华人民共和国国家标准.GB50263-2007气体灭火系统施工及验收规范[S] .北京:中国计划出版社，2007.

[25] 中华人民共和国国家标准.GB/T 1048-2019 管道元件 公称压力的定义和选用[S] .北京:国家市场监督管理总局、中国国家标准化管理委员会，2019.

附录一 第1章附图、附表

请扫描二维码下载本书项目案例附图、附表电子资料。

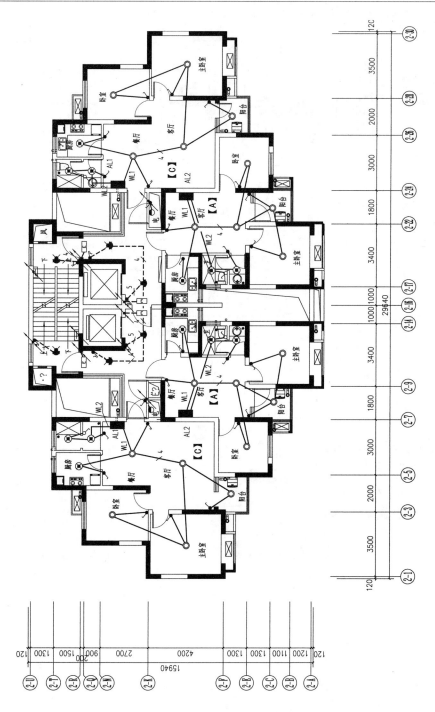

附图1.2.1 公寓楼标准层照明平面图

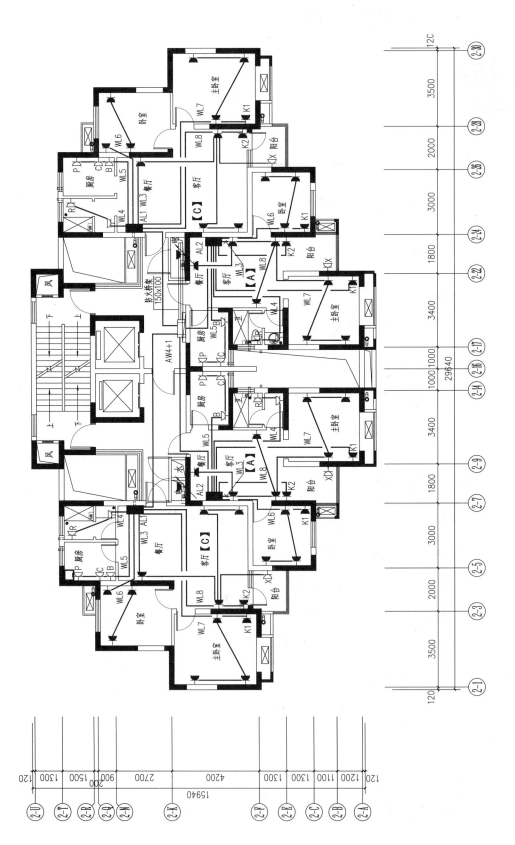

附图 1.2.2　公寓楼标准层插座平面图

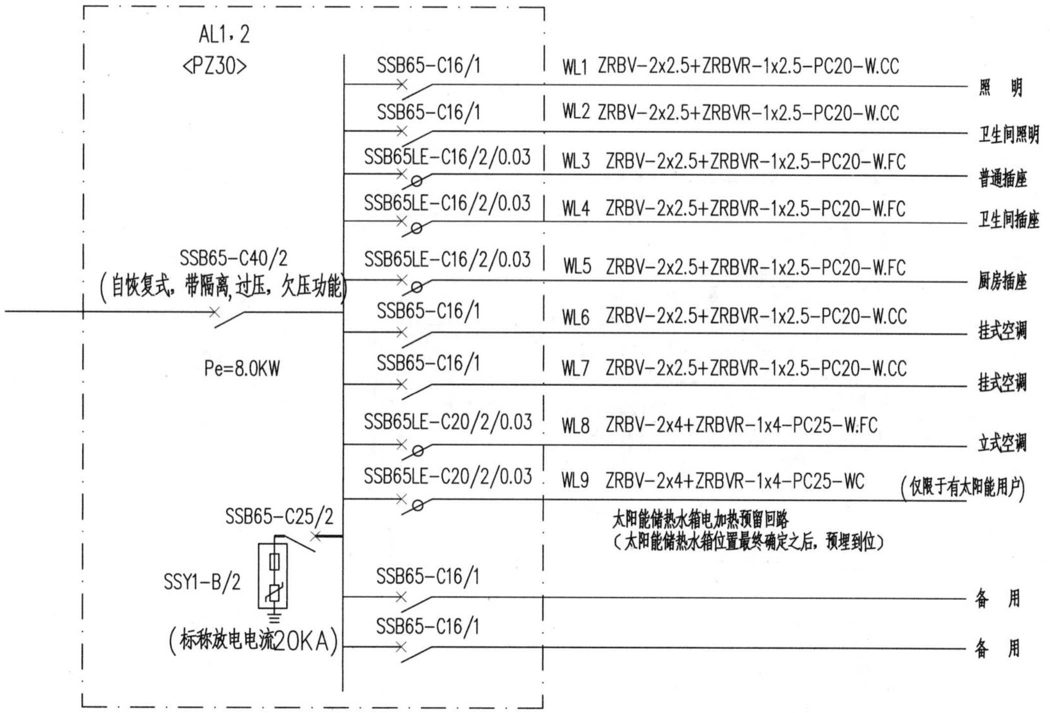

AL1,2
<PZ30>

回路	断路器	编号	电缆规格	负载

SSB65-C16/1　WL1　ZRBV-2x2.5+ZRBVR-1x2.5-PC20-W.CC　照　明

SSB65-C16/1　WL2　ZRBV-2x2.5+ZRBVR-1x2.5-PC20-W.CC　卫生间照明

SSB65LE-C16/2/0.03　WL3　ZRBV-2x2.5+ZRBVR-1x2.5-PC20-W.FC　普通插座

SSB65LE-C16/2/0.03　WL4　ZRBV-2x2.5+ZRBVR-1x2.5-PC20-W.FC　卫生间插座

SSB65LE-C16/2/0.03　WL5　ZRBV-2x2.5+ZRBVR-1x2.5-PC20-W.FC　厨房插座

SSB65-C16/1　WL6　ZRBV-2x2.5+ZRBVR-1x2.5-PC20-W.CC　挂式空调

SSB65-C16/1　WL7　ZRBV-2x2.5+ZRBVR-1x2.5-PC20-W.CC　挂式空调

SSB65LE-C20/2/0.03　WL8　ZRBV-2x4+ZRBVR-1x4-PC25-W.FC　立式空调

SSB65LE-C20/2/0.03　WL9　ZRBV-2x4+ZRBVR-1x4-PC25-WC　(仅限于有太阳能用户)

SSB65-C40/2
(自恢复式,带隔离,过压,欠压功能)

Pe=8.0KW

SSB65-C25/2

SSY1-B/2

(标称放电电流20KA)

太阳能储热水箱电加热预留回路
(太阳能储热水箱位置最终确定之后,预埋到位)

SSB65-C16/1　备　用

SSB65-C16/1　备　用

附图1.2.3　公寓楼标准层照明、插座系统图

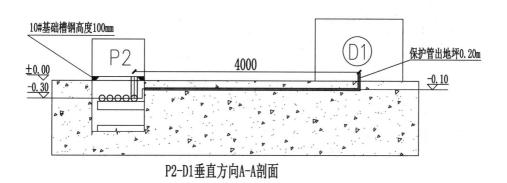

10#基础槽钢高度100mm

P2

±0.00
-0.30

4000

D1

保护管出地坪0.20m

-0.10

P2-D1垂直方向A-A剖面

附图1.2.4　冷冻泵房P2-D1电缆敷设A-A剖面图1

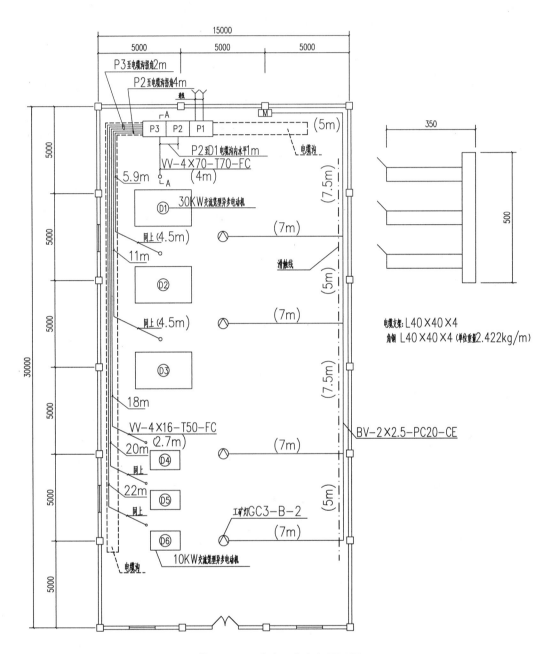

附图1.2.5 冷冻泵房电气平面图

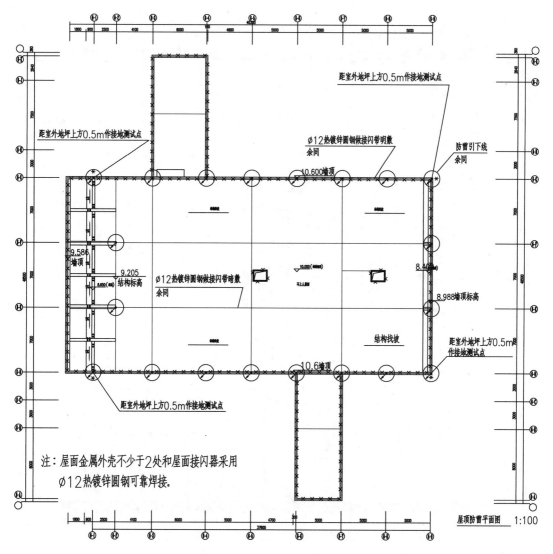

距室外地坪上方0.5m作接地测试点

距室外地坪上方0.5m作接地测试点

Ø12热镀锌圆钢做接闪带明敷
余同

防雷引下线
余同

10.600墙顶

9.586墙顶

9.205结构标高

8.650(wa)

Ø12热镀锌圆钢做接闪带暗敷
余同

10.000(女儿墙)

不上人屋面

8.100(wa)

8.988墙顶标高

结构找坡

距室外地坪上方0.5m作接地测试点

10.6墙顶

距室外地坪上方0.5m作接地测试点

注：屋面金属外壳不少于2处和屋面接闪器采用
Ø12热镀锌圆钢可靠焊接。

屋顶防雷平面图 1:100

附图1.2.6 报告厅屋顶防雷平面图

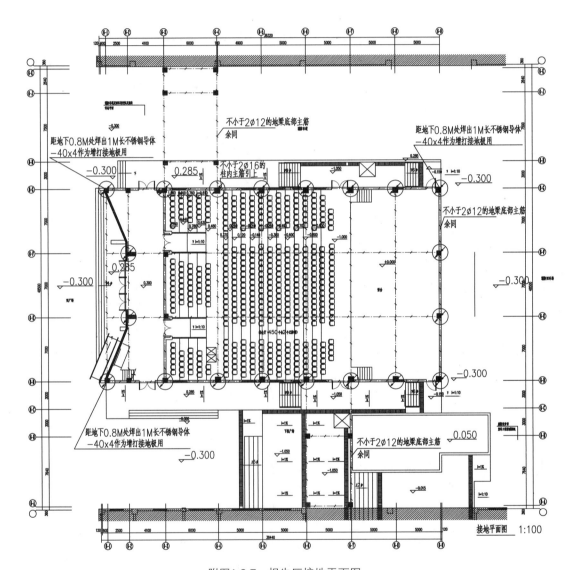

距地下0.8M处焊出1M长不锈钢导体 −40x4作为增打接地极用

不小于2∅12的地梁底部主筋 余同

距地下0.8M处焊出1M长不锈钢导体 −40x4作为增打接地极用

不小于2∅16的柱内主筋引上

不小于2∅12的地梁底部主筋 余同

−0.300

0.285

−0.300

0.285

−0.300

−0.300

−0.300

距地下0.8M处焊出1M长不锈钢导体 −40x4作为增打接地极用

−0.300

不小于2∅12的地梁底部主筋 余同

0.050

接地平面图   1:100

附图1.2.7   报告厅接地平面图

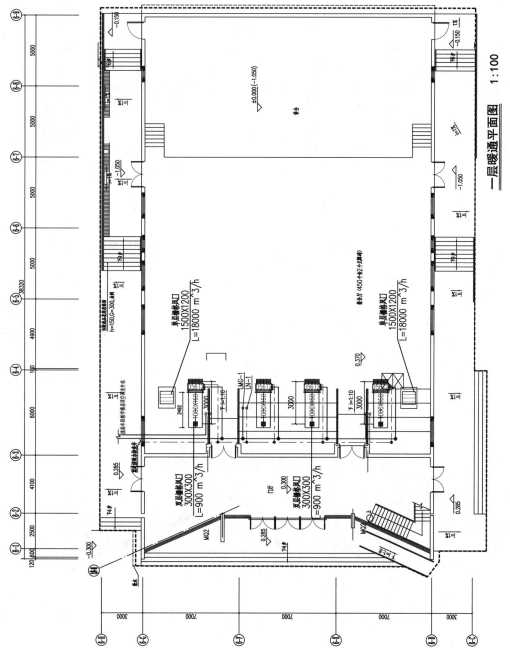

一层暖通平面图　1:100

附图1.2.8　报告厅一层通风空调系统平面图

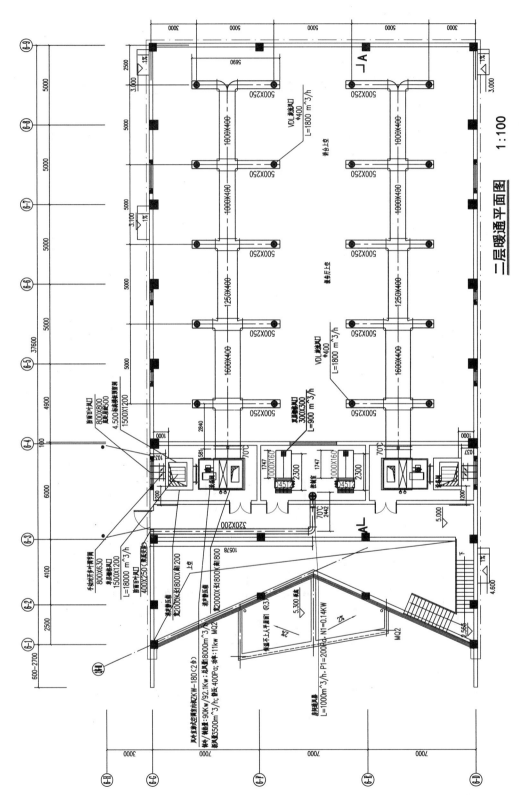

二层暖通平面图　　1:100

附图1.2.9　报告厅二层通风空调系统平面图

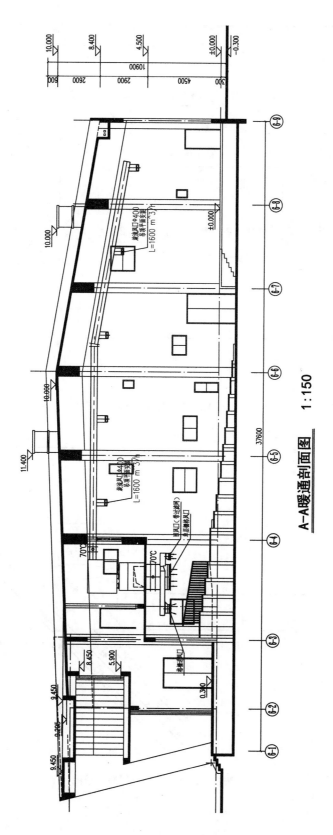

A-A暖通剖面图　1:150

附图1.2.10　报告厅通风空调系统A-A剖面图

353

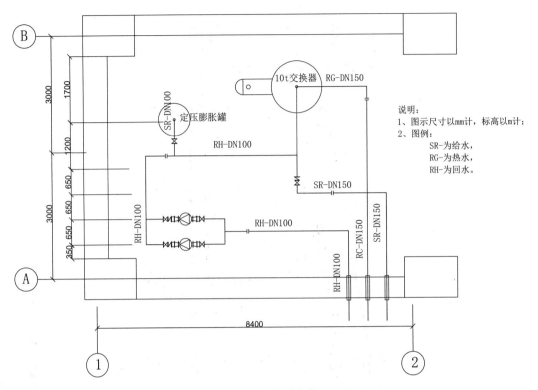

附图1.2.11　交换站安装平面图

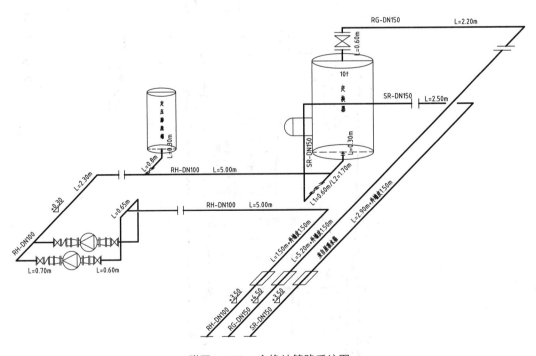

附图1.2.12　交换站管路系统图

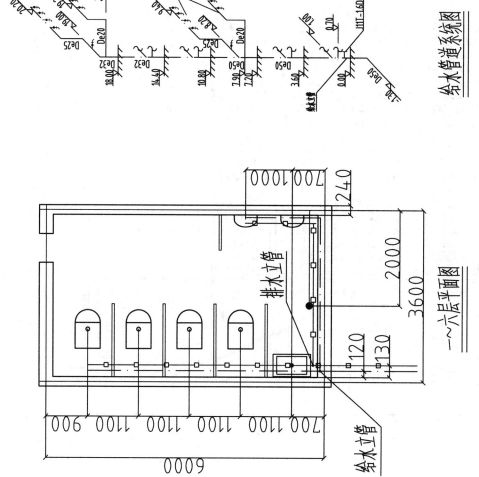

排水管道系统图

给水管道系统图

一~六层平面图

附图1.2.13　给排水工程平面图和系统图

355

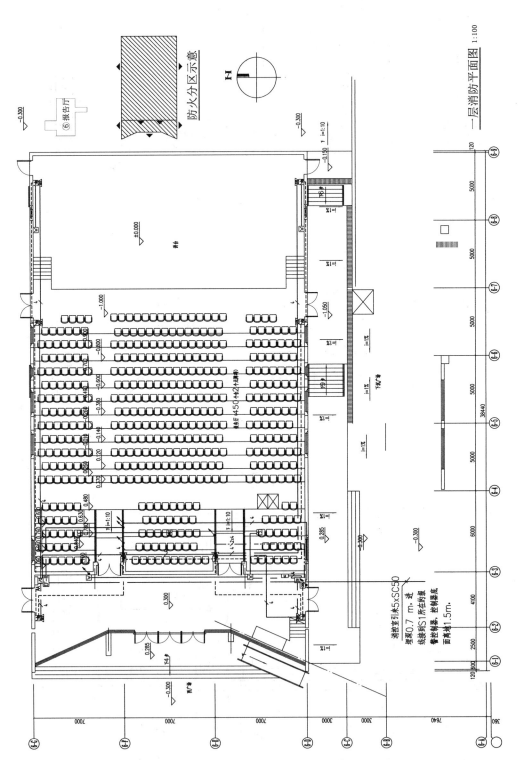

防火分区示意

⑥报告厅

一层消防平面图 1:100

消控室引来5×SC50
埋氣0.7m、进
线接制S1所在的报
警控制幕、控制器底
面离地1.5m。

附图1.2.14 多功能报告厅一楼消防报警及联动控制系统平面图

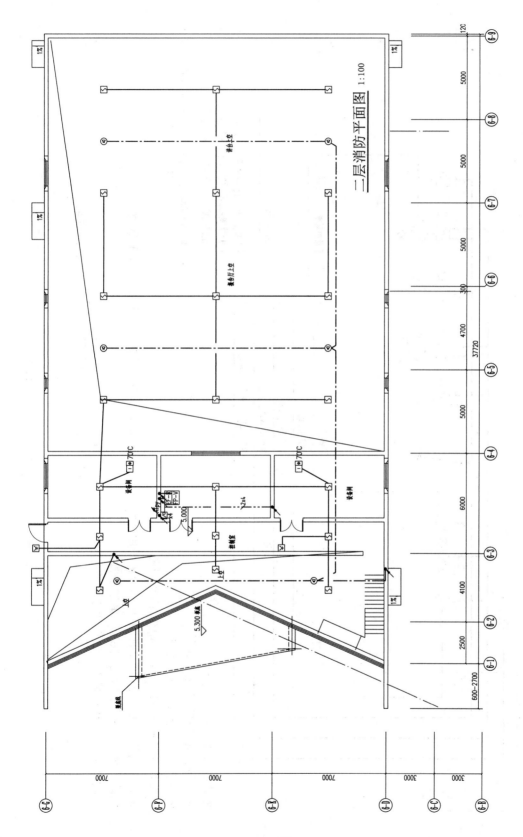

二层消防平面图 1:100

附图1.2.15 多功能报告厅二楼消防报警及联动控制系统平面图

357

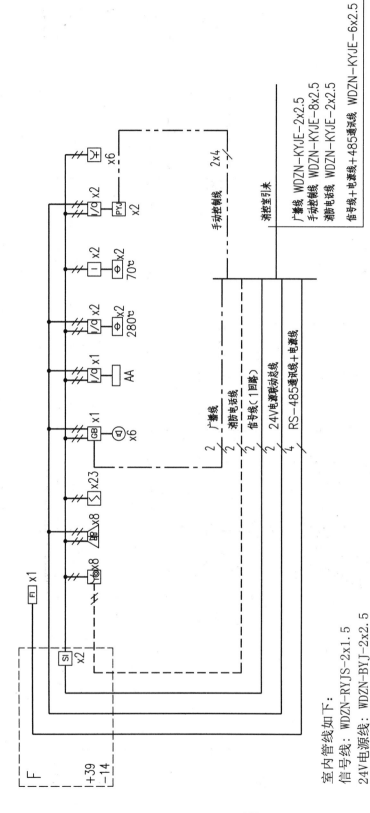

室内管线如下：
信号线：WDZN-RYJS-2x1.5
24V电源线：WDZN-BYJ-2x2.5
火灾显示盘通讯线RS-485：WDZN-RYJS-2x1.0
消防电话线：WDZN-RYJS-nx1.0，电话分机采用多线制，手动报警处的电话插孔采用共线制，单独穿管。
消防广播线：WDZN-RYJS-2x2.5，单独穿管。
手动控制线：WDZN-BYJ-4x2.5，单独穿管。

+39　消防控制室位于主门卫
-14　注：+表示消防报警点数，-表示消防联动点数。

附图1.2.16　多功能报告厅消防报警及联动控制系统图

358

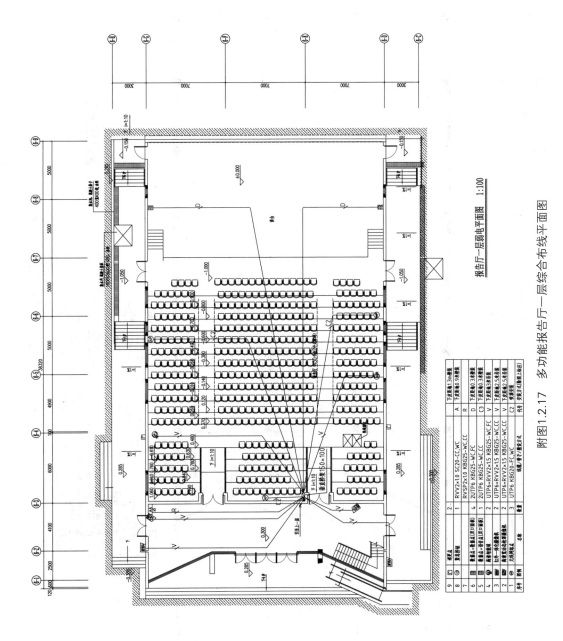

报告厅一层弱电平面图 1:100

多功能报告厅一层综合布线平面图

9		暗盒	2	RVV2×10 SC20-CC,WC		下皮距地1.3m暗敷
8		接线盒		RVSP2×10 KBG25-WC,CC	A	下皮距地0.9m暗敷
7		插座	4	2UTP6 KBG25-WC,FC	R	下皮距地0.3m暗敷
6		插座	1	2UTP6 KBG25-WC,CC	D	下皮距地0.3m暗敷
5		分线盒(两口明装)		UTP6-RVV2×15 KBG25-WC,FC	C3	下皮距地3m明敷
4		分线盒(两口明装)		UTP6-RVV2×15 KBG25-WC,CC	V	下皮距地3m明敷
3		扬声器	2	UTP6-RVV2×15 KBG25-WC,CC	V	下皮距地2.5m明敷
2		两联插座地面接线盒	3	UTP6 KBG20-FC,WC	C2	墙壁安装
1		无源网络点	3		付	安装方式(墙壁/地面)
序号	图例	名称	数量		线缆/导线/敷设方式	安装位置

附图1.2.17 多功能报告厅一层综合布线平面图

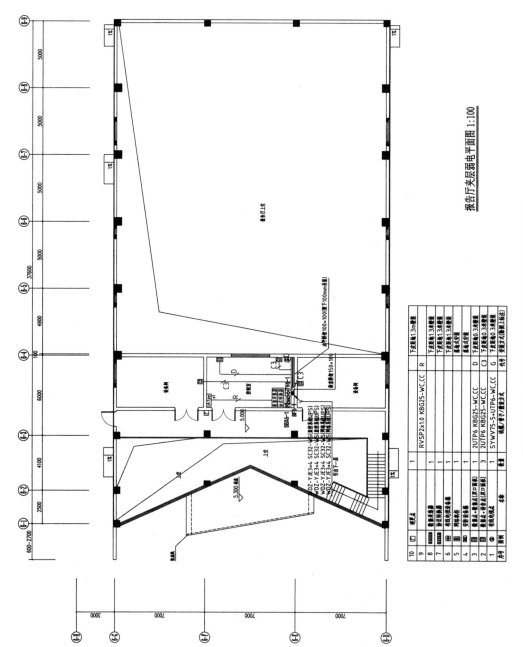

报告厅夹层弱电平面图 1:100

附图1.2.18 多功能报告厅夹层综合布线平面图

360

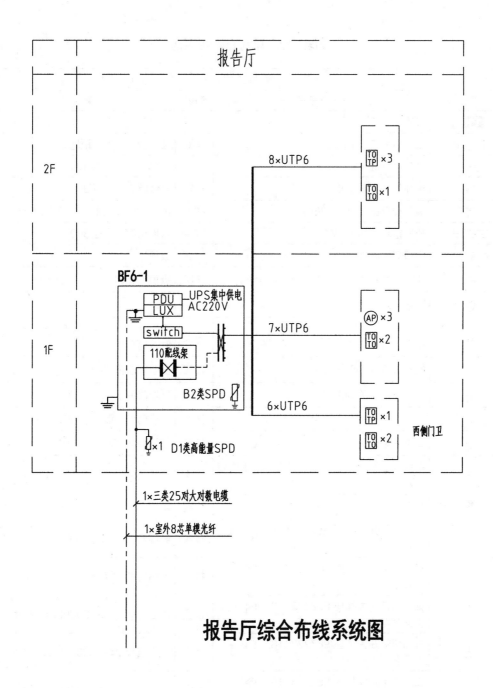

报告厅

2F

1F

BF6-1

PDU
LUX
UPS集中供电
AC220V

switch

110配线架

B2类SPD

×1 D1类高能量SPD

8×UTP6

7×UTP6

6×UTP6

TO TP ×3

TO TO ×1

AP ×3

TO TO ×2

TO TP ×1

TO TO ×2

西侧门卫

1×三类25对大对数电缆

1×室外8芯单模光纤

报告厅综合布线系统图

附图1.2.19 多功能报告厅综合布线系统图

图 例 说 明			
图例	型号与规格	数量	数量
■■■AL*	照明配电箱	按实	嵌墙暗装,下沿距地 1500
□P*	配电箱总箱,非标	按实	挂墙明装,下沿距地 800
MEB	总等电位端子箱 MER-A	按实	嵌墙暗装,距地 300
LEB	局部等电位端子箱	按实	嵌墙暗装,距地 300
E	消防安全出口灯 1x25W	按实	门上方贴墙安装,距门头 20cm
←━━←	疏散指示灯 1x14W	按实	嵌墙暗装,距地 300
◎	吸顶灯 1x13W	按实	吸顶
✖	消防应急吸顶灯 1x13W（带蓄电池）	按实	吸顶,带 SK 表示声控延时
⊗	防水防尘灯 1x13W	按实	吸顶
⬤	消防应急壁灯 1X14W（带蓄电池）	按实	距地 2.5m 壁装,带 SK 表示声控延时普通壁灯
⊗	航空障碍灯（甲方自理）	按实	安装要求见平面图
⌐•	一位单控开关 86K11-6	按实	嵌墙暗装,距地 1300
⌐•	一位单控开关 86K11-6,带防溅盖	按实	嵌墙暗装,距地 1300
⌐•	二位单控开关 86K21-6	按实	嵌墙暗装,距地 1300
⌐•ᵗ	单联双控翘板式暗开关 86K12-6 带声控制延时	按实	嵌墙暗装,距地 1300
▼	带安全门二三极插座 86Z223A10A	按实	距地 300, 暗装
⊽	三加两带开关插座 86Z223K10, 带防溅盖（安全型）	按实	嵌墙暗装,距地 1500
⊽C	三加两带开关插座 86Z223K10,IP54（安全型）	按实	嵌墙暗装,距地 1200(厨房用)
⊽P	三加两带开关插座 86Z223K10,IP54（安全型）	按实	嵌墙暗装,距地 2000(油烟机用)
⊽R	三加两带开关插座 86Z223K16,IP54（安全型）	按实	嵌墙暗装,距地 2300(热水器用)
⊽X	三加两带开关插座 86Z223K10,IP54（安全型）	按实	嵌墙暗装,距地 1200(洗衣机用)
⊽B	带安全门二三极插座 86Z223A10A	按实	嵌墙暗装,距地 300(冰箱用)
⊽D	带安全门二三极插座 86Z223A10A(IP54)	按实	嵌墙暗装,距底坑 1500
▼K1	三眼带开关插座 86Z13K16A	按实	嵌墙暗装,距地 2200(挂式空调用)
▼K2	三眼带开关插座 86Z13K20A（安全型）	按实	嵌墙暗装,距地 300(立式空调用)

附表 1.2.2　空调通风系统图例说明

图　　例	名　　称
	风机
⊖70℃	70℃防火阀
⊖280℃	280℃防火阀
<	止回阀
	风管软接

附表 1.2.3　消防报警及联动控制系统相关图例说明

序号	图例	名　　称	规格型号	数量	备注
1	F	接线箱或接线盒		1	底距地 1.5m
2	FI	火灾显示盘	JF-XB-SH2152	1	底距地 1.5m 挂装
3	SI	短路隔离器		2	安装于接线箱内
4	S	点型感烟探测器	JTY-GD-SH2131	23	吸顶安装
5	Y	消火栓按钮	J-SAP-M-SH2163	6	安装于消火栓箱内
6		火灾声、光警报器	SG-SH2153	8	底距地 2.3m
7		带电话插孔的手动报警按钮	J-SAP-M-SH2161A	8	底距地 1.5m
8	I/O	输入输出模块		5	装于控制箱附近
9	I	输入模块		2	装于设备附近
10	◁	火灾应急广播扬声器	3W	6	吸顶安装
11	GB	广播切换模块		1	安装于接线箱内
12	⊙280℃	280℃ 防火阀	见暖通		
13	⊙70℃	70℃ 防火阀	见暖通		
14	PYJ	排烟风机控制箱			

注：此表中数量仅供参考，不作为定货依据。一共 51 个编码点。其中报警点：39 点，联动点：14 点。

附录二 阀门结构代号

阀门的结构形式代号用一位数字表示，各类阀门的结构代号如本附录系列表中所示。

（1）闸阀结构形式代号，见表FL2-1。

表FL2-1 闸阀结构形式代号

明 杆					暗 杆	
楔 式			平 行 式		楔 式	
弹性闸板	刚 性		刚 性		刚 性	
	单闸板	双闸板	单闸板	双闸板	单闸板	双闸板
0	1	2	3	4	5	6

（2）截止阀和节流阀结构形式代号，见表FL2-2。

表FL2-2 截止阀、节流阀和柱塞阀结构形式代号

结构形式		代号	结构形式		代号
阀瓣非平衡式	直通流道	1	阀瓣平衡式	直通流道	6
	Z形流道	2		角式流道	7
	三通流道	3		—	—
	角式流道	4		—	—
	直流流道	5		—	—

（3）球阀结构形式代号，见表FL2-3。

表FL2-3 球阀结构形式代

结构形式		代号	结构形式		代号
浮 动 球	直通流道	1	固 定 球	直通流道	7
	Y形三通流道	2		四通流道	6
	L形三通流道	4		T形三通流道	8
	T形三通流道	5		L形三通流道	9
	—	—		半球直通	0

（4）蝶阀结构形式代号，见表FL2-4。

表 FL2-4 蝶阀结构形式代

结构形式		代号	结构形式		代号
密封型	单偏心	0	非密封型	单偏心	5
	中心垂直板	1		中心垂直板	6
	双偏心	2		双偏心	7
	三偏心	3		三偏心	8
	连杆机构	4		连杆机构	9

（5）隔膜阀结构形式代号，见表FL2-5。

表 FL2-5 隔膜阀结构形式代号

结构形式	代号	结构形式	代号
屋脊流道	1	直通流道	6
直流流道	5	Y形角式流道	8

（6）旋塞阀结构形式代号，见表FL2-6。

表 FL2-6 旋塞阀结构形式代号

结构形式		代号	结构形式		代号
填料密封	直通流道	3	油密封	直通流道	7
	T形三通流道	4		T形三通流道	8
	四通流道	5		—	—

（7）止回阀和底阀结构形式代号，见表FL2-7。

表 FL2-7 止回阀和底阀结构形式代号

结构形式		代号	结构形式		代号
升降式阀瓣	直通流道	1	旋启式阀瓣	单瓣结构	4
	立式结构	2		多瓣结构	5
	角式流道	3		双瓣结构	6
—	—	—		蝶形止回式	7

（8）安全阀结构形式代号，见表FL2-8。

表FL2-8　安全阀结构形式代号

结构形式		代号	结构形式		代号
弹簧载荷弹簧密封结构	带散热片全启式	0	弹簧载荷弹簧不封闭且带扳手结构	微启式、双联阀	3
	微启式	1		微启式	7
	全启式	2		全启式	8
	带扳手全启式	4		—	—
杠杆式	单杠杆	2	带控制机构全启式		6
	双杠杆	4	脉冲式		9

注：杠杆式安全阀，在上述结构形式代号前加注代号"G"。

（9）减压阀结构形式代号，见表FL2-9。

表FL2-9　减压阀结构形式代号

结构形式	代号	结构形式	代号
薄膜式	1	波纹管式	4
弹簧薄膜式	2	杠杆式	5
活塞式	3	—	—

（10）疏水阀结构形式代号，见表FL2-10。

表FL2-10　疏水阀结构形式代号

结构形式	代号	结构形式	代号
浮球式	1	蒸汽压力式或膜盒式	6
浮桶式	3	双金属片式	7
液体或固体膨胀式	4	脉冲式	8
钟形浮子式	5	圆盘热动力式	9

（11）疏水阀结构形式代号，见表FL2-11。

表FL2-11　排污阀结构形式代号

结构形式		代号	结构形式		代号
液面连接排放	截止型直通式	1	液底间断排放	截止型直流式	5
	截止型角式	2		截止型直通式	6
	—	—		截止型角式	7
	—	—		浮动闸板型直通式	8